Vue 3 移动 Web
开发与性能调优实战

吕 鸣 / 著

清华大学出版社
北京

内 容 简 介

本书旨在向读者介绍如何使用 Vue 3 和其他现代 Web 技术创建高性能的移动 Web 应用程序。本书不仅详细介绍有关移动 Web 和 Vue 3 的技术知识，包括 HTML5、CSS3、Vue 全家桶、构建工具 Vite、移动 Web 屏幕适配等，并讲解如何使用这些技术来创建快速、可靠和可扩展的应用程序，还深入探讨各种性能优化技术，并向读者展示如何使用这些技术来提升 Web 应用程序的性能、可靠性和用户体验。最后通过一个企业级实战项目——仿微信朋友圈系统来全方位讲解移动 Web 和 Vue 3 在企业级项目中的应用实践。

本书既适合有一定前端开发基础的学生、前端开发的从业者以及自由项目开发者，也适合对 Vue 3 感兴趣的、擅于做各种 Vue 3 应用探索、想要深入了解 Vue 3 底层实现的开发者，还可作为高校相关专业的教学用书。

本书封面贴有清华大学出版社防伪标签，无标签者不得销售。

版权所有，侵权必究。举报：010-62782989，beiqinquan@tup.tsinghua.edu.cn。

图书在版编目（CIP）数据

Vue 3 移动 Web 开发与性能调优实战/吕鸣著. —北京：清华大学出版社，2023.5

ISBN 978-7-302-63580-2

Ⅰ．①V… Ⅱ．①吕… Ⅲ．①网页制作工具－程序设计 Ⅳ．①TP393.092.2

中国国家版本馆 CIP 数据核字（2023）第 090913 号

责任编辑：王金柱
封面设计：王 翔
责任校对：闫秀华
责任印制：宋 林

出版发行：清华大学出版社

网 址：http://www.tup.com.cn，http://www.wqbook.com
地 址：北京清华大学学研大厦 A 座　　　　　　　邮 编：100084
社 总 机：010-83470000　　　　　　　　　　　邮 购：010-62786544
投稿与读者服务：010-62776969，c-service@tup.tsinghua.edu.cn
质量反馈：010-62772015，zhiliang@tup.tsinghua.edu.cn

印 装 者：北京同文印刷有限责任公司
经 销：全国新华书店
开 本：190mm×260mm　　　　　　印 张：22　　　　　　字 数：594 千字
版 次：2023 年 6 月第 1 版　　　　　　　　　　　印 次：2023 年 6 月第 1 次印刷
定 价：99.00 元

产品编号：100104-01

前　　言

移动 Web 和 Vue 3 是当今互联网开发中热门的技术之一。随着移动设备的普及和用户需求的变化，构建高效、响应式的 Web 应用程序已经成为一项非常重要的任务。本书旨在向读者介绍如何使用 Vue 3 和其他现代 Web 技术创建高性能的移动 Web 应用程序。

本书详细介绍有关移动 Web 和 Vue 3 的技术知识，并讲解如何使用这些技术来创建快速、可靠和可扩展的应用程序。此外，本书还深入探讨各种性能优化技术，并向读者展示如何使用这些技术来提升 Web 应用程序的性能、可靠性和用户体验。

本书使用的 Vue 版本是 3.2.28 版本，它是当前 Vue 3 中最稳定的版本。我们通常把 Vue.js 3.0 及其以上的（例如 3.2.4，3.0 等）统称为 Vue 3 版本，而把 Vue.js 2 的一些版本统称为 Vue 2 版本。相较于 Vue 2 来说，Vue 3 在源码实现上有了一定程度的改变，并且在性能和可用性上有了很大的提升。

本书主要内容

- 移动 Web 和 Vue 3 的基础知识：介绍如何创建适用于移动设备的响应式网页和应用程序，以及 Vue 3 的核心概念和语法。
- 通过 Vue 3 构建移动 Web 应用程序：介绍如何使用 Vue 3 构建交互式的移动 Web 应用程序，并提供最佳实践和技巧。
- 性能优化技术：涵盖各种优化技术，如图片优化、代码压缩、资源缓存、懒加载等，以及如何使用这些技术来提升应用程序的性能和用户体验。
- 项目实战：通过一个企业级实战项目——仿微信朋友圈系统来全方位讲解移动 Web 和 Vue 3 在企业级项目中的最佳实践。

本书特色

本书的特色在于它深入覆盖了移动 Web 和 Vue 3 的最佳实践，并介绍了各种性能优化技术，具体特色如下：

- 提供针对移动设备的优化：本书主要关注移动 Web 开发，因此重点介绍如何为移动设备进行优化。本书提供的各种方法和技巧能够帮助读者创建出快速、响应式的移动 Web 应用程序。
- 介绍 Vue 3 的新特性：Vue 3 是 Vue 框架的最新版本，它带来了很多新的特性和改进，例如响应式系统的重构、虚拟 DOM 的改进、Composition API 等。本书将介绍这些新特性，以及如何使用它们来开发更好的 Web 应用程序。
- 实用案例：本书通过实际案例向读者展示如何使用 Vue 3 和性能优化技术构建高效、可靠和可扩展的移动 Web 应用程序。这些案例将涵盖从简单的 Web 应用程序到复杂的企业级应用程序的各个方面。

- 性能优化技术：本书不仅详细介绍各种性能优化技术，例如懒加载、资源压缩、CDN、缓存等，还将介绍如何使用这些技术来提升 Web 应用程序的性能和用户体验。
- 企业级项目开发：本书将提供许多最佳实践和技巧，这些实践和技巧是笔者根据自己的经验和 Vue 社区的经验总结出来的，它们将帮助读者更有效地开发企业级项目并解决各种问题。

综上所述，本书提供的信息和技巧能够帮助读者深入了解移动 Web 和 Vue 3，使读者在设计和开发移动 Web 应用程序时更加自信和有效。本书介绍的各种性能优化技术能让读者创建出快速、高效、可靠且对用户友好的 Web 应用程序。

本书适用对象

本书既适合有一定前端开发基础的学生、前端开发的从业者以及自由项目开发者，也适合对 Vue 3 感兴趣的、擅于做各种 Vue 3 应用探索、想要深入了解 Vue 3 底层实现的开发者。

本书的一些默认环境和依赖说明

本书所包含的源码和项目开发调试环境为 Windows 11 操作系统；编辑器为 Sublime Text 3；调试用的浏览器为 Chrome，版本是 98；在一些案例中会使用到 Node.js，它的版本为 v-14.14.0；建议读者提前进行配置和安装。

配书资源

为方便读者使用本书，本书还提供了案例源码及 PPT 课件。读者可以扫描下方的二维码，按照页面提示把下载链接转发到自己的邮箱进行下载。如果在阅读本书的过程中发现问题，请用电子邮件联系 booksaga@163.com，邮件主题写"Vue 3 移动 Web 开发与性能调优实战"。

最后

"书犹药也，善读之可以医愚"，每本书都是一剂良药，能帮我们解决困惑，带来转机。同样，每门技术的学习都需要从理论到实战，这样才能真正理解并为自己所用。对于每一名前端工程师来说，技术的变化和更新必然会带来持久不断的学习，掌握其中的要领便能从容应对。愿各位读者在学习本书之后都能有所收获，搭上移动互联网这艘大船！

感谢在编写本书时我的家人对我的理解和帮助，尤其是我的妻子以及 3 岁的女儿！

笔　者

2023.3

目　　录

第 1 章

移动 Web 开发概述

本章主要介绍移动Web开发的特点、涉及的技术以及相关开发环境的搭建，帮助读者建立概念，为后续学习打下基础。

1.1 移动互联网 Web 开发技术介绍

什么是移动 Web，Web 网页和原生 App 有何区别，移动 Web 开发有什么特点，移动 Web App 是如何工作的，本节将对这些问题逐一进行介绍。

1.1.1 移动 Web 是什么

互联网的发展总是伴随着人们上网设备的更新。在2008年之前，大多数的上网设备还是以台式计算机为主，网上资源也相对较少。那些年比较流行的论坛网站有天涯社区、猫扑社区等，搜索引擎则有百度搜索和搜狗搜索等，新闻资讯类的网站则有四大门户网站——新浪、网易、搜狐和腾讯。这些网站大多数都是以文字加图片的方式展示信息，构成了早期PC（Personal Computer，个人计算机）端网页的内容，并采用提交各类表单进行页面跳转来作为与用户的交互方式。

当时的手机虽然已经很普遍了，但是大多数的功能还是用来接打电话和收发短信，受2G移动网络的限制，使用手机上网或者进行娱乐的应用相对较少，并且其他可供使用的移动互联网软硬件产品和相关业务也较少，大部分的上网应用还是集中在PC端。

在2012年左右，随着移动端Android和iOS操作系统的出现，智能手机如雨后春笋般进入我们的生活中，并且出现了微信这种重量级的移动互联网产品业务，伴随着3G和4G移动网络的普及，中国的互联网才真正进入高速移动互联网时代。

简单总结一下，移动Web就是利用移动端浏览器承载的Web网页所呈现出来的程序App，移动Web技术就是将传统的Web开发技术（JavaScript，CSS，HTML）应用在移动端，需要注意的是，移动Web技术与Android、iOS这种原生的技术是不一样的。

1.1.2 Web 网页和原生 App 的区别

随着移动互联网的高速发展，源自用户界面的前端工程师逐渐从软件工程师中独立出来，前端开发技术也逐渐衍生出以下几种分支：

- 原生应用（Native App）开发：这类开发技术是完全使用移动端系统语言编写客户端应用，iOS系统采用Object-C或者Swift语言，Android采用Java语言。采用原生应用（或称为原生App）开发的项目得益于功能强大且丰富的原生接口，可实现较为复杂的交互需求，用户体验好，但灵活性不强，开发成本高。
- Web应用（Web App）开发：这类开发技术也称为移动Web开发或者HTML 5页面开发，是采用HTML+CSS+JavaScript语言开发的。采用Web应用开发的项目由多个前端页面组成，这些页面多采用更新的HTML 5技术，与传统的PC网页不同的是，这些前端页面有更强的适配性和性能要求，并且利用原生应用的WebView组件或者系统自带的浏览器提供应用的壳子，最终形成一个看似是App的应用程序，所以称作Web应用。Web应用中的每个页面都可以单独在移动浏览器里打开，跨平台和可移植性较强，但性能体验和功能性不如原生应用。
- HyBrid App（混合类应用）开发：这类开发技术介于原生应用开发技术和移动Web开发技术之间，是上面两种开发技术的混合版。这类应用整体上看是一个原生应用，功能性和交互性强的部分采用原生的语言开发，另外部分内容会采用WebView组件构成页面容器，采用HTML+CSS+JavaScript语言开发前端页面，同时会提供可定制化的原生应用组件和接口来让前端页面调用，拓宽前端技术的能力，最终组成一个含有原生应用开发技术和移动Web开发技术的混合类应用。

这三类App之间的关系如图1-1所示。当前比较流行的移动互联网产品，例如微信、手机淘宝、豆瓣等都是比较典型的HyBrid App。为了满足更多的动态化需求，挣脱每次发布都需要受到应用市场上架的限制，混合模式也衍生出越来越多的客户端动态化方案，其中包括以前端技术为主的微信小程序、React Native等方案。总之，无论是哪种方案和应用，移动Web开发都是非常重要且必不可少的技术，并且随着5G时代的到来，越来越丰富的移动互联网应用会进入人们的生活，这些应用的技术实现都会用到移动Web开发中。

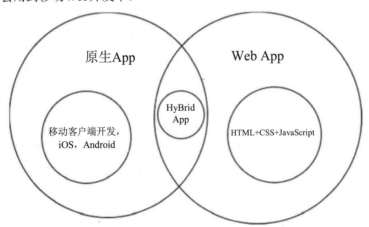

图 1-1　原生 App、Web App 与 HyBrid App 之间的关系

1.1.3　移动 Web 开发的特点

相信大部分读者或多或少都掌握了一些PC端开发技术或具有开发PC端页面的经验，实际上传统的PC端开发和移动Web开发所使用的技术栈基本上是一致的，都是采用HTML+CSS+JavaScript语言来开发的，但是从产品形态、网络环境以及性能要求上来看，它们还是有不少区别的：

- 由于移动设备屏幕较小，而要将原本在PC端的信息内容呈现在移动端，就需要进行优化和精简，因此App界面设计的复杂度比传统PC端要小，这其实降低了一定的开发难度，但是移动端的页面所运行的环境是非常多变的，不同的智能手机或移动设备的屏幕各不相同，有的屏幕大，有的屏幕小，有的采用高清屏，有的采用标清屏，所以在屏幕适配上，移动Web页面有着更高的适配性要求。
- 传统的PC端页面开发始终逃脱不了浏览器兼容性问题，从最开始的IE系列浏览器到当下流行的谷歌Chrome、火狐（Firefox）以及360浏览器等，由于各浏览器厂商的标准不同，导致前端工程师始终要和这些"不标准"斗争，浏览器兼容性问题一直是一个比较令人头疼的问题。好在目前大多数智能手机或移动设备自带的移动端浏览器都采用WebKit①内核，统一的标准使得移动Web开发需要处理的浏览器兼容性问题变少了一些。
- 移动设备虽然可以使用WiFi上网，但是不排除在一些关键时刻需要使用3G或4G移动网络上网，这些情况下的网络速度与固网宽带的网络速度相比还是要慢一些，更重要的是这些网络的资费要贵很多，并且当网络信号差时，会有很糟糕的用户体验，所以如何优化移动端在弱网络下的页面性能，提升用户在弱网络下的使用体验，是移动Web开发的一项非常重要的技术。
- 移动设备本身的CPU、内存以及存储设备与PC端相比，差距还是很大的。同样的一个页面在PC端上处理假如需要10毫秒，换到移动设备上可能需要几倍的处理时间，而互联网上的应用响应时间太长会导致大量用户的丢失，所以编写健壮性更强、性能更高效的代码不仅是PC端需要关注的，在移动端更需要关注。

在过去，当一个公司或者企业需要开发一个互联网产品时，首先都会想到PC端，并且以PC端的用户体验为主，如果刚好有移动端的需求，也大多是移植PC端的设计。而现在，这类现象已经悄然发生变化，PC端的业务热度已经降低，以移动端为主的业务理念逐渐成为互联网产品的研发方向，这种新的理念被称为"Mobile First"（移动优先），并延续至今。因此，移动Web开发也就变得更加重要了。

1.1.4 移动 Web App 是如何工作的

移动Web App在本质上就是利用WebView组件（本质是浏览器）提供应用的壳子，最终形成一个看似是App的应用程序。具体来说就是每个原生应用（无论iOS还是Android）都会提供WebView组件，而WebView只需要一个页面的地址就可以进行加载和渲染，同时把导航栏、菜单栏和一些不需要的按钮进行隐藏，这样就构成了一个App，具体工作流程如图1-2所示。

正如图1-2所示，掌握好HTML、CSS、JavaScript技术是开发移动Web App的关键，同时结合Vue.js框架可以高效地开发出移动Web App。

---

① 浏览器内核也称为排版引擎，用来让网页浏览器绘制网页的核心，常见的内核有WebKit、Gecko和Trident，同样的网页在不同的内核中可能会有不同的表现。

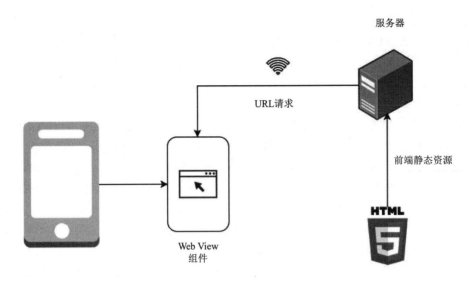

图 1-2　移动 Web App 的运行机制

1.2　移动 Web 与 HTML 5、CSS 3 和 Vue.js 的关系

本节主要介绍移动 Web 与 HTML 5、CSS 3 和 Vue.js 之间的关系。

1.2.1　移动 Web 与 HTML 5 和 CSS 3 的关系

HTML 5（简称H5）技术是定义HTML标准的最新版本，是一个新版本的HTML语言，不仅包含新的标签元素、新的属性和行为，还包含了更加强大的技术集合，涵盖了新的JavaScript Document API（例如Canvas、地理定位等），以及新的CSS版本：CSS 3，新增了如位移、转换和动画的API。

由于HTML 5相关技术是新的标准，因此对于PC端浏览器而言，支持性并不是很好，尤其是一些低版本的IE浏览器，例如IE8以下的浏览器对HTML 5的支持就非常差，所以HTML 5及其相关技术经常用在移动Web端的开发中，采用HTML 5技术开发的页面也有另一个名称，即HTML 5或者H5页面。

那么，新版本的HTML 5与之前的版本相比，到底引入了哪些新的内容呢？与上一个版本相比，HTML 5主要引入的内容如下：

- 语义：能够更恰当地用于描述内容是什么。
- 离线和存储：能够让网页在客户端本地存储数据以及更高效地离线运行。
- 多媒体：使视频（Video）和音频（Audio）成为Web页面中常见的元素。
- Canvas和2D/3D绘图：提供了更多分范围呈现页面元素的选择。
- 设备访问（Device Access）：提供了能够操作原生硬件设备的接口。
- 样式动画效果：使得CSS 3可以创作出更加复杂的前端动画。

随着HTML 5相关技术的引入，JavaScript也更新了版本，提供了一些新的数据结构和API，被称为ECMAScript 6.0（简称ES6），这些内容会在本书后面的章节进行详细讲解。

1.2.2　移动 Web 与 Vue.js 的关系

Vue.js作为当下非常流行的前端框架，本身并不限制在PC端还是移动Web端使用，并且移动Web大多数项目为单页应用，这与Vue.js的应用场景非常契合，举例来说：

- 组件化：Vue.js的组件化功能可以很好地将Web App页面的组件进行抽离和复用，减少重复性代码。
- 页面切换：利用Vue Router可以轻松实现Web App的页面之间的跳转和转场动画等效果。
- UI库：基于Vue.js技术有不少移动端的UI库，例如iView UI、Vant UI等，利用这些UI库可以快速实现页面开发和交互效果。

基于此，采用Vue.js是目前开发移动Web App项目的首选技术方案。

1.3　浏览器安装和代码环境的准备

本节介绍如何安装浏览器以及准备代码环境。

1.3.1　安装 Chrome

作为一本技术研发类的书籍，本书中有很多的代码讲解和演示，建议读者编写并运行这些代码，这样有助于对相关知识点的理解和掌握。

要运行本书中的代码，推荐使用的浏览器为谷歌Chrome，版本为79，如果无法找到指定版本，则尽量使用版本号大于70的版本。

本书中的相关演示代码都是以.html文件的形式承载的，一般情况下双击这些文件即可在浏览器中运行它们，但是也会有一些文件必须通过静态服务器的方式来运行，即采用访问http://localhost/xxx.html的方式来运行，所以读者可以在本地系统安装一个静态资源服务器，推荐使用基于Node.js的轻量级Web服务器——http-server。

1.3.2　安装 Node.js 和 http-server

使用http-server需要安装Node.js。由于本书的演示代码运行和后面的实战项目开发都需要用到Node.js，因此安装Node.js非常必要。Node.js安装起来非常简单，这里我们只讲解Windows平台下的安装步骤。

01 到Node.js官网下载安装包，Node.js官网地址：https://nodejs.org/zh-cn/download/。

02 选择长期支持版，并根据自己计算机系统是32位还是64位选择Windows安装包（.msi）文件，如图1-3所示。

03 下载完成后，双击安装包node-v12.13.1-x64.msi（注意，随着时间的推移，读者下载的最新版安装包可能会比本书中使用的版本要新），进入安装界面，如图1-4所示。

04 在安装界面中依次单击Next按钮，安装位置可自由选择，如图1-5所示。

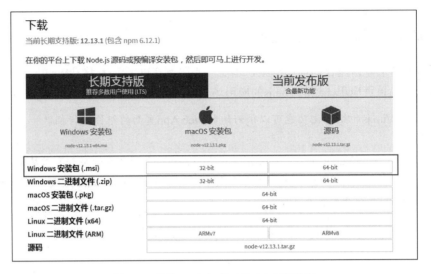

图 1-3　下载 Node.js 的 Windows 安装包

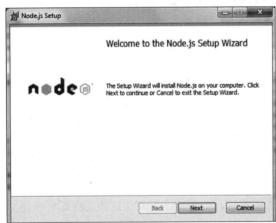

图 1-4　Node.js 安装（1）

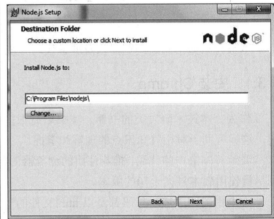

图 1-5　Node.js 安装（2）

05 最后单击Finish按钮完成安装，如图1-6所示。

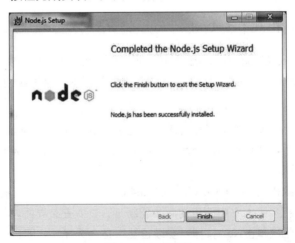

图 1-6　完成安装

若要检测Node.js是否安装成功，可以使用CMD命令行工具，在Windows桌面上依次单击"开始→运行"命令，再输入CMD命令来启动这个工具。然后在"命令提示符"窗口输入node -v命令来查看Node.js版本号，如图1-7所示。

如果控制台成功地输出了Node.js的版本号，就表示安装成功。

在完成了Node.js的安装之后，就可以使用它自带的包管理工具NPM来安装http-server了。http-server是一个简单的、零配置的http服务，它的功能强大且使用非常简单，可以用于测试、开发和运行静态页面的服务器。

图 1-7　查看 Node.js 的版本号

启动CMD命令行工具，使用包管理工具NPM安装http-server，输入命令如下：

```
npm install spy-debugger -g
```

安装完成之后，打开CMD命令行工具，进入文件所在的目录，执行http-server命令即可开启本地的http服务，如图1-8所示。

```
C:\webbook-master\bookcode\Vue\vuex>http-server
Starting up http-server, serving /
Available on:
  http://10.69.4.233:8081
  http://127.0.0.1:8081
Hit CTRL-C to stop the server
```

图 1-8　运行 http-server 开启本地的 http 服务

在浏览器地址栏输入http://127.0.0.1:8081/xx.html或者http://localhost:8081/xx.html即可访问对应的页面。

关于NPM包管理工具的使用会在"第7章　移动Web开发和调试"中具体讲解。

1.3.3　选择合适的代码编辑器

由于本书中有很多的演示代码，因此提前准备一款合适的代码编辑器是很有必要的，关于代码编辑器的选择，完全可以根据个人的喜好来定，在这里笔者介绍几种比较常用的前端代码编辑器。

- Visual Studio Code：简称VS Code，它是目前使用人数最多的代码编辑器，在2015年由微软发布，是一款比较年轻的代码编辑器，它的功能强大并且支持插件扩展，但占用内存相对较多，适合有一定前端基础的开发人员使用。
- Sublime Text：目前最新版本是Sublime Text 3，它的界面美观，体积小，运行起来非常快，也不会占用大量内存，在功能上稍逊色VS Code，但同样支持插件扩展，适合新手使用。
- WebStorm：功能强大，集成度高，想要的功能几乎都有，被誉为最智能的JavaScript代码编辑器，但体积大，占内存多，并且是一款收费的软件，相对于前面两款代码编辑器，因为增加了使用成本，所以使用人数相对少一些。
- Dreamweaver：中文名称为"梦想编织者"，是老牌子了，伴随前端而生，见证了前端的发展，内置浏览器可以实时预览是这款代码编辑器的一大特色，但其他的功能已经相对落后，现在使用的人并不多，本书不推荐使用。

在本书的实战项目中，会使用Sublime Text 3代码编辑器来编写代码。

1.4　小　　结

本章主要包含移动Web开发技术概述和阅读本书的一些前置环境准备工作这两部分内容。第一部分内容包括在移动互联网的大环境下前端技术的主要分支、移动Web开发技术与PC端Web开发技术以及HTML 5的区别和联系。第二部分内容包括了Chrome浏览器和Node.js、http-server的安装与使用，以及如何选择一款合适的代码编辑器。本章虽然内容不多，却包含了移动Web开发的整体入门知识和相关的概念，为读者顺利学习本书后续的内容打下一个良好的基础。

1.5　练　　习

（1）什么是HyBrid App？

（2）移动Web开发和PC端Web开发有何区别？

（3）通过本章内容的学习，谈谈你对移动Web开发技术的发展趋势、就业前景的理解。

第 2 章
HTML 5 语义化标签和属性

标签语义化简单来说就是让标签有含义，标题用<hx>标签（<h1>、<h2>等），列表用<ul>标签，这样我们一眼就可以看出网页中的每行源代码要展示哪些内容。

在HTML 5之前，一般是使用<div>或<span>标签来实现大多数的网页元素，这对于整个HTML文件来说过于单一了。随着HTML 5的到来，引入一些新的标签，例如<header>、<footer>、<nav>和<section>等，这些标签更加语义化，使页面有良好的结构，无论是谁都能够看懂这块内容是什么，并且有利于搜索引擎的搜索。HTML 5这些语义化新标签的优点总结如下：

❖ HTML结构清晰。
❖ 代码可读性较好。
❖ 无障碍阅读。
❖ 搜索引擎可以根据标签的语义确定上下文和权重问题。
❖ 移动设备能够更完美地展现网页。
❖ 便于团队维护和开发。

HTML 5除了新增一些语义化标签外，同时也引入了相关的语义化属性，例如给<input>标签增加了很多实用的属性。接下来就来一一介绍这些内容。

2.1 DOCTYPE 声明

DOCTYPE声明在代码中对应的就是<!DOCTYPE>，它位于HTML文件的最前面，在<html>标签之前。这里讲解<!DOCTYPE>声明主要是为了和HTML 5版本之前的声明进行对比。

<!DOCTYPE>声明不是HTML标签，它的作用是告知Web浏览界面应该使用哪个HTML版本。在HTML 5之前的HTML 4.0.1版本，有三种设置<!DOCTYPE>声明的方式，分别说明如下：

（1）严格标准模式（HTML 4 Strict），声明的代码如下：

```
<!DOCTYPE HTML PUBLIC "-//W3C//DTD HTML 4.01//EN" "http://www.w3.org/TR/html4
/strict.dtd">
```

（2）近似标准模式（HTML 4 Transitional），声明的代码如下：

```
<!DOCTYPE HTML PUBLIC "-//W3C//DTD HTML 4.01 Transitional//EN" "http://www.w3.org
/TR/html4/loose.dtd">
```

（3）近似标准框架模式（HTML 4 Frameset），声明的代码如下：

```
<!DOCTYPE HTML PUBLIC "-//W3C//DTD HTML 4.01 Frameset//EN"
"http://www.w3.org/TR/html4/frameset.dtd">
```

这些声明的代码都采用固定的写法，并无项目的关联性，使用时直接设置即可。

HTML 5版本的<!DOCTYPE>声明就简单多了，只有一种版本，对应的声明代码如下：

```
<!DOCTYPE html>
```

在完成<!DOCTYPE>声明之后，在大多数情况下就要对网页的语言和编码进行设置。在网页中声明语言与编码方式是很重要的，如果网页文件没有正确地声明编码方式，那么浏览器会根据网络浏览者计算机上的设置来显示编码。我们有时浏览一些网站时会看到一些网页变成了乱码，通常就是因为没有正确地声明编码方式导致。

在HTML 4.0.1版本中，通常采用<meta>标签的方式来声明语言和编码方式，代码如下：

```
<meta http-equiv="Content-Type" content="text/html;charset=UTF-8" >
```

在HTML 5中，可以使用对<meta>标签直接追加charset属性的方式来指定字符的编码方式，代码如下：

```
<meta charset="UTF-8">
```

同时，在<html>标签中使用lang属性来设置语言，代码如下：

```
<html lang="zh-CN">...</html>
```

需要说明的是，在<!DOCTYPE>声明和<meta>标签中设置的属性都是不区分字母大小写的，例如可以将UTF-8换成utf-8，<!DOCTYPE html>换成<!doctype html>。

接下来，创建一个新的HTML 5页面，并添加上<!DOCTYPE html>声明和语言及编码方式的设置，如示例代码2-1-1所示。

示例代码 2-1-1　第一个 HTML 5 页面

```
<!DOCTYPE html>
<html lang="zh-CN">
<head>
  <meta charset="UTF-8">
  <title>HTML 5</title>
</head>
<body>

</body>
</html>
```

上面代码是完整的HTML 5代码，可以直接在浏览器中运行，后续有关标签和相关属性的讲解会以此为基础。

2.2　<header>标签

<header>标签（也可称为<header>元素）是HTML 5引入的新标签之一，如果翻译成中文，那么可以理解成头部内容或者页眉内容。顾名思义，我们可以将网页最开始的部分内容放在<header>

标签里面来显示，可以在示例代码2-1-1的\<body>里新增\<header>标签，如示例代码2-2-1所示。

示例代码 2-2-1　\<header>标签

```
<header>
  <h1>I am header</h1>
  <p>header content</p>
</header>
```

\<header>标签在样式上和\<div>是一致的，都属于区块级元素，只是在语义上有所区别，所以在规范上来说：

- \<header>标签应该作为一个容器，负责HTML页面顶部内容的显示，它可以有很多子元素。
- 在一个HTML页面中，某些业务逻辑情况下可以定义多个\<header>标签，数量不受限制。
- 尽量不要把\<header>标签放在\<footer>标签中或者另一个\<header>标签内部。

2.3　\<footer>标签

同\<header>标签对应的是\<footer>标签，正所谓"一头一尾"。\<footer>标签也是HTML 5引入的新标签之一，如果翻译成中文，那么可以理解成底部内容或者是页脚内容。顾名思义，我们可以将网页结尾的部分内容放在\<footer>标签里面来显示。接下来新增\<footer>标签，如示例代码2-3-1所示。

示例代码 2-3-1　\<footer>标签

```
<footer>
  <p>Posted by: 移动Web开发实战</p>
  <p>Contact information: <a href="mailto:someone@example.com"> someone@example.com
</a>.</p>
</footer>
```

\<footer>标签在样式上和\<div>标签没有什么区别，但是在使用时需要注意语义化和规范：

- 根据语义化的规范，\<footer>标签大多数包括多个子元素，有网站的所有者信息、备案信息、姓名、文件的创建日期以及联系信息等。
- 在一个HTML页面中，某些业务逻辑情况下可以定义多个\<footer>标签，并且在每个\<section>标签中都可以有一个\<footer>标签，这一点不受限制。
- 尽量不要把\<footer>标签放在\<header>标签中或者另一个\<footer>标签内部。

\<footer>标签通常是在页面底部，与之搭配的CSS样式可以采用fixed定位，代码如下：

```
footer {
  position:absolute;
  bottom:0;
  width:100%;
  height:100px;
  background-color: #ffc0cb;
}
```

将网站的所有者信息、备案信息等放在\<footer>中并置于页面底部，这是很多网站的标配。

2.4 <section>标签

<section>标签是HTML 5引入的另一个语义化标签，作用是对页面上的内容进行分块。这里的分块主要是按照功能来分，比如一个新闻消息的列表展示页可分为国际版块、娱乐版块、体育版块，等等。每一个板块都可以使用<section>来划分，而每个版块都需要有自己的标题和内容并且相对独立。

例如图2-1所示的场景页面，我们使用<section>标签进行划分。<section>标签也没有特殊的样式，使用起来和<div>标签是一样的，如示例代码2-4-1所示。

```
示例代码 2-4-1  <section>标签
```
```
<section>
  <h3>Title</h3>
  <p>section info</p>
  <img src="test.png" />
</section>
```

下面总结一下<section>标签的使用场景和规范：

- 使用<section>标签时，里面的内容一般要搭配标题和正文等，例如<h1>~<h6>或者<p>标签。

图 2-1 <section>使用场景

- 每个<section>标签都是一个独立的模块，这些独立模块内部不应该再嵌套<section>标签，但是多个<section>标签可以并列使用。
- <section>标签不应当作一个容器元素，它的语义化更强一些，当无法找到使用<section>标签的充分理由时，尽量不要使用。

2.5 <nav>标签

<nav>标签是HTML 5引入的另一个语义化标签，用于表示HTML页面中的导航，可以是页面与页面之间的导航，也可以是页内段与段之间的导航。<nav>所代表的导航一般是位于页面顶部的横向导航，或者是面包屑导航，如图2-2所示。

图 2-2 <nav>导航

由于导航的性质，大部分导航内部都由一个列表组成，也称之为导航列表。<nav>内部可以用<ul>或者<ol>来实现导航元素的布局，如示例代码2-5-1所示。

示例代码 2-5-1　<nav>标签

```
<nav>
  <ul>
    <li><a href="#">Home</a></li>
    <li><a href="#">About</a></li>
    <li><a href="#">Contact</a></li>
  </ul>
</nav>
```

下面总结一下<nav>标签的使用场景和规范：

- <nav>标签中一般会放一些<a>标签链接元素来实现单击导航的效果，但是并不是所有的链接都必须使用<nav>标签，它只用来将一些功能性强的链接放入导航栏。
- 一个网页也可能含有多个<nav>标签，例如一个是网站内页面之间的导航列表，另一个是本页面内段与段之间的导航列表。
- 对于移动Web的页面，<nav>标签也可以放置在页面底部来代表页面内的导航，例如微信App底部的"微信""通讯录""发现"和"我的"4个导航链接。

2.6　<aside>标签

HTML 5的<aside>标签用来表示与当前页面内容相关的部分内容，通常用于显示侧边栏或者补充的内容，如目录、索引等。在一些场景下，可以将它理解成一个侧边的导航栏，如图2-3所示。

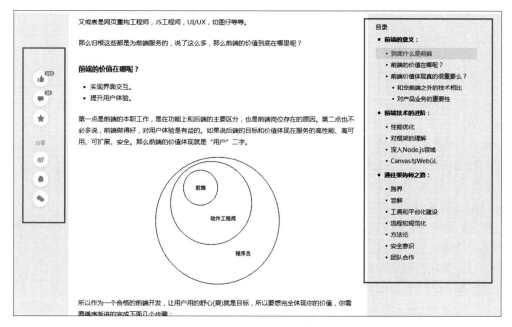

图 2-3　<aside>侧边栏

如果采用<aside>标签来实现侧边栏，与一般的<div>标签在样式上没有区别，如示例代码2-6-1所示。

示例代码 2-6-1　<aside>标签

```
<aside>
  <h2>标题1</h2>
  <ul>
    <li>目录1</li>
    <li>目录2</li>
  </ul>
  <h2>标题2</h2>
  <ul>
    <li>目录1</li>
    <li>目录2</li>
  </ul>
</aside>
```

<aside>标签也可以作为<section>标签中独立模块的一部分，用来表示主要内容的附属信息，其中的内容可以是与当前文章有关的资料、名词解释等，如示例代码2-6-2所示。

示例代码 2-6-2　<aside>标签和<section>标签

```
<section>
  <h1>文章的标题</h1>
  <p>文章的正文</p>
  <aside>文章相关的资料、名词解释等</aside>
</section>
```

下面总结一下<aside>标签的使用场景和规范：

- <aside>标签就像它的名字一样，在页面的一侧，其中的内容可以是友情链接、博客中的其他文章列表、广告单元等。
- <aside>标签也可以和<section>标签搭配使用，作为单个独立模块的附加信息来显示。

2.7　语义化标签总结

前面几个小节介绍了HTML 5引入的一些新的语义化标签，其中包括用来呈现页面头部的<header>标签和页面尾部的<footer>标签、作为独立模块显示的<section>标签、页面导航<nav>标签和侧边栏<aside>标签，这几个标签在页面中的具体用法如图2-4所示。

HTML 5之所以引入这些新的语义化标签，主要是为了让HTML代码更加规范和语义化。每当我们开始编写一个前端页面时，首先在心里应该有一个思路：如何将页面进行功能划分，划分之后如何按照每个模块的展示内容来选择合适的HTML 5语义化标签。

当然，有些程序员在网页呈现任何内容都统一使用<div>标签，我们称这种现象为"标签选择困难症"，虽然以这种方式使用标签并不会影响网页代码的运行，但是当其他程序员来阅读这些代码时，就会感到很乱。

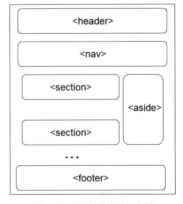

图 2-4　语义化标签总结

HTML 5语义化标签的意义不仅在于更方便开发人员阅读代码文件和理清代码结构，而且对浏览器而言，能够更清晰地识别网页的结构。同时良好语义化代码的网站对于搜索引擎优化（Search

Engine Optimization，SEO）功能更加友好，能够让搜索引擎清晰地捕捉到网页的主、次模块和内容，所以建议程序员尽可能使用语义化标签来构建HTML页面。

当然，上述所讲解的标签并不是所有的HTML 5新引入的标签，而是与语义化概念关系比较紧密的一些标签。

2.8　HTML 5 其他新增的标签

HTML 5 新增了不少标签，下面介绍几种有代表性的标签。

2.8.1　<progress>标签

HTML 5中的<progress>标签是一个非常实用的标签，它表示一段进度条，可以用在需要显示进度的程序中，例如在需要等待或者加载的场景中使用。该标签有以下两个属性可以进行设置：

- max：该属性描述了<progress>标签所表示的任务一共需要完成多少工作。
- value：该属性用来指定进度条已完成的工作量。

如果没有value属性，那么进度条的进度为"不确定"，也就是说进度条不会显示任何进度，我们无法估计当前的工作会在何时完成（比如在下载一个未知大小的文件时或者请求数据时），此时<progress>元素会呈现出一个动态的效果。

下面使用代码来演示<progress>标签的用法，如示例代码2-8-1所示。

示例代码 2-8-1　<progress>标签

```
设置进度：
<progress value="45" max="100"></progress>
<br>
不设置进度：
<progress></progress>
```

在浏览器中运行后，效果如图2-5所示。

从图2-5中可以观察到上面的<progress>标签中深色部分表示已完成的量，而下面的<progress>标签的深色部分其实是一个不断左右移动的滑块，用来表示处于等待中的进度条。

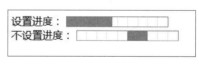

图 2-5　<progress>标签

读者可以在浏览器中运行这个演示代码，就会看到运行时的效果。

在Chrome浏览器中，如果想修改<progress>标签的样式，例如大小和颜色，那么可以使用如下代码：

```
progress::-webkit-progress-bar {          /* 控制进度条背景的样式 */
  height: 10px;
  background-color:#d7d7d7;
}
progress::-webkit-progress-value {     /* 控制进度条值的样式 */
  height: 10px;
  background-color:orange;
}
```

需要注意的是，在上面的代码中采用了指定浏览器的前缀，所以只对Chrome浏览器有效，对于IE或者Firefox浏览器则是无效的。

2.8.2 <picture>标签

继HTML 5新增了许多新的标签之后，在子版本HTML 5.1中（截至2023年，HTML 5共有3个子版本，分别为HTML 5.1、HTML 5.2和HTML 5.3，其中HTML 5.3是最新的版本）又引入了几个"更时尚"的标签，其中就包括<picture>标签。在传统的PC端网页中，显示一张图片大多数会采用<img>标签，但是随着移动互联网的发展，网页越来越多地运行在屏幕大小多变、分辨率不同的移动端设备中，<picture>标签提供了一种新的图片显示方案，可以为当前移动设备选择更加适合的图片。

<picture>标签主要用法是在其内部创建若干个可以设置特性的<source>元素，每个<source>元素可以设置不同的srcset属性，代表不同的图片地址，同时可以设置不同的media属性，代表符合的特定条件。<picture>标签使用方法如示例代码2-8-2所示。

```
示例代码 2-8-2   <picture>标签
<picture>
 <source srcset="large.jpg" media="(min-width: 400px)">
 <source srcset="medium.jpg" media="(min-width: 300px)">
 <img srcset="small.jpg">
</picture>
```

<source>元素的属性及其含义如下：

- srcset：该属性类似<img>标签的src属性，用来设置图片的地址。
- mcdia：该属性也叫作媒体查询，它的结果是一个布尔类型，用来判断是否满足查询条件，当条件成立时便会使用srcset设置的图片来显示。更多关于媒体查询的用法会在"第8章 移动Web屏幕适配"中进行讲解。
- type：该属性为<source>元素的srcset属性设置的图片资源指定一个MIME类型。如果当前设备不支持指定的类型，那么就不会使用该srcset设置的图片。

上面代码的具体含义：当屏幕宽度大于300px且小于400px时，会选用medium.jpg这张图片来显示；当屏幕宽度小于300px时，会选用small.jpg这张图片来显示；其余情况下则选用large.jpg这张图片来显示。在每一个<picture>标签中，都需要有一个<img>标签表示默认图片，当其他的<source>条件都不满足时，就会使用默认图片来显示。

针对不同移动设备加载不同的图片不仅能节约带宽，而且显示效果更好，即便图片差别不大，也可以在细节上提升用户体验。

2.8.3 <dialog>标签

<dialog>标签是在子版本HTML 5.2中引入的标签。<dialog>标签的作用是提供一个弹出的对话框元素，该元素的位置默认为在屏幕上左右居中，同时包括一个黑色的边框。该元素还具有open属性，用来表示显示对话框，但是在大多数情况下需要通过JavaScript来控制。

<dialog>标签的使用如示例代码2-8-3所示。

示例代码 2-8-3　`<dialog>`标签

```
<dialog id="dialog" open>
  这是一个弹出对话框元素
</dialog>
```

在浏览器中运行后，效果如图2-6所示。

在上面的代码中，open属性意味着该对话框是可见的。假如没有这个属性，那么这个对话框就会隐藏起来，直到我们使用JavaScript来显示它。

这是一个弹出对话框元素

图 2-6　`<dialog>`标签的使用效果

`<dialog>`标签对应的DOM元素有以下方法可供JavaScript来调用：

- show()和showModal()：这两个方法相同之处都是打开对话框，都会给`<dialog>`标签添加一个open属性。唯一区别就是show()方法会按照它在DOM中的位置弹出对话框，没有遮罩，而showModal()方法会出现遮罩，并且自动进行按键监控（即按了Esc键，弹出的对话框就会关闭）。在大多数情况下，应使用更智能的showModal()方法。
- close()：关闭对话框，即删除open属性，并且可以携带一个参数作为额外数据，传入的值可以通过DOM对象dialog.returnValue来获取。

`<dialog>`标签同时提供了两个事件：

- close事件：当关闭弹出的对话框时触发。
- cancel事件：当按下Esc键关闭对话框时触发。

使用JavaScript来操作弹出对话框的隐藏和显示，如示例代码2-8-4所示。

示例代码 2-8-4　使用 JavaScript 操作`<dialog>`标签

```
<button onclick="openDialog()">打开弹出对话框</button>
<button onclick="closeDialog()">关闭弹出对话框</button>
<dialog id="dialog">这是一个弹出对话框元素</dialog>
<script type="text/javascript">
  // 获取弹出对话框的DOM对象
  var dialog = document.getElementById('dialog')
  // 打开弹出对话框的回调方法
  function openDialog() {
    dialog.showModal()
  }
  // 关闭弹出对话框的回调函数
  function closeDialog() {
    dialog.close()
  }
  dialog.addEventListener('close', function(){
    console.log('弹出对话框被关闭')
  })
</script>
```

标签在实际使用时都会对自定义的样式采用任意CSS样式来重置它的默认样式，但是对于含有遮罩层的弹出对话框，可以采用伪元素的方式去定义遮罩框的样式，代码如下：

```
dialog::backdrop {
  background-color: rgba(41, 107, 255, 0.4);/*定义遮罩框为40%透明度的蓝色*/
}
```

2.9　HTML 5 新增的标签属性

HTML 5新增了不少的标签属性，大多数都是基于<input>标签的属性。作为HTML 5页面中一个与用户交互的重要入口，<input>标签基本上在每个网页的页面中都会被用到。除了新增的<input>标签的属性外，还有新增的<script>标签的async和defer属性（在HTML 4.0.1中提出，在HTML 5中完善），这些属性也是比较重要的。下面我们来一一讲解。

2.9.1　<input>的 type 属性

在HTML 5中，为<input>标签新增了一些type属性值，用来丰富文本框的类型，如示例代码2-9-1所示。

示例代码 2-9-1　<input>的 type 属性

```
<fieldset>
  <legend>HTML 5中新增的input type类型</legend>
  <form>
    邮箱: <input type="email"><br />
    手机号码: <input type="tel"><br />
    网址: <input type="url"><br />
    数字: <input type="number"><br />
    搜索框: <input type="search"><br />
    拖动滑块: <input type="range"><br />
    时间: <input type="time"><br />
    日期: <input type="date"><br />
    几年几月: <input type="month"><br />
    几年几周: <input type="week"><br />
    颜色: <input type="color"><br />
  </form>
</fieldset>
```

上面的代码展示了HTML 5中新增的几种type类型，将这段演示代码在PC端的Chrome浏览器来运行一下（Chrome浏览器使用本书开头指定的版本，即至少70版本以上），即可看到每种type的显示效果，如图2-7所示。

图 2-7　HTML 5 新增<input>的 type 类型

由于移动端有不同的iOS和Android平台，以及不同的WebView内核，因此<input>输入框元素在移动端浏览器中的表现就比较多元化一些，下面列举几个可以明显看出区别的类型。

- 在iOS中使用type="date"，显示的结果如图2-8所示。
- 在iOS中使用input type="tel"，显示的结果如图2-9所示。

 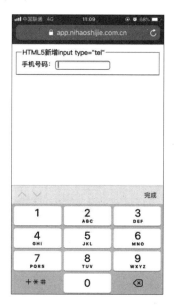

图 2-8　在 iOS 中使用 input type="date"的显示结果　　图 2-9　在 iOS 中使用 input type="tel"的显示结果

如果<input>是一个日期的类型，那么它会自动调用手机端的时间选择器；如果<input>是电话类型，那么当调用键盘时，会自动转换成数字键盘，并且无法输入数字之外的字符。关于移动端<input>各种type的效果，笔者建议读者拿起手机来真实体验一下，可以在手机端执行示例代码2-9-1来加深印象。

2.9.2　<input>文件上传功能

在HTML 5之前，可以使用<input type="file">来实现文件或者图片的上传，在HTML 5中使用<input>标签在移动Web端会调用相册面板，在PC端则会打开文件选择窗口，同时HTML 5在<input>标签上扩展了一些属性来丰富上传功能：

- accept：限制上传文件的类型，image/png和image/gif表示只能上传图片类型，并且扩展名是png或gif；image/*表示任何图片类型的文件。当然，accept属性也支持 .xx，表示扩展名标识的限制，例如accept=".pdf,.doc"。
- multiple：设置是否支持同时选择多个文件，选择支持后，files将会得到一个数组。例如在移动Web端调用相册面板时，可以进行多选。
- capture：该属性可以调用系统默认相机、摄像机和录音功能，同时还有其他取值：

  - capture="camera" 表示相机。
  - capture="camcorder" 表示摄像机。
  - capture="microphone" 表示录音。

需要注意的是，在移动Web端给<input>标签设置了capture属性后，当<input>被单击之后，将会直接调用对应的模块，而不会让用户选择。设置了capture属性之后，multiple也将会被忽略。<input>的文件上传如示例代码2-9-2所示。

示例代码 2-9-2   <input>的文件上传

```
<p>选取多张照片: <input type="file" accept="image/*" multiple="multiple">

<p>从相机选取图片: <input type="file" accept="image/*" capture="camera"
multiple="multiple">

<p>从麦克风选取声音: <input type="file" accept="audio/*" capture="microphone">

<p>从录像机选取（录制）视频: <input type="file" accept="video/*" capture="camcorder">
```

建议读者尝试在手机端体验这段代码的真实效果，在iOS手机端体验的效果如图2-10和图2-11所示。

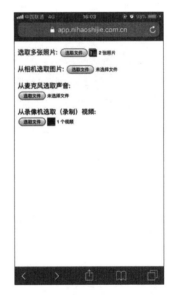

图 2-10   在 iOS 中使用 multiple 后的效果   图 2-11   在 iOS 中选择完成后的效果

在真实体验后会发现，capture="microphone"这个属性在移动端的支持度并不是很好，例如iOS 12版本的Safari浏览器就不支持该属性设置的选项。

在获取了相关的文件之后，怎么获取所上传的文件呢？我们可以给<input>绑定一个onchange事件，以便在代码中获取对应的文件数据，如示例代码2-9-3所示。

示例代码 2-9-3   JavaScript 获取<input>数据

```
<p>选取多张照片: <input type="file" accept="image/*" multiple="multiple" id="uploader">

<script>
  var recorder = document.getElementById('uploader');
  recorder.addEventListener('change', function(e) {
    var file = e.target.files;
    console.log(file)
    // 这里可以获取文件数据
  });
</script>
```

2.9.3　<input>其他新增属性

1. autocomplete属性

autocomplete属性规定表单或输入字段是否应该自动完成。在启用自动完成之后，浏览器会基于用户之前的输入值自动填写。在默认情况下，大多数浏览器都启用这项功能。需要注意的是，autocomplete属性适用于这些<input>类型：text、search、url、tel、email、password、datepickers、range以及color，如示例代码2-9-4所示。

示例代码 2-9-4　autocomplete 属性

```
Name: <input type="text" name="name" autocomplete="on"><br />
E-mail: <input type="email" name="email" autocomplete="off"><br />
```

2. autofocus属性

autofocus属性是布尔类型的属性。如果设置该属性，那么当页面加载时<input>元素应该自动获得焦点，如示例代码2-9-5所示。

示例代码 2-9-5　autofocus 属性

```
Name:<input type="text" name="name" autofocus>
```

这里需要注意，对于布尔类型的属性，HTML 5规范规定：元素的布尔类型属性如果有值，就是true，如果没有值，就是false。因此，在声明布尔类型属性时不用赋值，autofocus等同于autofocus="true"或者autofocus="xxx"。

3. min和max属性

min和max属性规定<input>标签的最小值和最大值。min和max属性适用的输入类型：number、range、date、month、time以及week，如示例代码2-9-6所示。

示例代码 2-9-6　min 和 max 属性

```
<!--只能输入1980-01-01之前的日期:-->
<input type="date" name="beforeday" max="1979-12-31">
<!--只能输入2000-01-01之后的日期:-->
<input type="date" name="afterday" min="2000-01-02">
<!--只能输入1-5(包括1和5)数字的:-->
<input type="number" name="range" min="1" max="5">
```

4. pattern属性

pattern属性用于检查<input>标签内容值的正则表达式。适用于以下输入类型：text、search、url、tel、email和password。例如，只能包含3个字母的输入内容（无数字或特殊字符），如示例代码2-9-7所示。

示例代码 2-9-7 pattern 属性

```
<input type="text" name="code" pattern="[A-Za-z]{3}" title="Three letter code">
```

5. placeholder属性

placeholder属性用以描述输入字段预期值的提示（样本值或有关格式的简短描述），该提示会在用户输入值之前显示在输入字段中，在输入任何值后自动消失。

在HTML 5之前，实现一个输入框的placeholder需要借助CSS和JavaScript来实现，现在有了HTML 5，一个placeholder属性即可实现效果，减少了重复性的开发工作。目前placeholder属性适用于以下输入类型：text、search、url、tel、email以及password，如示例代码2-9-8所示。

示例代码 2-9-8　placeholder 属性

```
Name:<input type="text" name="name" placeholder="请输入名字">
```

6. required属性

required属性是布尔类型的属性。如果设置这个属性，那么规定在提交表单之前必须填写输入字段。required属性适用于以下输入类型：text、search、url、tel、email、password、number、checkbox、radio和file，如示例代码2-9-9所示。

示例代码 2-9-9　required 属性

```
Username: <input type="text" name="usrname" required>
```

对于所有的内容限制类属性，例如pattern、max、min和required等，如果输入的值非法，那么当此<input>放在表单<form>中作为表单元素提交时，会有错误提示信息，如图2-12所示。或者当鼠标移到非法元素上时，也会有错误提示信息，如图2-13所示。

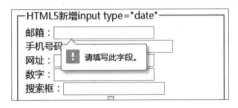

图 2-12　错误提示信息（1）

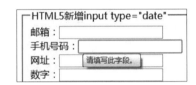

图 2-13　错误提示信息（2）

2.9.4　<script>的 async 和 defer 属性

在讲解<script>的async和defer属性之前，我们首先需要了解一下浏览器渲染页面的原理，如图2-14所示。

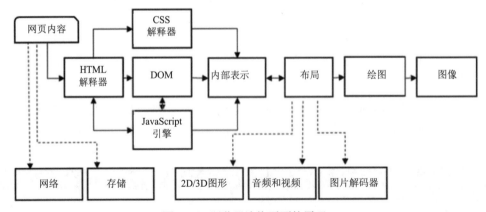

图 2-14　浏览器渲染页面的原理

在图2-14的左半部分，当浏览器获得HTML页面内容进行解析并渲染时，就会出现阻塞问题，下面来详细解释一下：

- 当浏览器获得服务端返回的HTML页面内容时，总是会从上往下解析并渲染页面。
- 一般的HTML页面，一些样式文件（CSS）和脚本文件（JavaScript）会放在头部<head>标签中被导入。
- 当浏览器解析到头部的CSS和JavaScript标签时，如果遇到的是外部链接，就会下载这些资源。
- 暂不提外部CSS资源，这里我们只说JavaScript外部资源，即当浏览器遇到外部的<script src="xx.js">时，就会暂停解析后面的HTML页面内容，先发起请求获取当前页面内容，而后解析获取的页面内容并执行。
- 所以，<script>标签就会阻塞正常的HTML页面内容的解析和渲染，尤其当<script>标签导入的外部内容很大时，这种阻塞问题就更加明显，将会导致HTML页面加载变慢，白屏时间变长。

为了解决<script>阻塞页面解析和渲染的问题，HTML 5引入了<script>标签的defer和async属性。这两个属性都是布尔类型的属性。

1. defer属性

当浏览器遇到设置了引入外部资源(注意只针对外部资源)<script src="xx.js" defer>的标签时，就不再阻止解析，会另外并行去下载对应的文件，当下载完成之后也不会立刻执行，而是等到整个HTML页面解析完成后再执行。如果页面有多个<script src="xx.js" defer />，就会按照定义的顺序执行，这一点很重要，如示例代码2-9-10所示。

示例代码2-9-10　defer 属性

```html
<head>
<script type="text/javascript" src="abc.js" defer></script>
<script type="text/javascript" src="efg.js" defer></script>
</head>
```

2. async属性

async属性和defer属性类似，都用于改变处理脚本的行为。与defer属性相同的是，async属性只适用于外部资源，并告诉浏览器立即下载文件。但与defer属性不同的是，标记为async属性的脚本并不保证按照定义它们的先后顺序执行，如示例代码2-9-11所示。

示例代码2-9-11　async 属性

```html
<head>
<script type="text/javascript" src="abc.js" async></script>
<script type="text/javascript" src="efg.js" async></script>
</head>
```

在上面的代码中，如果efg.js文件比abc.js文件先下载完成，那么efg.js文件会在abc.js文件之前执行，因此确保两者之间互不依赖这一点非常重要。指定async属性的目的是不让页面等待两个脚本文件下载和执行，从而异步加载页面的其他内容，因此建议在指定async属性的脚本内容中不要有修改DOM的逻辑。

同时，如果感觉这两个属性并不需要设置，或者并不需要延迟加载，那么最优的方法就是老老实实将外部资源的<script>放在页面底部，例如在</body>标签上面，这样就不会影响HTML页面的解析和渲染。

2.10　小　　结

就前端技术而言，每一个新标准的诞生，都会带来许多与浏览器兼容性有关的问题，HTML 5也不例外。在日常使用HTML 5相关的新特性时，要尤其注意浏览器的兼容性。目前PC端对于HTML 5的支持度已经很好了，而且样式表现比较统一，但是在移动端，比如在iOS和Android平台上对于同一个特性就可能有不同的表现方式。最稳妥的还是多找几个不同型号的移动设备来进行测试，正所谓"标签由我们定，是否真实跟进就是各大浏览器厂商的问题了"。

本章主要分为三个部分：第一部分主要讲解了HTML 5新引入的一些标签，这些标签包括DOCTYPE声明、<header>标签、<footer>标签、<section>标签、<nav>标签和<aside>标签，并使用了示例代码来演示它们的用法；第二部分主要讲解了HTML 5引入的一些新的标签属性，这些属性主要是和<input>配合使用，其中包括使用最多的type属性、文件上传所用属性以及一些其他的属性，如autocomplete属性、autofocus属性、min和max属性、pattern属性、placeholder属性、required属性，并使用代码来演示它们的用法；第三部分讲解了<script>标签阻塞页面解析和渲染的原因，并给出了解决办法，即对<script>设置async和defer属性。

2.11　练　　习

（1）什么是HTML标签语义化？

（2）<section>标签使用的规范是什么？

（3）HTML 5中布尔类型的属性有什么特点？

（4）HTML 5使用<input>标签上传多张图片对应如何设置？

（5）为什么不建议在<head>标签内使用引入外部资源的<script>标签？

第 3 章

HTML 5 音频和视频

在HTML 5之前，在网页上播放音频和视频大多是利用Flash[①]来向用户提供媒体服务的，这对于用户来说，就必须在自己使用的计算机上安装Flash浏览器插件，但是HTML 5提供了新的<audio>标签和<video>标签，通过这两个标签来设置想要播放的媒体，能够方便地将媒体嵌入HTML文件中。

更加方便的是移动端的设备对这两个标签的支持度也很不错，所以在没有客户端应用支持的情况下，使用浏览器原生的<audio>和<video>来播放音频和视频，对于移动端设备而言就是一个很重要的音视频解决方案。本章就来揭开它们的神秘面纱。

3.1 <audio>标签与音频

在网页中常用的音乐格式有WAV、MP3和OGG（Vorbis编码）等，使用最多的是MP3格式的音频。我们可以采用<audio>标签来导入音频文件。

3.1.1 <audio>标签的使用

先来简单地创建一个<audio>标签，如示例代码3-1-1所示。

```
示例代码 3-1-1    <audio>标签的使用
<audio src="./test.mp3" controls autoplay>亲 您的浏览器不支持HTML 5的audio标签</audio>
```

<audio>标签里面的内容"亲 您的浏览器不支持HTML 5的audio标签"是当浏览器不支持<audio>标签时所要显示的内容。使用<audio>标签的大部分程序逻辑就是设置标签属性，这些标签属性的含义如下：

- src：设置音频文件的路径和文件名。
- controls：是否显示播放控件或面板，设置controls则表示显示播放控件和面板。

[①] Flash是由Adobe公司提供的采用插件形式的网页视频播放解决方案，在早期的浏览器中被广泛使用，Adobe公司于2017年宣布将会逐渐停止对Flash播放器插件的维护。

- autoplay：是否自动播放，设置autoplay属性表示自动播放，但是是否生效取决于浏览器的设置。
- loop：是否循环播放，设置loop属性则表示要循环播放。
- preload：是否预先加载（有些地方翻译成缓冲）以减少用户等待的时间，属性值有auto、metadata和none 3种。

  - auto：一旦加载页面，就开始加载音频。
  - metadata：当页面加载后仅加载音频的元数据。元数据是指音频的作者、时长等信息。
  - none：当页面加载之后并不预先加载音频。

可以用<source>元素来指定多个文件，为不同浏览器提供可支持的编码格式，如示例代码3-1-2所示。

示例代码 3-1-2　<audio>使用<source>

```
<audio controls autoplay>
    <source src="./test.mp3" type="audio/mp3">
    <source src="./test.ogg" type="audio/ogg">
    您的浏览器不支持HTML 5的audio标签
</audio>
```

在上面的代码中，当浏览器不支持第一个<source>指定的MP3格式的音频或者找不到对应的资源文件时，就会使用第二个<source>指定的OGG格式的音频。

在PC端的Chrome浏览器中看到的效果如图3-1所示。

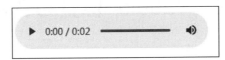

图 3-1　Chrome 浏览器中看到的使用<audio>标签的效果

在iOS的Safari下显示的效果如图3-2所示。

图 3-2　Safari 浏览器中看到的使用<audio>标签的效果

3.1.2　使用 JavaScript 操作 audio 对象

在 HTML 5中，<audio>不仅是个标签，也是 Window下的一个对象，我们可以通过document.getDocumentById()获取到这个节点的DOM对象，对应的对象是HTMLAudioElement的一个实例。有对象就有对应的属性和方法，下面就来看看使用JavaScript可以操作audio对象的哪些属性和方法，如示例代码3-1-3所示。

示例代码 3-1-3　使用 JavaScript 操作 audio

```
<audio controls autoplay src="./test.mp3" id="audio">
    您的浏览器不支持HTML 5的audio标签
```

```
</audio>
<script type="text/javascript">
    var audio = document.getElementById('audio');

    console.log(audio.currentTime)            //打印出当前播放的时间
    console.log(audio.volume)                 //打印出当前的音量
    console.log(audio.duration)               //打印出音频的长度（以秒计）
    console.log(audio.buffered)               //打印出表示音频已缓冲部分的 TimeRanges 对象
    console.log(audio.played)                 //打印出表示音频已播放部分的 TimeRanges 对象
    audio.muted = true;                       //设置是否静音
    audio.volume = 1;                         //设置或返回音频的音量

    audio.canPlayType('audio/ogg');           //检查浏览器是否能够播放指定的音频类型
    audio.load();                             //重新加载音频元素
    audio.play();                             //开始播放音频，返回一个Promise对象
    audio.pause();                            //暂停当前播放的音频
</script>
```

在上面的代码中列举了一些常用的audio对象的属性和方法，其中一些属性值或方法必须等到
audio所导入的文件加载完成后才可以正常使用，例如可以通过监听canplay事件来获取加载完成这
个时间点。下面就来介绍一下audio相关的事件。

3.1.3　audio 对象的事件

<audio>标签这类音频播放组件给开发者提供的相关事件和方法还是比较充分的，在音频播放
的整个流程中或者状态发生改变时，都有对应的JavaScript的API可供开发者编写自己的业务逻辑，
例如可以使用addEventListener()方法来监听对应的事件，如示例代码3-1-4所示。

示例代码 3-1-4　audio 的事件

```
<script type="text/javascript">
    // 首先获取DOM对象
    var audio = document.getElementById('audio');

    audio.addEventListener("canplay", function () {
    // 在canplay事件中，可以获取音频的时长
console.log(audio.duration)
    });
    audio.addEventListener("loadstart", function () {
        console.log("事件loadstart: " + (new Date()).getTime());
    });
    audio.addEventListener("durationchange", function () {
        console.log("事件durationchange: " + (new Date()).getTime());
    });
    audio.addEventListener("loadedmetadata", function () {
        console.log("事件loadedmetadata: " + (new Date()).getTime());
    });
    audio.addEventListener("progress", function () {
        console.log("事件progress: " + (new Date()).getTime());
    });
    audio.addEventListener("suspend", function () {
        console.log("事件suspend: " + (new Date()).getTime());
    });
    audio.addEventListener("loadeddata", function () {
        console.log("事件loadeddata: " + (new Date()).getTime());
    });
    audio.addEventListener("canplaythrough", function () {
        console.log("事件canplaythrough: " + (new Date()).getTime());
    });
```

```
audio.addEventListener("play", function () {
    console.log("事件play: " + (new Date()).getTime());
});
audio.addEventListener("timeupdate", function () {
    console.log("事件timeupdate: " + (new Date()).getTime());
});
audio.addEventListener("pause", function () {
    console.log("事件pause: " + (new Date()).getTime());
});
audio.addEventListener("ended", function () {
    console.log("事件ended: " + (new Date()).getTime());
});
audio.addEventListener("volumechange", function () {
    console.log("事件volumechange: " + (new Date()).getTime());
});
```
```
</script>
```

建议读者运行上面的代码，自己体验一下每个事件的触发时机和顺序，这些事件类型的含义如下：

- canplay：当浏览器可以开始播放指定的音频时，触发canplay事件。
- loadstart：当浏览器开始寻找指定的音频时，触发loadstart事件，即加载过程开始。
- durationchange：当指定音频的时长数据发生变化时，触发durationchange事件。
- loadedmetadata：当指定音频的元数据已加载时，触发loadedmetadata事件。
- progress：当浏览器正在下载指定的音频时，触发progress事件。
- suspend：当媒体数据被阻止加载时触发suspend事件，可以在完成加载后触发，或者在被暂停时触发。
- loadeddata：在当前帧的数据已加载，但没有足够的数据来播放指定音频的下一帧时，触发loadeddata事件。
- canplaythrough：当浏览器预计能够在不停下来进行缓冲的情况下持续播放完指定的音频时，触发canplaythrough事件。
- play：当开始播放时触发play事件。
- timeupdate：当播放时间改变时触发timeupdate事件，会在播放的过程中一直触发这个事件，触发频率取决于系统。
- pause：当暂停时会触发pause事件，当播放完一个音频时也会触发这个事件。
- ended：当播放完一个音频时会触发ended事件。
- volumechange：当音量改变时触发volumechange事件。

在日常项目的开发中，上面列举的众多事件可能不会都用到，不过还是需要注意其中的一些问题。对于一些依赖元数据的属性（如获取音频播放时长的duration属性或者当前播放时间的currentTime属性），这些属性的值必须等到音频的加载完成事件触发之后才可以获取到，例如可以在loadedmetadata或canplay这些事件触发的回调函数中获取这些属性的值。

另外，一个使用比较多的事件是timeupdate事件，由于这个事件会在音频播放时一直触发，但是触发的频率并不确定，主要取决于当前的浏览器或者系统，因此当我们想以一个固定频率来获得这个事件的触发时机时，可以调用setInterval方法来不停地轮询currentTime属性，代码如下：

```
setInterval(function () {
    console.log(audio.currentTime); // 1秒触发一次，获取音频的播放进度
}, 1000);
```

另外需要注意的是,在一些浏览器中,尤其是移动端的浏览器,系统不允许直接调用audio.play()方法来播放音频,原因是避免一些网站在未经用户允许的情况下自动播放声音,例如有时设置的autoplay属性并不会生效。解决这个问题的方法是通过一个按钮（button）来绑定click事件,在事件的回调函数中调用audio.play()方法,这样就说明是用户主动播放的。代码如下:

```
button.addEventListener('click',function () {
    audio.play();
});
```

3.2　<video>标签与视频

在网页中,播放视频最常用的方案就是采用<video>标签。相对于<audio>标签,<video>标签在各个浏览器上的表现和兼容性要复杂得多,尤其是在移动端的iOS和Android平台上,即便是同一特性都可能有不同的表现。在一些定制的WebView组件中（例如微信App内置的WebView）,都会对<video>播放视频进行定制化的设计。所以,在移动端使用<video>标签时,要充分做好不同移动设备及其机型的验证工作。

3.2.1　<video>标签的使用

在HTML页面中,使用<video>标签来导入并播放一个视频资源,如示例代码3-2-1所示。

示例代码 3-2-1　<video>标签的使用

```
<video controls src="./movie.mp4" width="300" id="video">
    您的浏览器不支持HTML 5的video标签
</video>
```

<video>标签在使用上和<audio>很相似,主要是通过src属性来设置资源地址。当前的主流浏览器一共支持3种视频格式:OGG、MPEG4和WebM。不过,这3种视频格式在浏览器中的兼容性却不同,如表3-1所示。

表3-1　<video>在不同浏览器中支持的视频格式

格　　式	IE	Firefox	Opera	Chrome	Safari
OGG	No	3.5+	10.5+	5.0+	No
MPEG4	9.0+	No	No	5.0+	3.0+
WebM	No	4.0+	10.6+	6.0+	No

这些视频格式所代表的文件类型如下:

- OGG:带有Theora视频编码和Vorbis音频编码的OGG文件。
- MPEG4:带有H.264视频编码和AAC音频编码的MP4文件。
- WebM:带有VP8视频编码和Vorbis音频编码的WebM文件。

无论是在PC端还是在移动端,MP4格式视频文件都是支持度最好的,所以对于大多数的应用产品或服务网站来说,都会支持MP4格式的视频文件。

<video>标签目前使用较多的属性如下：

- controls：设置显示包含"播放""进度条""全屏"等操作组件的播放控件。
- autoplay：设置视频准备完毕后是否自动播放。
- loop：设置是否循环播放视频。
- muted：设置是否静音播放视频。
- poster：设置视频显示的图像，即视频播放前或下载时显示的预览图像。这个属性在移动端的支持度并不好。
- preload：视频在页面加载时进行加载（缓冲），并预备播放。如果使用了autoplay属性，则忽略该属性。preload属性的取值有以下3种：

  - auto：一旦加载页面，就开始加载视频。
  - metadata：当页面加载后仅加载视频的元数据（包括 poster 设置的图片）。
  - none：当页面加载完后不预先加载视频。

视频在缓冲过程中，如果设置了poster属性显示图像，包括播放前显示的图像和下载时显示的图像，就显示图像；如果未设置此属性，那么一般情况下播放前视频区是黑色的。

另外，也可以在<video>标签内使用<source>标签来指定多个播放文件，为不同的浏览器提供可支持的视频格式。代码如下：

```
<video controls id="videoSource">
  <source src="./movie.ogg" type="video/ogg">
  <source src="./movie.mp4" type="video/mp4">
  <p>您的浏览器不支持HTML 5的video标签</p>
</video>
```

<video>标签在PC端的Chromc浏览器中显示的效果如图3-3所示，带有controls控制器；在iOS的Safari浏览器中显示的效果如图3-4所示。

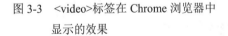

图 3-3　<video>标签在 Chrome 浏览器中显示的效果

图 3-4　<video>标签在 Safari 浏览器中显示的效果

在iOS的Safari浏览器中使用<video>标签播放视频时，默认情况下是无法直接在本网页的页面内播放的，也就是说当视频播放时，会自动弹出一个全屏的视频播放器，这个视频播放器是由系统提供的，会覆盖在HTML页面之上。如果想要解决这个问题，就需要添加playsinline属性，如示例代码3-2-2所示。

示例代码 3-2-2　设置 playsinline 属性

```
<video controls src="./movie.mp4" id="video" width="300" playsinline>
    您的浏览器不支持HTML 5的video标签
</video>
```

如果是在iOS自定义的WebView内使用，就需要设置WebView组件的allowsInlineMediaPlayback属性，即webview.allowsInlineMediaPlayback = YES[①]，只有这样设置之后，内部的网页才能识别playsinline这个属性，令视频以内联方式播放，即在网页内播放而不是单独开启一个视频窗口进行播放。

3.2.2　使用 JavaScript 操作 video 对象

在 HTML 5 中，<video> 不仅是个标签，也是 Window 下的一个对象，可以通过document.getDocumentById()获取到这个DOM节点对象，对应的对象是HTMLVideoElement的一个实例。有对象就有对应的属性和方法，下面就来看看使用JavaScript可以操作video对象的哪些属性和方法，如示例代码3-2-3所示。

示例代码 3-2-3　使用 JavaScript 操作 video

```
<video controls src="./movie.mp4" id="video" width="300">
    您的浏览器不支持HTML 5的video标签
</video>
<script type="text/javascript">
    var video = document.getElementById('video');

    console.log(video.currentTime)        //打印出当前播放的时间
    console.log(video.volume)             //打印出当前的音量
    console.log(video.duration)           //打印出视频的长度（以秒计）
    console.log(video.buffered)           //打印出表示视频已缓冲部分的 TimeRanges 对象
    console.log(video.played)             //打印出表示视频已播放部分的 TimeRanges 对象
    video.muted = true;                   //设置是否静音
    video.volume = 1;                     //设置或返回音频的音量
    video.poster = './poster.png';        //设置或返回poster图
    video.width = 200;                    //设置或返回视频的width属性的值
    video.height = 200;                   //设置或返回视频的height属性的值

    video.canPlayType('video/mp4');       //检查浏览器是否能够播放指定的音频类型
    video.load();                         //重新加载视频元素
    video.play();                         //开始播放视频，返回一个Promise对象
    video.pause();                        //暂停当前播放的视频
</script>
```

video对象相关的JavaScript的API和之前讲解的audio对象相关的JavaScript的API十分相似，区别主要在于video对象可以设置相对于用户界面（UI）的宽度和高度，而audio则不可以。

3.2.3　video 对象的事件

<video>标签这类视频播放组件为开发者提供的相关事件和方法还是比较充分的，在视频播放的整个流程中或者状态发生改变时，都有对应的JavaScript的API可供开发者编写自己的业务逻辑，

[①] 该段代码为使用Object-c语言设置iOS的UIWebView组件，使它允许在网页内播放。

可以使用addEventListener()方法来监听对应的事件。Video对象的大部分事件和audio对象基本一致，如示例代码3-2-4所示。

示例代码 3-2-4　video 对象事件

```javascript
<script type="text/javascript">

    var video = document.getElementById('video');
    video.addEventListener("loadstart", function () {
        console.log("event loadstart: " + (new Date()).getTime());
    });
    video.addEventListener("durationchange", function () {
        console.log("event durationchange: " + (new Date()).getTime());
    });
    video.addEventListener("loadedmetadata", function () {
        console.log("event loadedmetadata: " + (new Date()).getTime());
    });
    video.addEventListener("progress", function () {
        console.log("event progress: " + (new Date()).getTime());
    });
    video.addEventListener("suspend", function () {
        console.log("event suspend: " + (new Date()).getTime());
    });
    video.addEventListener("loadeddata", function () {
        console.log("event loadeddata: " + (new Date()).getTime());
    });
    video.addEventListener("canplay", function () {
        console.log(video.duration)
    });
    video.addEventListener("canplaythrough", function () {
        console.log("event canplaythrough: " + (new Date()).getTime());
    });
    video.addEventListener("play", function () {
        console.log("event play: " + (new Date()).getTime());
    });
    video.addEventListener("timeupdate", function () {
        console.log("event timeupdate: " + (new Date()).getTime());
    });
    video.addEventListener("pause", function () {
        console.log("event pause: " + (new Date()).getTime());
    });
    video.addEventListener("ended", function () {
        console.log("event ended: " + (new Date()).getTime());
    });
    video.addEventListener("volumechange", function () {
        console.log("event volumechange: " + (new Date()).getTime());
    });

</script>
```

在上面的代码中使用的事件，其含义如下：

- loadstart：当浏览器开始寻找指定的视频时，触发loadstart事件，即加载过程开始。
- durationchange：当指定视频的时长数据发生变化时，触发durationchange事件。
- loadedmetadata：当指定的视频的元数据已加载时，触发loadedmetadata事件。
- progress：当浏览器正在下载指定的视频时，触发progress事件。
- suspend：当媒体数据被阻止加载时触发suspend事件，这个事件可以在完成加载后触发，或者在被暂停时触发。

- loadeddata：在当前帧的数据已加载，但没有足够的数据来播放指定视频的下一帧时，触发 loadeddata 事件。
- canplay：当浏览器可以开始播放指定的视频时，触发 canplay 事件。
- canplaythrough：当浏览器预计能够在不停下来进行缓冲的情况下持续播放指定的视频时，触发 canplaythrough 事件。
- play：当开始播放时触发 play 事件。
- timeupdate：当播放时间改变时触发 timeupdate 事件，这个事件会在播放的过程中一直触发，触发频率取决于系统。
- pause：当暂停时触发 pause 事件，当播放完一个视频时也会触发这个事件。
- ended：当播放完一个视频时触发 ended 事件。
- volumechange：当音量改变时触发 volumechange 事件。

可以看出，video 对象的事件含义和 audio 对象的事件含义基本上是一致的。

需要说明的是，在采用 <video> 标签来播放视频时，使用比较多的事件是 timeupdate 事件，由于这个事件会在视频播放时一直触发，但是触发的频率并不确定，主要取决于当前的浏览器或者计算机系统，因此当我们想以一个固定频率来获得这个事件触发的时机时，可以调用 setInterval 方法来不停地轮询 currentTime 属性，代码如下：

```
setInterval(function () {
    console.log(video.currentTime); // 1秒触发一次，来获取视频的播放进度
}, 1000);
```

另外需要注意的是，在一些浏览器，尤其是在移动端的浏览器中，系统不允许直接调用 video.play() 方法，这个和 audio 对象是一样的，是为了避免一些网站在未经用户允许的情况下自动播放视频。解决这个问题的方法是通过一个按钮来绑定 click 事件以触发 video.play() 方法，这样就说明是用户主动播放的，代码如下：

```
button.addEventListener('click',function () {
    video.play();
});
```

3.2.4 videojs 视频播放器的使用

videojs 是一款开源的免费 Web 视频播放器组件，简单易用，并且在移动 Web 端有着良好的兼容性和适配性，现在已经成为视频播放业务中最优秀的解决方案之一。

videojs 可以帮助我们解决如下问题：

- 对于 Web 端视频来说，它不仅仅是一个静态的资源，例如一个 MP4 文件，对于实时视频，例如 m3u8 格式的视频，类似这种实时直播的视频也是一种视频，videojs 内置了 HTML 5 和 Flash 两种模式，可以同时兼容这些视频。
- 对于移动 Web 端各式各样的操作系统自带的浏览器定制的 <video> 标签所渲染出的界面风格不统一的问题，直接编写原生的 JavaScript 来控制视频则兼容性较差，videojs 内置的视频播放组件将这些不统一的问题解决了，并统一封装成相同的接口供开发者使用，从而大大减少了解决兼容性所花的时间。

要导入 videojs 需要导入对应的 JavaScript 文件和 CSS 文件，如示例代码 3-2-5 所示。

示例代码 3-2-5　导入 videojs

```html
<!DOCTYPE html>
<html lang="zh-CN">
<head>
 <link href="https://unpkg.com/videojs/dist/video-js.min.css" rel="stylesheet">
 <script src="https://unpkg.com/videojs/dist/video.min.js"></script>
 <!-- 如果需要支持IE8, 就导入下面的文件 -->
 <!--<script src="https://vjs.zencdn.net/ie8/1.1.2/videojs-ie8.min.js"></script>-->
</head>
<body>
</body>
</html>
```

导入之后，参考示例代码3-2-1的<video>标签播放视频的代码，但并不需要改动很多地方，可以使用JavaScript将视频初始化，将示例代码3-2-6中的代码添加到<body></body>之中。

示例代码 3-2-6　videojs 示例

```html
<video id="video" class="video-js">
    <source src="./movie.mp4" type="video/mp4">
    您的浏览器不支持HTML 5的video标签
</video>
<script type="text/javascript">

    var options = {
        width: 300,                 //设置宽度
        height: 300,                //设置高度
        controls: true,            //设置是否显示视频控制器
        preload: "auto",           //设置是否缓冲
    }

    // 初始化videojs, 第一个参数为<video>标签的ID, 第二个参数是videojs接收的参数, 第三个参数是
videojs初始化成功后执行的方法
    var player = videojs("video", options, function() {
        console.log("初始化成功")
    })
</script>
```

通过调用videojs("video")方法传入<video>标签的ID，就可以初始化一个视频播放器，其中第二个参数options可以设置一些选项，第三个参数function是初始化成功的回调函数，需要将<video>标签的class值设置成video-js（可以应用videojs播放器默认的样式），效果如图3-5所示。

同时，videojs也支持直接在<video>标签的属性上设置初始化参数，代码如下：

```html
<video
    id="my-player"
    class="video-js"
    controls
    preload="auto"
    poster="//vjs.zencdn.net/v/oceans.png"
    data-setup='{}'>
    ...
</video>
```

在上面的代码中，可以直接将初始化需要的选项设置在<video>标签的属性中，data-setup表示通过JavaScript初始化的options项。不过，笔者并不推荐这样做，如果设置项复杂，那么整个代码会显得比较臃肿，会影响HTML结构的清晰性，所以还是建议采用JavaScript的方式来初始化videojs。

在示例代码3-2-6中，我们只使用了一部分的videojs的设置项，对于height和width属性，如果设置的不是视频原有的比例，那么多余出来的区域会被黑色背景代替，如图3-6所示。

图 3-5　videojs 视频播放器的效果　　　　　图 3-6　不是视频原有比例的播放效果

关于options的其他一些设置项和含义如下：

```
Player
    Poster                              //设置默认封面
    TextTrackDisplay                    //设置字幕显示
    LoadingSpinner                      //设置加载中loading样式
    BigPlayButton                       //设置大播放按钮
    ControlBar                          //设置控制条
        PlayToggle                      //设置播放暂停
        FullscreenToggle                //设置全屏
        CurrentTimeDisplay              //设置当前播放时间
        TimeDivider                     //设置时间分割器
        DurationDisplay                 //设置总时长
        RemainingTimeDisplay            //设置剩余播放时间
        ProgressControl                 //设置进度时间轴
            SeekBar                     //设置拖动按钮
            LoadProgressBar             //设置加载进度状态
            PlayProgressBar             //设置播放进度状态
            SeekHandle                  //设置拖动回调函数
        VolumeControl                   //设置音量
            VolumeBar                   //设置音量按钮
            VolumeLevel                 //设置音量等级
            VolumeHandle                //设置音量处理回调函数
        PlaybackRateMenuButton          //设置播放速率按钮
```

其中设置项的命名方式采用"驼峰"命名方式。上面列举的是一些比较常用的设置项，关于videojs更多的参考资料，可以访问videojs的官方网站。

3.3　小　　结

在HTML 5中，音频和视频是比较重要的功能，在日常业务中会经常用到，并且现在的互联网产品已经从最原始的文字发展到文字+图片，再发展到声音和视频，例如现在非常火爆的短视频类App产品，都离不开音频和视频，所以掌握好音频和视频处理的相关知识就非常重要。再强调一下，对于移动Web端来讲，不同的移动设备及其机型对音频和视频的表现是有所不同的，所以一定要做好兼容性的验证。如果达不到最佳体验，那么使用原生应用开发一个供Web端调用的原生音频和视频控件，也是一种不错的方案。

本章讲解了HTML 5中处理音频和视频的相关知识，主要分为三部分：第一部分讲解了HTML 5中<video>标签的使用，如何结合JavaScript来操作audio对象，并使用代码演示了它们的用法；第二部分讲解了HTML 5中<video>标签的使用，视频的功能比较复杂，掌握好相关的知识很重要，同时也讲解了如何结合JavaScript来操作video对象，实现对播放流程的控制，并使用代码演示它们的用法；第三部分讲解了如何使用videojs实现一个视频播放器。

3.4　练　　习

（1）<audio>和<video>分别支持什么格式的文件？

（2）在移动端，什么情况下调用audio.play()方法会不起作用？

（3）canplay事件和canplaythrough事件有什么区别。

（4）如何按照固定频率监听播放事件？

（5）videojs初始化的方法是什么？

第 4 章
HTML 5 网页存储

当我们在制作页面时有时会希望记录一些信息，例如用户的登录状态信息、一些偏好设置信息和代码逻辑的标志位等。这些信息的结构一般比较简单，没有必要存储到后端数据库中，这时就需要利用网页存储（Web Storage）将这些信息存储在浏览器中。

另外，利用Web Storage也可以实现缓存，例如缓存一些数据和静态资源来减少页面的网络请求，以加速页面的响应速度，提升页面的性能。总之，利用Web Storage可以做很多事情，前提是掌握好它的用法。

4.1　初识 Web Storage

Web Storage是一种将数据存储在浏览器（客户端）的技术，一般只存储少量记录，不宜存储大量数据。只要支持Web Storage的浏览器，都可以使用JavaScript的API来操作Web Storage。

4.1.1　Web Storage 的概念

在HTML 5之前，其实已经有在客户端浏览器中存储少量数据的方案，称之为Cookie，它和Web Storage既有相似之处，又有不同的地方：

- 存储大小不同：Cookie只允许每个域名在浏览器中存储4KB以内的数据，而HTML 5中的Web Storage根据各个浏览器兼容性的差异，在PC端浏览器中可以存储10MB左右的数据（LocalStorage和SessionStorage各5MB），在移动端的浏览器中大概只能存储6MB左右的数据。
- 安全性不同：Cookie每次处理网页请求时都会连带发送Cookie的内容到服务端（只针对同一个域名的情况），使得安全性降低，并且影响请求的大小，而Web Storage只存在于浏览器端，并且不同域名之间是相互独立的，安全性高一些。
- 都是以"键－值对"（Key-Value Pair）的形式存储：Cookie和Web Storage都是以一组"键－值对"的形式存储的。

Web Storage主要提供两种方式来存储数据：一种是LocalStorage，另一种是SessionStorage。两者的主要差异在于生命周期和有效范围，如表4-1所示。

表4-1　Web Storage两种存储数据的类型之间的差异

Web Storage 类型	生命周期	有效范围
LocalStorage	没有过期时间，直到调用删除 API	同一个域名下，不区分窗口
SessionStorage	关闭当前窗口即过期	同一个域名下，同一个窗口

4.1.2　同源策略

上一小节所指的同一个域名，严格意义上来说就是JavaScript的"同源策略"（Same Origin Policy），这种策略是指只有来自相同网站的页面之间才能相互调用。Web Storage相关的API都是基于JavaScript来调用的，同样只有相同来源的页面才能获取同一个Web Storage对象。

那么，什么叫作相同网站的页面呢？所谓相同是指协议、域名（Domain和IP）和端口（Port）都必须相同，缺一不可。下面3种情况都视为不同来源：

- http://www.abc.com与http://www.efg.com（域名不同）。
- http://www.abc.com与http://app.abc.com（域名不同）。
- http://www.abc.com与https://www.abc.com（协议不同）。
- http://www.abc.com:8080与http://www.abc.com:8888（端口不同）。

在使用Web Storage时，一定要注意"同源策略"。

4.1.3　Web Storage 的浏览器兼容性

为了避免浏览器不支持Web Storage功能，在操作之前最好检测一下当前浏览器是否支持这个功能。和之前讲解的<video>、<audio>及<canvas>不同的是，Web Storage主要是由JavaScript的相关API来操作的，所以需要使用JavaScript代码来检测，代码如下：

```
if (typeof(Storage) !== "undefined") {
// 支持Web Storage，可以使用LocalStorage和SessionStorage相关的API
} else {
// 不支持Web Storage
}
```

Web Storage对应的JavaScript对象是Storage，需要判断是否存在这个对象。就目前PC端的浏览器而言，IE8以上版本、Firefox和Chrome都支持Web Storage，而目前的移动端浏览器也基本上都支持Web Storage。

4.2　LocalStorage 和 SessionStorage

由于LocalStorage和SessionStorage除了4.1.1节中介绍的区别之外，在代码使用层面上没有区别，因此后文就以LocalStorage为例来讲解。

LocalStorage的有效范围和Cookie很类似，但是有效周期却不同，存储的数据是否清除由开发者自行决定，并不会随着网页的关闭而消失，适用于数据需要跨页面共享的场景。目前大多数的HTML 5移动端应用都会用到LocalStorage，主要场景是用来存储一些用户的信息、标志位，还有一些项目需要在多个页面共享的一些数据，等等。

4.2.1　LocalStorage 的增删改查

LocalStorage可以通过window.localStorage获取对象，其本身存储的格式可以理解成一个由"键－值对"组成的对象。

1. setItem(key, value)

若要存储一些数据，则需要调用setItem()方法。在该方法中，key参数和value参数都是字符串格式，在传入key和value值时，如果之前已经有相同的key和value值，就会覆盖之前的内容，这时就相当于对数据进行更新了。

2. getItem(key)

若要获取数据，则可以调用getItem()方法。在该方法中，key参数是字符串格式，表示要获取键为key的数据，返回的数据也是字符串格式。

3. removeItem(key)

如果需要删除某个数据，那么可以调用removeItem()方法。在该方法中，key参数是字符串格式，表示要删除键为key的数据，如果键为key对应的数据不存在，就返回undefined。

4. clear()

clear()方法表示清空该域名下LocalStorage中的所有数据。

下面使用代码来演示一下以上4种方法的具体用法，如示例代码4-2-1所示。

示例代码 4-2-1　LocalStorage 的使用

```html
<!DOCTYPE html>
<html lang="zh-CN">
<head>
  <meta charset="UTF-8">
  <meta name="viewport" content="width=device-width, initial-scale=1.0,
      maximum-scale=1.0, user-scalable=no" />
  <title>localStorage使用</title>
</head>
<body>
<script type="text/javascript">
    // 存储2个数据
    localStorage.setItem('hello','hello something');
    localStorage.setItem('hi','hi something');
    // 获取key为hello的数据
    console.log(localStorage.getItem('hello'));
    // 删除key为hi的数据
    localStorage.removeItem('hi');
    console.log(localStorage.getItem('hi')); // null
    localStorage.clear();
</script>
</body>
</html>
```

由于LocalStorage属于网页窗口下的对象，因此可以直接使用。在浏览器中运行这段代码，可以看到Chrome浏览器中的"开发者工具"的Console控制台打印出"hello something"和"null"，表示获取和删除数据都已生效。

在调用setItem()方法存储数据时，简单的字符串大多数无法满足实际业务的需求，因此我们也可以存储复杂的JavaScript数据类型，通过调用JSON.stringify()方法将数据序列化成字符串，然后进行存储；在调用getItem()方法获取数据时，通过调用JSON.parse()方法将获取的数据转换成JavaScript的数据类型。如示例代码4-2-2所示。

示例代码 4-2-2 LocalStorage 存储复杂数据

```javascript
<script type="text/javascript">
    // 定义一个复杂类型
    var data = {
        a:'test',
        b:['Jack','Tom','John'],
        c:[{
            name:'Tick'
        }]
    }
    // 需要使用try/catch来处理转换时报错的异常情况
    try {
        localStorage.setItem('data',JSON.stringify(data));

        var result = localStorage.getItem('data');

        console.log(JSON.parse(result))
    }catch(e){
        console.error(e)
    }
</script>
```

在浏览器中运行这段代码之后，可以看到Chrome浏览器中的"开发者工具"的Console控制台打印出转换后的数据对象。

在PC端的Chrome浏览器中，可以通过"开发者工具"中Application里的Storage模块快速查看LocalStorage中存储的具体数据，如图4-1所示。

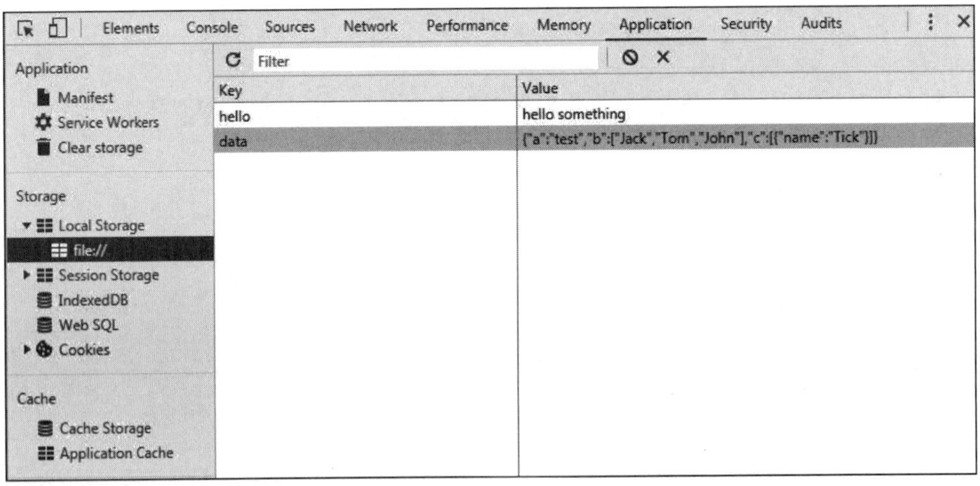

图 4-1 在 Chrome 浏览器中的"开发者工具"的控制面板里查看 LocalStorage 中存储的数据

4.2.2 LocalStorage 容量的限制

4.1.1节介绍了LocalStorage大约有5MB左右的存储量，这就表示不能无限制地调用setItem()方法存储数据，当LocalStorage达到存储容量的上限时，调用setItem()方法会抛出一个

"QUOTA_EXCEEDED_ERR" 或者 "NS_ERROR_DOM_QUOTA_REACHED" 的错误信息，因此需要拦截这些错误信息并添加对应的异常处理逻辑，如示例代码4-2-3所示。

示例代码 4-2-3　LocalStorage 容量的限制

```
<script type="text/javascript">

    try {
        localStorage.setItem('hi', 'hello');
    } catch (e) {
        // 表示到达了LocalStorage存储的上限
        if (e.name === 'QUOTA EXCEEDED ERR' || e.name === 'NS ERROR DOM QUOTA REACHED') {
            // 这里可以尝试调用removeItem()删除一些数据或者是采用其他存储方案
        }
    }
</script>
```

LocalStorage可以帮助我们存储数据，极大地方便了前端程序逻辑的实现，不过也不能滥用，需要遵循以下原则：

- 对有意义的数据进行存储，切勿滥用LocalStorage。
- 在遇到页面之间需要共享数据时，可以在一个页面存入数据，在另外一个页面取出数据。
- 在使用时要设计try/catch代码段，以处理存储容量超出上限的情况，以及在调用JSON.parse()方法与JSON.stringify()方法转换数据时出错的情况。
- 操作LocalStorage是一个同步的过程，在执行过程中浏览器会锁死，所以不建议在一段代码中连续多次操作LocalStorage存储或读取大量数据，避免影响后续代码的正常运行。

4.3　浏览器存储的其他方案

对于浏览器的存储而言，Web Storage方案是使用最多、应用最广的一种。除了这种存储方案之外，还有一些其他的存储方案，下面就对其他的一些方案进行简单介绍。

4.3.1　IndexedDB

Web Storage的存储容量大概在10MB左右，并且不提供搜索功能。对于存储来说，功能最完善的方案莫过于数据库，除了后端的数据库之外，浏览器也提供了类似数据库的解决方案，这个方案就是IndexedDB。

IndexedDB可以存储大量的数据，并且提供了查找接口，还能建立索引，这些能力都是LocalStorage所不具备的。就数据库类型而言，IndexedDB和常用的MySQL不太一样，不属于关系数据库（不支持SQL查询语句），而更接近NoSQL数据库。

IndexedDB具有以下特点：

- "键-值对"存储：IndexedDB内部采用对象仓库（Object Store）来存储数据。所有类型的数据都可以直接存入，包括JavaScript对象。在对象仓库中，数据以"键-值对"的形式保存，每一个数据记录都有对应的主键，主键是独一无二的，不能有重复，否则会抛出异常。
- 异步：IndexedDB操作时不会锁死浏览器，用户依然可以进行其他操作，这与LocalStorage不同，后者的操作是同步的。异步设计是为了防止大量数据的读写拖慢网页。

- 支持事务（Transaction）：IndexedDB支持事务，这意味着在一系列操作步骤中，只要有一步失败，那么整个事务就会被取消，数据库回滚到事务发生之前的状态，不存在只改写了一部分数据的情况。
- 同源限制：和LocalStorage一样，IndexedDB受到同源限制，每一个数据库对应创建它的域名。网页只能访问自身域名下的数据库，而不能访问跨域的数据库。
- 存储空间大：IndexedDB的存储空间比 LocalStorage大得多，一般来说不少于250MB。
- 支持二进制存储：IndexedDB不仅可以存储字符串，还可以存储二进制数据（ArrayBuffer对象和Blob对象）。

4.3.2　Service Worker

Service Worker是网页PWA（Progressing Web App）技术中核心的一种特性，是在Web Worker的基础上增加了持久离线缓存和网络代理功能，并提供了使用JavaScript结合Cache API来操作浏览器缓存的能力。Service Worker不仅可以结合PWA技术来使用，也可以独立使用，例如优化页面的离线功能和打开速度等。

Service Worker具有以下特点：

- 一个独立的执行线程，有单独的作用域、单独的运行环境，有自己独立的上下文（Context）。
- 一旦安装，就永远存在，除非手动注销（Unregister），即使Chrome浏览器关闭了也会在后台运行，利用这个特性可以实现离线消息的推送功能。
- 出于安全性的考虑，必须在HTTPS环境下才能工作。当然在本地调试时，使用localhost则不受HTTPS的限制。
- 提供拦截浏览器请求的接口，可以控制并打开作用域下所有的页面请求。需要注意的是，一旦请求被Service Worker接管，就意味着任何请求都由我们来控制，一定要实现异常处理机制，保证页面的正常运行。
- 由于是独立线程，因此Service Worker不能直接操作页面DOM，但可以通过事件机制来操作页面DOM，例如使用postMessage。

4.4　小　　结

在本章中，主要讲解了Web Storage相关的知识，其中包括Web Storage概述、SessionStorage和LocalStorage的使用，以及浏览器存储的其他方案的简单介绍。本章内容的重点在于LocalStorage的使用方法及技巧。

4.5　练　　习

（1）什么是同源策略，LocalStorage和同源策略的关系是什么？
（2）LocalStorage对一般的PC端浏览器和移动端浏览器来说，最大的存储容量各是多少？
（3）如何判断当前LocalStorage已经达到数据存储容量的上限？

第 5 章

CSS 3 选择器

在介绍了HTML 5中的新特性之后，本章开始介绍HTML 5技术栈中的另一个重要部分——CSS 3新特性。这些新的特性主要包括：新的CSS 3选择器，CSS 3背景，CSS 3转换、过渡和动画。这些新的CSS 3特性不仅在PC端可用，在移动Web端也会经常用到，重要性不言而喻。

在CSS中有一套用于描述CSS 3语言的术语，例如下面这种样式：

```
div {
    color: red;
}
```

上面这段代码被称为一条规则（Rule）。这条规则以选择器div开始，它选择要在DOM中的哪些元素上使用这条规则。花括号中的部分被称为声明（Declaration），关键字color是一个属性，red是其对应的值。同一个声明中的属性和值组成一个"键–值对"，多个"键–值对"之间用分号分隔开。

上面这一小段代码就是CSS中的选择器。在CSS 3之前，使用的选择器包括ID选择器、类（Class）选择器、标签（Tag）选择器等，它们被称为基础选择器，本书对这些类型的选择器就不深入介绍了。除了原有的选择器之外，在CSS 3中引入了一些新的选择器，可以帮助我们更加便捷地选择各类元素，提升开发效率。本章主要介绍这些新的选择器。

5.1 CSS 3 属性选择器

在CSS 3之前，属性选择器的代码如下：

```
div[name="John"] {
    color: red;
}
```

上面这段代码是一个标准的CSS 2属性选择器，表示选择出标签是<div>且含有name=John属性的元素，然后套用color:red的样式。当然，CSS 2中还有一些其他的属性选择器，这里就不再赘述。在CSS 3中，对属性选择器进行了升级，新增了一些属性选择器，如表5-1所示。

表5-1　CSS 3新增的属性选择器

选 择 器	规 则
E[attr^="val"]	含有属性 attr 的值且以"val"字符串开头的元素

（续表）

选 择 器	规 则
E[attr$="val"]	含有属性 attr 的值且以"val"字符串结尾的元素
E[attr*="val"]	含有属性 attr 的值且包含"val"字符串的元素

下面使用代码来演示上述选择器的用法，如示例代码5-1-1所示。

示例代码 5-1-1 CSS 3 新增的属性选择器

```html
<!DOCTYPE html>
<html lang="zh-CN">
<head>
  <meta charset="UTF-8">
  <meta name="viewport" content="width=device-width, initial-scale=1.0,
      maximum-scale=1.0, user-scalable=no" />
  <title>CSS 3属性选择器</title>
  <style type="text/css">
    /* 选择id属性并且属性值以"page"开头的div元素 */
    div[id^="page"] {
      height: 20px;
      background-color: red;
      margin-bottom: 10px;
    }
    /* 选择id属性并且属性值以"Content"结尾的div元素 */
    div[id$="Content"] {
      height: 30px;
      background-color: black;
      margin-bottom: 10px;
    }
    /* 选择class是info且data-text属性包含"eL"字符的元素*/
    .info[data-text*="eL" i] {
      height: 40px;
      background-color: blue;
    }
  </style>
</head>
<body>
  <div id="page1"></div>
  <div id="page2"></div>
  <div id="infoContent"></div>
  <div id="textContent"></div>
  <p class="info" data-text="hello"></div>
</body>
</html>
```

在上面的代码中，分别使用了3种选择器。需要注意的是，属性选择器可以与任意的基础选择器，包括ID选择器、类选择器、标签选择器等结合使用，属性选择器会在这些原有选择器的基础上再次进行筛选，从而选择出符合要求的元素。

5.2 CSS 3 伪类选择器

本节主要介绍CSS 3的伪类选择器。

5.2.1　伪类和伪元素

在讲解伪类选择器之前，首先需要了解什么是伪类，而提到伪类就需要了解伪元素。伪类和伪元素都用来修饰HTML文件树中的某些部分，例如一句话中的第一个字母，或者是列表中的第一个元素，等等。

关于伪类和伪元素的定义如下：

- 伪类：用于在已有元素处于某个状态时，为它添加对应的样式，这个状态是根据用户行为而动态变化的。例如，当用户悬停在指定的元素上时，可以通过:hover来描述这个元素的状态。虽然它和普通的CSS类相似，但是它只有处于DOM树无法描述的状态下才能为元素添加样式，所以将它称为伪类。

- 伪元素：用于创建一些不在文件树中的元素，并为它添加样式。例如，可以通过:before在一个元素前增加一些文本，并为这些文本添加样式。虽然用户可以看到这些文本，但是这些文本实际上不在文件树中。

例如下面这段代码：

```
<div>
    <p>我是第一个</p>
    <p>我是第二个</p>
</div>
```

若想给第一个<p>元素添加样式，则可以给它添加一个class="first"，然后通过.first来获取：

```
.first {...}

<div>
    <p class="first">我是第一个</p>
    <p>我是第二个</p>
</div>
```

当然也可以通过后面讲解的伪类:first-child选择器来实现。如果想在<div>元素的结尾添加元素并赋予元素样式，那么可以在后面添加一个新的元素来实现：

```
span {...}

<div>
    <p>我是第一个</p>
    <p>我是第二个</p>
    <span>结尾的某个元素</span>
</div>
```

但是，如果不想添加标签，那么可以通过伪元素::after来实现。

这里需要说明的是，伪类的效果可以通过添加一个实际的类来达到，而伪元素的效果则需要通过添加一个实际的元素才能达到，这也是为什么它们一个被称为伪类，一个被称为伪元素的原因。

伪元素和伪类之所以这么容易混淆，是因为它们的效果类似而且写法相仿，在CSS 3中为了区分两者，已经明确规定了伪类用一个冒号来表示，而伪元素则用两个冒号来表示。示例如下：

```
:first-child
::after
```

就目前而言，PC端和移动端的浏览器同时兼容这两种写法，但是抛开兼容性的问题来说，笔者建议应尽可能养成良好习惯以区分两者。对于后面讲解的选择器，我们把它们统称为伪类选择器。

5.2.2 子元素伪类选择器

子元素伪类选择器主要是针对一个父元素内部有多个相同条件的子元素，选择出指定条件的子元素。CSS 3新增的子元素伪类选择器如表5-2所示。

表5-2 CSS 3新增的子元素伪类选择器

选 择 器	规 则
E:first-child	匹配父元素的第一个子元素
E:last-child	匹配父元素的最后一个子元素
E:nth-child(n)	匹配父元素的第 n 个子元素
E:nth-last-child(n)	匹配父元素的倒数第 n 个子元素
E:only-child	匹配的父元素中仅有的一个子元素

需要注意的是，子元素伪类选择器是选择满足条件的子元素，而不是选择父元素。下面用代码来演示说明，如示例代码5-2-1所示。

```
示例代码 5-2-1    子元素伪类选择器
<style type="text/css">
   body div:first-child {
     font-size: 20px;
   }
   body div:last-child {
     font-size: 24px;
   }
   body div:nth-child(4) {
     font-size: 28px;
   }
   body div:nth-last-child(2) {
     font-size: 32px;
   }
   .only span:only-child {
     font-size: 36px;
   }
</style>
<body>
  <div>我是第1个</div>
  <div>我是第2个</div>
  <div>我是第3个</div>
  <div>我是第4个</div>
  <div>我是第5个</div>
  <div>我是最后1个</div>
  <div class="only">
    <span>我是唯一的</span>
  </div>
</body>
```

在上面的代码中，<div>是属于<body>的子元素，所以我们在编写样式时把body放在了div前面，然后对div分别应用不同的子元素伪类选择器，这样比较规范。在使用子元素伪类选择器时，如果只写了子元素，就不易看出它是属于哪个父元素。子元素伪类选择器帮助我们免去了指定子元素辨别class或者id的步骤，让我们可以直接选择指定的子元素，但是需要注意子元素顺序的改变会影响选择的结果。

5.2.3 类型子元素伪类选择器

类型子元素伪类选择器和子元素伪类选择器很相似，它们都是选择符合条件的子元素，但是不同的是类型子元素伪类选择器只会筛选出符合条件类型的元素，它适用于一个父元素下有很多不同类型的子元素的应用场合，例如一个\<div>下有\<p>元素、\<span>元素、\<a>元素等多种类型的子元素，而子元素伪类选择器适用于单一类型的子元素。CSS 3新增的类型子元素伪类选择器如表5-3所示。

表5-3 CSS 3新增的类型子元素伪类选择器

选 择 器	规 则
E:first-of-type	匹配父元素的第一个类型是 E 的子元素
E:last-of-type	匹配父元素的最后一个类型是 E 的子元素
E:nth-of-type(n)	匹配父元素的第 n 个类型是 E 的子元素
E:nth-last-of-type(n)	匹配父元素的倒数第 n 个类型是 E 的子元素
E:only-of-type	匹配的父元素中仅有的一个子元素，而且是一个唯一类型为 E 的子元素

需要注意的是，子元素的类型不仅可以有相同的标签，也可以有相同的类。下面用代码来演示说明，如示例代码5-2-2所示。

示例代码 5-2-2 类型子元素伪类选择器

```
<style type="text/css">
 body .div:first-of-type {
   font-size: 20px;
 }
 body p:last-of-type {
   font-size: 24px;
 }
 body .div:nth-of-type(2) {
   font-size: 28px;
 }
 body p:nth-last-of-type(2) {
   font-size: 32px;
 }
 .only span:only-of-type {
   font-size: 36px;
 }
</style>
<body>
 <div class="div">我是第1个div</div>
 <p>我是第1个p</p>
 <div class="div">我是第2个div</div>
 <p>我是第2个p</p>
 <div class="div">我是第3个div</div>
 <p>我是第3个p</p>
 <div class="div">我是最后一个div</div>
 <p>我是最后一个p</p>
 <div class="only">
   <span>我是唯一的</span>
 </div>
</body>
```

在上面的代码中，对于<div>元素采用class+类型子元素的方式来选择，对于<p>元素采用标签相同的方式来选择，同样可以达到相同的效果。

5.2.4　条件伪类选择器

条件伪类选择器主要是选择在某些特定规则或条件下的元素，例如非值、空值等条件。CSS 3新增的条件伪类选择器如表5-4所示。

表5-4　CSS 3新增的条件伪类选择器

选 择 器	规　　则
E:not(s)	匹配不含有 s 选择符的元素 E
E:empty	匹配没有任何子元素（包括文本节点）的元素 E
E:target	匹配 E 元素被<a>标签的 href 锚点指向时的元素

其中，使用最多的E:not(s)中的s可以是CSS的其他基础选择器，而E:target大多数情况下要配合<a>标签元素来使用。下面用代码来演示条件伪类选择器的使用，如示例代码5-2-3所示。

示例代码 5-2-3　条件伪类选择器

```
<style type="text/css">
  /* :not 选择器*/
  p:not(.content) {
    font-size: 30px;
  }
  /* :empty 选择器*/
  span:empty {
    display: block;
    height: 100px;
    width: 100px;
    background-color: #000;
  }
  /* :target 选择器*/
  div {
    display: none;
    color:#fff;
    height: 100px;
    width: 100px;
  }
  #tab1:target {
    display: block;
    background-color: #000;
  }
  #tab2:target {
    display: block;
    background-color: #000;
  }
</style>
<body>
  <p>p1</p>
  <p>p2</p>
  <p class="content">p3</p>

  <span></span>
  <span>name</span>
  <br/>
```

```
  <a href="#tab1">单击tab1</a>
  <a href="#tab2">单击tab2</a>
  <div id="tab1">我是tab1</div>
  <div id="tab2">我是tab2</div>
</body>
```

在上面的代码中，使用:target选择器实现了一个通过单击切换页签的功能，当单击<a>标签时，会切换到指定的div。读者在浏览器中运行这段代码才能体会到真实的效果。

5.2.5 元素状态伪类选择器

在CSS 3之前，也用过元素状态伪类选择器，使用最多的是:hover伪类，例如:hover伪类的条件表示在鼠标移入元素状态时触发，代码如下：

```
div {
  height: 100px;
  width: 100px;
  background-color: #000;
}
div:hover{
  background-color: red;
}
```

在CSS 3中新增了一些在元素处于某些状态下的伪类选择器，如表5-5所示。

表5-5 CSS 3新增的元素状态伪类选择器

选 择 器	规 则
E:disable	匹配表单元素 E 且处于被禁用状态
E:enabled	匹配表单元素 E 且处于启用状态
E:checked	匹配表单元素 E（单选框和复选框）且处于被选中状态
E:before	在被选元素 E 的内容前面插入内容
E:after	在被选元素 E 的内容后面插入内容

在表5-5列举的选择器中，前3种都是HTML 5表单新增的一些选择器，当这些表单元素处于某些特定状态时会被匹配上；而:before和:after与其说是选择器，不如说是在选定元素的内部增加内容。下面用代码来演示元素状态伪类选择器的使用，如示例代码5-2-4所示。

示例代码 5-2-4　元素状态伪类选择器

```
<style type="text/css">
  input[type="text"]:disabled {
    background-color: #ccc;
  }
  input[type="text"]:enabled {
    background-color: #fff;
  }
  input[type="radio"]:checked {
    height: 50px;
    width: 50px;
  }
</style>
<body>
  <input type="text" disabled>
  <input type="text">
  <input type="radio" checked="checked" value="male" name="gender">男<br>
```

```
    <input type="radio" value="female" name="gender">女<br>
</body>
```

:before和:after的作用就是在指定的元素内容（而不是元素本身）之前或者之后插入一个包含content属性指定内容的行内元素，它们最基本的用法如示例代码5-2-5所示。

示例代码 5-2-5   :before 和:after 的用法

```
<style type="text/css">
  .p-before:before {
    content: "Info: ";
    color: red;
    font-weight: bold;
  }
  .p-after:after {
    content: " World";
    color: red;
    font-weight: bold;
  }
  .other {
    width: 100px;
    position: relative;
  }
  .other:after {
    content: " ";
    display: block;
    position: absolute;
    right: 0;
    top: 0;
    width: 20px;
    height: 20px;
    border-radius: 50%;
    background-color: #000;
  }
</style>
<body>
  <p class="p-before">这是一段描述性文字</p>
  <p class="p-after">Hello</p>
  <p class="other">结尾的圆点</p>
</body>
```

:before和:after是项目中使用比较多的伪类，我们会在后面的实战项目中多次用它来代替<img>，作为图片icon的承载元素。

5.3 小   结

本章主要讲解了CSS 3中新增的一些选择器，内容包括属性选择器和伪类选择器。

伪类选择器是本章的重点，讲述的内容包括：伪类和伪元素、子元素伪类选择器、类型子元素伪类选择器、条件伪类选择器、元素状态伪类选择器。需要注意的是，伪类选择器的分类没有一个固定的标准，在本章中是按照使用时的特点来分类的。

这些新增的选择器功能很强大，给我们日常前端开发带来了很多便利：

- 网页代码更简洁、结构更加清晰：合理使用这些选择器，可以使CSS代码阅读起来更加清晰，减少冗余样式，提升页面性能。
- 减少烦琐的起名烦恼：可通过各种伪类来减少新增元素或者新增class的工作。

5.4 练 习

（1）属性选择器 E[attr*="val"]的匹配规则是什么？

（2）伪类和伪元素分别是指什么，有什么区别？

（3）伪类选择器 E:first-child 和 E:first-of-type 的区别是什么？

第 6 章

CSS 3 转换、过渡与动画

本章将讲解CSS 3中非常重要的属性——转换（transform）、过渡（transition）和动画（animation）。区别于CSS 3之前的版本，这部分新的特性为网页中的元素注入了新的灵魂，让元素有了更多种"动效"的样式属性设置，丰富了元素的呈现方式，让网页真正"动"了起来。这些属性也是实战项目中使用得比较多的，非常有必要掌握好它们。

6.1　CSS 3 转换

transform，字面上的意思是转换、变换、改变，Canvas中的转换主要是指对<canvas>内部画布坐标系统进行变换，而CSS 3中的转换则是改变元素在整个HTML页面中的位置和样式。

在CSS 3中的转换包括：translate（位移动）、rotate（旋转）、skew（扭曲）、scale（缩放），以及matrix（矩阵）。CSS 3中转换又分为2D转换和3D转换。2D转换是使用比较多也是比较好理解的转换，2D转换使用transform属性来实现，其格式为：

```
transform: none|<transform-functions>
```

对于transform属性的取值，none表示不进行转换（用于函数或操作时，也可称为变换），<transform-functions>表示一个或多个变换函数，以空格分开，可以实现同时对一个元素进行transform的多种属性操作，例如一个变换函数可以是translate、rotate、scale、skew、matrix中的一种或多种。需要注意的是，以往我们叠加效果都是用","隔开，但transform中使用多个属性时却需要用"空格"隔开。

6.1.1　translate

translate的含义就是将元素进行位移，分为三种情况：

- translateX(x)：仅水平方向（X轴）移动x值的量。
- translateY(y)：仅垂直方向（Y轴）移动y值的量。
- translate(x,y)：水平方向和垂直方向同时移动（也就是在X轴和Y轴上同时移动）。

其中，位移量的单位可以是像素（px），也可以是其他的长度单位，下面用代码来演示translate的具体用法，如示例代码6-1-1所示。

示例代码 6-1-1　translate 的使用

```html
<!DOCTYPE html>
<html lang="zh-CN">
<head>
  <meta charset="UTF-8">
  <meta name="viewport" content="width=device-width, initial-scale=1.0,
      maximum-scale=1.0, user-scalable=no" />
  <title>CSS 3移动</title>
  <style type="text/css">
    div {
      width: 100px;
      height: 100px;
      position: absolute;
      top: 100px;
      left: 100px;
      color: red;
    }
    .div1 {
      border: 1px solid #ccc;
    }
    .div2 {
      transform: translate(50px,50px);
      background-color: #000;
    }
  </style>
</head>
<body>
  <div class="div1">div1</div>
  <div class="div2">div2</div>
</body>
</html>
```

在上面的代码中，.div1是原始位置，.div2是位移后的位置，代码中对.div2进行了X轴和Y轴两个方向的移动，同时需要注意位移转换不影响绝对定位，可以理解成元素根据自己的样式进行定位，然后在此位置的基础上再进行位移转换。在浏览器中运行上述代码，效果如图6-1所示。

图 6-1　translate 的效果图

6.1.2　scale

scale和translate极其相似，scale表示对元素进行放大或缩小，有三种情况：

- scaleX(x)：仅水平方向（X轴）缩放x值的量。
- scaleY(y)：仅垂直方向（Y轴）缩放y值的量。
- scale(x,y)：水平方向和垂直方向同时缩放（也就是在X轴和Y轴方向上同时缩放）。

其中，x和y参数是缩放的基数值，缩放基数为1，如果值大于1，那么元素就放大，反之元素就缩小。缩放的中心点默认是元素的中心位置，缩放的中心点可以改变，在6.1.6节会讲解改变中心点的方法。下面用代码来演示scale的具体用法，如示例代码6-1-2所示。

示例代码 6-1-2　scale 的使用

```html
<style type="text/css">
  div {
    width: 100px;
```

```
    height: 100px;
    position: absolute;
    top: 100px;
    left: 100px;
    color: red;
  }
  .div1 {
    border: 1px dashed #ccc;
  }
  .div2 {
    transform: scale(2,2);
    border: 1px solid #ccc;
  }
</style>
<body>
  <div class="div1">div1</div>
  <div class="div2">div2</div>
<body>
```

在上面的代码中，.div1是原始大小，.div2是缩放后的结果，代码中对.div2进行了X轴和Y轴两个方向的放大。在浏览器中运行上述代码，效果如图6-2所示。

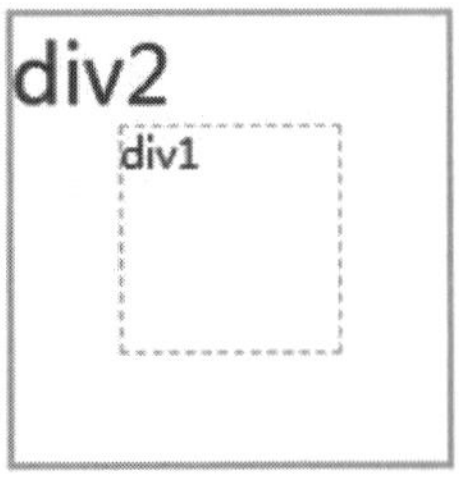

6.1.3 rotate

对于元素的旋转，使用rotate(deg)，其中deg是指旋转的角度，通过指定的角度参数对原元素产生一个旋转效果。

图 6-2 scale 的效果图

- rotate(deg)：deg为角度（360°为圆的一周）。如果设置的值为正数，就表示顺时针旋转；如果设置的值为负数，就表示逆时针旋转。

旋转的中心点默认为元素中心，旋转的中心点同样可以自定义。下面用代码来演示rotate的具体用法，如示例代码6-1-3所示。

示例代码 6-1-3　rotate 的用法

```
<style type="text/css">
  div {
    width: 100px;
    height: 100px;
    position: absolute;
    top: 100px;
    left: 100px;
    color: red;
    border: 1px solid #ccc;
  }
  .div1 {
    border: 1px dashed #ccc;
  }
  .div2 {
    transform: rotate(70deg);
  }
</style>
<body>
  <div class="div1">div1</div>
  <div class="div2">div2</div>
<body>
```

在上面的代码中，.div1为旋转前的元素，.div2是顺时针旋转70deg后的效果。需要注意的是，一旦元素进行了旋转，那么它的所有子元素也会跟着旋转。在浏览器中运行上述代码，效果如图6-3所示。

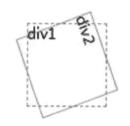

图 6-3　rotate 的效果图

6.1.4　skew

skew（书中有些地方也叫作斜切）表示将一个元素以倾斜的方式呈现，因为skew确实产生了形变，所以也可以称之为扭曲变形。它和translate、scale转换一样同样具有三种情况：

- skewX(x)：仅使元素在水平方向扭曲变形（X轴扭曲变形）。
- skewY(y)：仅使元素在垂直方向扭曲变形（Y轴扭曲变形）。
- skew(x,y)：使元素在水平和垂直方向同时扭曲变形（X轴和Y轴同时按一定的角度值进行扭曲变形）。

其中x和y分别表示扭曲的角度，正负值分别表示扭曲的方向，例如可以通过扭曲将一个正方形div扭曲成一个平行四边形。下面用代码来演示skew的具体用法，如示例代码6-1-4所示。

示例代码 6-1-4　skew 的用法

```
<style type="text/css">
  div {
    width: 100px;
    height: 100px;
    color: red;
    background-color: #ccc;
    float: left;
  }

  .div2 {
    transform: skewX(30deg);
    margin-left: 50px;
  }
</style>
<body>
  <div class="div1">div1</div>
  <div class="div2">div2</div>
<body>
```

在上面的代码中，.div1是扭曲前的元素，.div2是扭曲30deg后的效果。需要注意的是，一旦元素进行了扭曲，那么它的所有子元素也会跟着扭曲。在浏览器中运行上述代码，效果如图6-4所示。

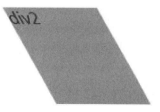

图 6-4　skew 的效果

6.1.5　matrix

作为CSS 3转换中的最后一个属性，matrix是一个比较复杂的属性，从名字就可以看出，相比之前的属性它更难懂一些。实际上matrix可以代替translate、scale、skew、rotate 4大功能，任意一个经matrix样式改变而来的形状也都能通过以上4个功能实现，它们是互通的。

matrix的语法是matrix(a,b,c,d,e,f)，一共有6个参数可以设置，数据结构是一个3×3的矩阵，矩阵变换可以理解成：参数矩阵×原始坐标矩阵=目的坐标矩阵，对应到线性代数中就是两个矩阵相乘，如图6-5所示。

$$\begin{bmatrix} a & c & e \\ b & d & f \\ 0 & 0 & 1 \end{bmatrix} \cdot \begin{bmatrix} x \\ y \\ 1 \end{bmatrix} = \begin{bmatrix} ax + cy + e \\ bx + dy + f \\ 0 + 0 + 1 \end{bmatrix}$$

图 6-5　矩阵相乘

矩阵通过6个参数可以控制位移、缩放、扭曲、旋转效果，这6个参数的含义如下：

- e和f：可以控制位移偏移量（translate），分别对应X轴和Y轴。
- a和d：可以控制缩放比例（scale），分别对应X轴和Y轴。
- b和c：可以控制扭曲（skew），具体参数和角度对应关系为b对应tanθ（即Y轴），c对应tanθ（即X轴）。
- abcd：其中的ad代表缩放（scale），bc代表扭曲（skew），abcd 4个参数共同控制着旋转。

矩阵变换的每种效果都有对应的规则，下面用代码来演示matrix的使用，如示例代码6-1-5所示。

示例代码 6-1-5　matrix 的使用

```
<style type="text/css">
  div {
    width: 100px;
    height: 100px;
    color: red;
    border: 1px dashed #000;
    position: absolute;
    left: 200px;
    top: 200px;
  }
  .div1 {
    border: none;
    background-color:#ccc;
  }
  .div2 {
    /*e,f参数控制位移，相当于translate(50px,50px)*/
    transform: matrix(1, 0, 0, 1, 50, 50);
  }
  .div3 {
    /*a,d参数控制缩放，相当于scale(2,2)*/
    transform: matrix(2, 0, 0, 2, 0, 0);
  }
  .div4 {
    /*b,c参数控制扭曲，相当于skewX(30deg)，"0.5773502691896257"即Math.tan(30 * Math.PI /
      180);*/
    transform: matrix(1, 0.5773502691896257, 0, 1, 0, 0);
  }
```

```
.div5 {
    /*a,b,c,d参数控制旋转，相当于rotate(45deg)，即matrix(cosθ,sinθ,-sinθ,cosθ,0,0)，
      θ为45*/
    transform: matrix(0.7071067811865476, 0.7071067811865475, -0.7071067811865475,
                      0.7071067811865476, 0, 0);
}
</style>
<body>
  <div class="div1">div1</div>
  <div class="div2">div2</div>
<body>
```

在上面的代码中，div1为原始效果，分别使用矩阵matrix计算出了位移、缩放、扭曲、旋转对应的参数值，在代码注释中说明了计算规则。在浏览器中运行这段代码，效果如图6-6所示。

由上面的代码可知，旋转转换占用的参数与缩放转换、扭曲转换占用的参数是有冲突的，如果需要同时实现这些效果，需要先算出旋转对应的abcd的值，再算出扭曲对应的bc值和缩放对应的ad值，最后相加（正加、负减）在一起就可以同时实现矩阵的多个变换了。

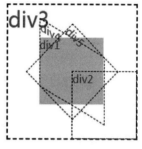

图 6-6　matrix 的效果

6.1.6　transform-origin

在之前的讲解中，曾多次提到转换原点的概念，修改转换原点可以使用transform-origin属性，这个属性用于设置在对元素进行转换时围绕哪个点进行转换操作。可以把转换想象成一个坐标轴上的变换，原点就是坐标轴上的某一点。在默认情况下，转换的原点在元素的中心点，即元素的X轴和Y轴的50%处，如图6-7所示。

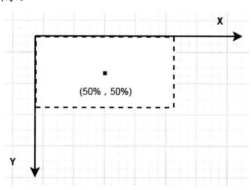

图 6-7　元素默认的中心点

transform-origin属性的语法是transform-origin: x-axis y-axis z-axis，其中：

- x-axis：表示位置，支持（left、center、right）、百分数、数值或者X轴的基点坐标。
- y-axis：表示位置，支持（top、center、bottom）、百分数、数值或者Y轴的基点坐标。
- z-axis：表示数值Z轴的基点坐标（3D变形中生效）。

这个属性支持设置一个值或两个值，若设置一个值，则表示X轴方向和Y轴方向同时采用同一个设置值；若设置两个值，则表示X轴和Y轴各自应用自己对应的值。top和left相当于0，center相当于50%，right和bottom相当于100%。

下面以rotate()为例，演示通过设置不同的transform-origin值得到不同的旋转效果，如示例代码6-1-6所示。

示例代码 6-1-6　transform-origin 的使用

```css
<style type="text/css">
  /*原始位置*/
  .wrap {
    border: 1px solid #000;
    margin: 30px;
    float: left;
  }
  /*旋转后的位置*/
  .inner {
    width: 100px;
    height: 100px;
    color: red;
    border: 1px dashed #ccc;
  }
  .div1 {
    transform: rotate(30deg);
    transform-origin: center;
  }
  .div2 {
    transform: rotate(30deg);
    transform-origin: top center;
  }
  .div3 {
    transform: rotate(30deg);
    transform-origin: 50% 100%;
  }
  .div4 {
    transform: rotate(30deg);
    transform-origin: 100% 100%;
  }
  .div5 {
    transform: rotate(30deg);
    transform-origin: -30px 55px;
  }
</style>
<body>
  <div class="wrap">
    <div class="inner div1">div1</div>
  </div>
  <div class="wrap">
    <div class="inner div2">div2</div>
  </div>
  <div class="wrap">
    <div class="inner div3">div3</div>
  </div>
  <div class="wrap">
    <div class="inner div4">div4</div>
  </div>
  <div class="wrap">
    <div class="inner div5">div5</div>
  </div>
</body>
```

其中的.wrap为父元素，用来标识原始的位置和效果。在浏览器中运行上述代码，效果如图6-8所示。

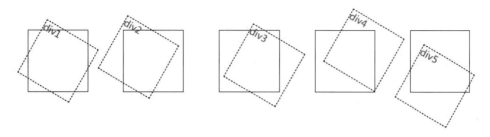

图 6-8　transform-origin 的效果图

transform-origin属性是CSS 3中进行转换的重要属性，通过自定义原点位置可以丰富translate、scale、skew和rotate的效果。另外，不仅可以设置2D转换的原点，还可以设置3D转换的原点。在下一小节，我们就来介绍3D转换。

6.1.7　3D 转换

3D就是在2D的平面上多了一个Z轴，可以想象成在一个屏幕平面上，X轴代表水平方向，向右为正方向；Y轴代表垂直方向，向下为正方向；Z轴垂直于整个屏幕平面，向外为正方向，就是屏幕光线射向我们眼睛的方向。分别以三根轴为基准进行变换，实现3D立体的效果，如图6-9所示。

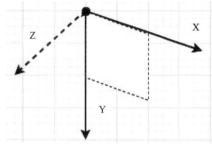

图 6-9　空间坐标系

3D转换中的方法和2D转换中的方法类似，主要有以下几种：

- translate3d(x,y,z)：结合图6-9中的空间坐标系，参数x、y、z分别对应元素在三个坐标轴方向的平移量，同时包含三个子方法translateX(x)、translateY(y)和translateZ(z)。
- rotate3d(x,y,z,deg)：参数x、y、z为空间坐标系的一个坐标位置，然后由原点(0, 0, 0)指向这个点形成一个有方向的新轴，数学中称之为矢量或向量，最后一个参数deg就是元素围绕刚才所形成的新轴旋转的度数，同时也包含3个子方法rotateX(deg)、rotateY(deg)和rotateZ(deg)。
- scale3d(x,y,z)：参数x、y、z表示元素分别在X轴、Y轴、Z轴的缩放系数，正常情况下，缩放Z轴会使物体变厚，但是CSS内呈现的平面元素并没有厚度，这里的缩放Z轴其实是缩放元素在Z轴的坐标，所以若要有效果就必须指定translateZ的值。

下面通过代码来具体演示3D转换的运用方法，如示例代码6-1-7所示。

示例代码6-1-7　3D 转换的运用法

```
<style type="text/css">
  .wrap {
    width: 100px;
    height: 100px;
    color: red;
    float: left;
    margin-left: 140px;
    margin-top: 40px;
    border: 1px solid #ddd;
  }
  .wrap > div {
    width: 100px;
```

```
      height: 100px;
      background-color: #ccc;
    }
    .div1 {
      transform: translate3d(50px, 60px, 70px);
    }
    .div2 {
      transform: rotate3d(0, 20, 0, 50deg);
    }
    .div3 {
      transform: scale3d(1, 1, 2);
    }
</style>
<body>
  <div class="wrap">
    <div class="div1">div1</div>
  </div>
  <div class="wrap">
    <div class="div2">div2</div>
  </div>
  <div class="wrap">
    <div class="div3">div3</div>
  </div>
</body>
```

其中的.wrap为父元素，用来标识原始的位置和效果。在浏览器中运行上述代码，效果如图6-10所示。

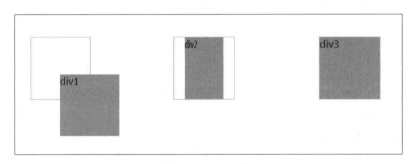

图 6-10　3D 转换

从图6-10的效果中可知，有关Z轴的平移和缩放，特别是3D的旋转，在通常情况下是看不出效果的，这里就需要引入一个新的属性——perspective（透视），美术或设计中会出现这个词。2D和3D的区别就是平面和空间的区别，把平面想象成空间就需要有一个平面之外的"视点"来观察平面，通过这个"视点"的距离变化来实现物体近大远小的效果，perspective的数值就是用来设置这个视点距离平面的元素有多远。

perspective属性可以设置在应用了透视效果元素的父元素的样式中，也可以设置在元素自身上，一般300~600的值就能呈现很好的透视效果，而值越小，元素透视变形就越严重。perspective属性的用法如示例代码6-1-8所示。

示例代码 6-1-8　perspective 属性的用法

```
<style type="text/css">
  .wrap {
    width: 100px;
    height: 100px;
    color: red;
```

```
    float: left;
    margin-left: 140px;
    margin-top: 40px;
    border: 1px solid #ddd;
    -webkit-perspective: 500; /*此属性需要添加浏览器前缀*/
}
.wrap > div {
    width: 100px;
    height: 100px;
    background-color: #ccc;
}
.div1 {
    transform: translate3d(50px, 60px, 70px);
}
.div2 {
    transform: rotate3d(0, 20, 0, 50deg);
}
.div3 {
    transform: translateZ(50px) scale3d(1, 1, 2); /*scale3d需要结合translateZ才能看出
                                                     放大效果*/
}
</style>
```

在浏览器中运行上述代码，效果如图6-11所示。

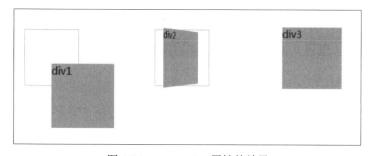

图 6-11 perspective 属性的效果

从图6-11中可以看出，中间的div2和图6-10中的div2有着明显的区别。

除了perspective属性之外，与3D相关的属性还有以下几个：

1）perspective-origin: <position>|<length>属性

该属性设置透视点位于和元素所在平面平行的另外一个平面上，默认在平行平面的几何中心。结合perspective一起使用，可以从图6-12中看出它们的具体含义。

perspective-origin属性可用于设置指定的位置，也可用于设置长度，示例代码如下：

```
.wrap {
    /* 默认中心 */
    perspective-origin: center center;
    /* 左上角 */
    perspective-origin: left top;
    /* 右边中心 */
    perspective-origin: right center;
    /* 底部中心 */
    perspective-origin: bottom center;
    /* 也可以是长度 */
    perspective-origin: 30px 40px;
}
```

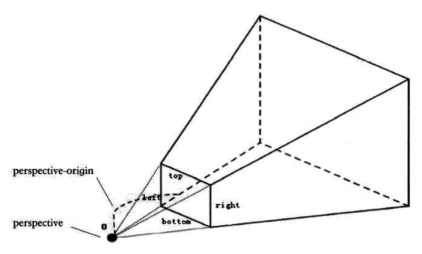

图 6-12　perspective-origin 属性的效果

2）backface-visibility：visible | hidden 属性

backface-visibility属性表示背面是否可见，可以设置为visible或hidden，默认为visible。比如元素正面有文字，若设置背面可见，则当元素基于Y轴旋转180deg后元素内的文字就变成可见的镜像效果，否则就无法看到背面的文字。backface-visibility属性的用法如示例代码6-1-9所示。

示例代码 6-1-9　backface-visibility 属性的用法

```
<style type="text/css">
  div {
    width: 100px;
    height: 100px;
    color: red;
    float: left;
    margin-left: 140px;
    background-color: #ccc;
    -webkit-perspective: 500;
    font-size: 20px;
    text-align: center;
  }
  .div2 {
    backface-visibility: hidden;/*设置为隐藏后，当绕Y轴旋转180deg后就不可见了*/
    transform: rotateY(180deg);
  }
  .div3 {
    backface-visibility: visible;
    transform: rotateY(180deg);
  }
</style>
<body>
  <div class="div1">div1</div>
  <div class="div2">div2</div>
  <div class="div3">div3</div>
</body>
```

在浏览器中运行上述代码，效果如图6-13所示。

图 6-13　backface-visibility 属性的效果

3）transform-style：flat | preserve-3d 属性

transform-style属性表示元素如何在3D空间呈现内部嵌套的元素，可设置为flat或preserve-3d，默认为flat。当对一个元素执行转换时，都是以屏幕所在平面的坐标系为基准进行变换，但是元素如果存在子元素的话，那么transform-style就用于确定在3D变换时子元素是位于3D空间中还是位于平面内。flat表示仍然以屏幕坐标系为基准，preserve-3d表示以变换后的父元素所在平面的坐标系为基准。

6.1.8　浏览器前缀

对于前面几个小节所讲述的CSS 3转换相关的属性，以及后面章节将要讲解的过渡和动画相关的属性，就规范使用而言，都需要添加浏览器前缀，由"-前缀-属性名"组成，代码如下：

```
div {
    -ms-transform: rotate(30deg);/* IE 系列 */
    -webkit-transform: rotate(30deg);/* Safari and Chrome */
    -o-transform: rotate(30deg);/* Opera */
    -moz-transform: rotate(30deg);/* Firefox */
    transform: rotate(30deg);
}
```

对于移动端的浏览器来说，大部分都是WebKit内核，所以只需要添加"-webkit-"前缀即可。然而，如果每次都采用手动的方式给这些属性添加浏览器前缀，是一件很烦琐的事情，好在现在有了很多工具可以帮助我们从这件琐事中解脱出来，在后面的实战项目中，我们会采用postcss的Autoprefixer插件来解决这个问题。

6.2　CSS 3 过渡

CSS 3过渡（transition）是CSS 3中具有颠覆性的特征之一，它指的是元素从一种样式逐渐改变成为另一种样式，这种变化的体现是一个可见的过程。要实现这一点，必须指定两个要素：首先对要添加效果的CSS属性设置起始属性和结束属性，其次是指定效果的持续时间。

CSS 3使用过渡效果采用的是transition属性：

```
transition:<transition-property>|<transition-duration>|<transition-timing-function>|
<transition-delay>
```

这4个参数的含义如下：

- <transition-property>：定义用于过渡的属性。
- <transition-duration>：定义过渡过程需要的时间。

- <transition-timing-function>：定义过渡时间函数，用于定义元素过渡属性随时间变化的效果。
- <transition-delay>：定义开始过渡的延迟时间。

transition属性支持同时设置这4个参数，也支持分开设置这4个参数。

下面来实现一个简单的过渡效果，如示例代码6-2-1所示。

示例代码 6-2-1　过渡效果的演示

```html
<!DOCTYPE html>
<html lang="zh-CN">
<head>
  <meta charset="UTF-8">
  <meta name="viewport" content="width=device-width, initial-scale=1.0,
      maximum-scale=1.0, user-scalable=no" />
  <title>CSS 3过渡</title>
  <style type="text/css">
    div {
      height:100px;
      width:100px;
      background-color: #ccc;
      transition-duration: 1s;                 /*过渡时间为3秒*/
      transition-property: all;                /*过渡属性all*/
      transition-timing-function: ease;        /*过渡时间函数ease*/
      transition-delay: 0s;                    /*过渡延迟时间0*/
      /*相当于如下写法
      transition:all 1s ease 0s;
      */
    }
    div:hover{
      width:300px;
    }
  </style>
</head>
<body>
  <div></div>
</body>
</html>
```

在上面的代码中，实现了当鼠标悬浮（hover）在div上时，div的宽度在1秒内从100px变成300px的动画效果，这就是典型的过渡，它包括样式的起始值、结束值以及持续时间。下面就来逐一讲解这些属性。

6.2.1　transition-property 属性

使用格式如下：

```
transition-property:none|all|[property,*]
```

transition-property属性指定CSS使用哪个属性来进行过渡（过渡时将会启动指定的CSS属性的变化）。参数说明如下：

- none：没有属性会获得过渡效果。
- all：所有属性都将获得过渡效果，默认为all。
- property：定义应用过渡效果的CSS属性名称列表，列表以逗号分隔。

大部分的CSS属性都是可以有过渡效果的，但需要注意的是，并不是所有的CSS属性对应的样式值都可以过渡，只有具有中间值的属性才具备过渡效果。例如与颜色、位置、长度等相关的属性都可以设置过渡效果，但是像display这个属性就无法设置过渡效果。下面通过代码同时修改width和background-color属性来演示过渡效果，如示例代码6-2-2所示。

示例代码 6-2-2　transition-property 属性的使用

```
<style type="text/css">
  div {
    height:100px;
    width:100px;
    background-color: #ccc;
    transition-duration: 1s;
    transition-property: width,background-color;
  }
  div:hover{
    width:300px;
    background-color: #000;
  }
</style>
<body>
  <div></div>
</body>
```

6.2.2　transition-duration 属性

使用格式如下：

```
transition-duration:[<time>,*]
```

transition-duration属性表示过渡的持续时间，单位是秒（s）或毫秒（ms），值为正数并且单位不能省略。当设置多个值时，用逗号隔开，并分别按照设置顺序对应到过渡属性，例如分别设置width和background-color的过渡时间为1s和500ms，如示例代码6-2-3所示。

示例代码 6-2-3　transition-duration 属性的运用

```
<style type="text/css">
  div {
    height:100px;
    width:100px;
    background-color: #ccc;
    transition-duration: 1s,500ms;
    transition-property: width,background-color;
  }
  div:hover {
    width:300px;
    background-color: #000;
  }
</style>
<body>
  <div></div>
</body>
```

6.2.3　transition-timing-function 属性

使用格式如下：

```
transition-timing-function:[<timing-function>,*]
```

transition-timing-function属性表示过渡时间函数，用于定义元素过渡属性随时间推移过渡速度的变化效果。相对于其他属性，该属性的值较为复杂一些，其中的时间函数共有三种取值，分别是cubic-bezier函数（贝塞尔曲线函数，规定动画的速度曲线）、关键字和steps函数。

1. cubic-bezier(x1, y1, x2, y2)

cubic-bezier为三次贝塞尔曲线的绘制方法，这个贝塞尔曲线函数共有4个控制点，P0~P3，其中P0、P3是默认的点，对应[0,0]和[1,1]，而剩下的P1和P2两点则是通过 cubic-bezier() 自定义的，即为cubic-bezier(x1, y1, x2, y2)，其中x1、x2、y1、y2的取值范围为[0, 1]。如图6-14所示。

需要注意的是，贝塞尔曲线函数规定的是过渡效果执行的速度曲线，是随着时间和效果变化的，并不是要沿着贝塞尔曲线轨迹运动。

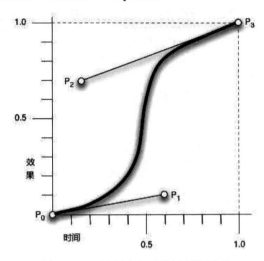

图 6-14　三次贝塞尔函数绘制的原理

2. 关键字

关键字主要包括以下几个：

- linear：规定以相同速度从开始到结束的过渡效果，等价于cubic-bezier(0,0,1,1)。
- ease：规定慢速开始，再变快，然后慢速结束的过渡效果，等价于cubic-bezier(0.25,0.1,0.25,1)。
- ease-in：规定以慢速开始的过渡效果，等价于cubic-bezier(0.42,0,1,1)。
- ease-out：规定以慢速结束的过渡效果，等价于cubic-bezier(0,0,0.58,1)。
- ease-in-out：规定以慢速开始和结束的过渡效果，等价于cubic-bezier(0.42,0,0.58,1)。
- step-start：直接位于结束处，等价于steps(1,start)。
- step-start：始于开始处，经过时间间隔后结束，等价于steps(1,end)。

3. steps函数

步进函数，将过渡时间划分成大小相等的时间间隔来运行。使用格式如下：

```
steps(<integer>[start | end])
```

integer参数用来指定间隔个数（该值只能是正整数），表示把过渡分成了多少段。第二个参数可选，默认是end，表示开始值保持一次；若参数为start，表示开始值不保持。理解起来还是比较抽象的，下面用代码来演示一下，如示例代码6-2-4所示。

示例代码6-2-4　steps 函数的使用

```
<style type="text/css">
  div {
    height:100px;
    width:100px;
    background-color: #ccc;
    transition-duration: 1s;
    transition-property: width;
    transition-timing-function: steps(4,end);
  }
  div:hover {
```

```
    width:200px;
  }
</style>
<body>
  <div></div>
</body>
```

在上面的代码中，针对width属性采用了步进steps的过渡效果。在浏览器中运行上述代码后可以发现，动画并不是连续的，而是一段一段的，宽度从100px变为200px，总共分成了4段，每段变化时间是1/4秒，那么算下来就是1秒内变化了100px。

上面的代码很好地解释了integer的含义，而start和end就比较难理解一些，可以把动画按照时间点分成4段，如图6-15所示。

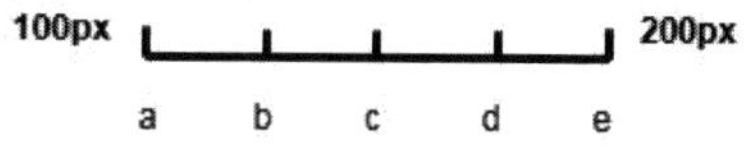

图 6-15　将动画按时间点分成 4 段

动画从宽度100px过渡到宽度200px，共有a、b、c、d、e 5个时间点，当设置为start时，宽度变化的时间点位于a、b、c、d这4个时间点；当设置为end时，宽度变化的时间点位于b、c、d、e这4个时间点，这正好和含义是相同的，start是开始，end是结束。可以把transition-duration持续时间设置大一些，就更容易看出效果来。

6.2.4　transition-timing-delay 属性

使用格式如下：

```
transition-delay:<time>
```

transition-delay属性很好理解，time规定了在过渡效果开始之前需要等待的时间，单位是秒（s）或毫秒（ms）。这个参数不是过渡效果必需的，默认为0s（即0秒）。

6.2.5　过渡效果的特点和局限性

过渡效果需要通过用户改变过渡属性的值的行为来触发，通常为鼠标单击、聚焦、鼠标移入移出等操作，或是由JavaScript逻辑操作来触发。过渡的优点在于简单易用，但是有几个局限性：

- 需要事件触发，所以没法在网页加载时自动发生。
- 过渡效果是一次性的，不能重复发生，除非再次触发。
- 过渡效果只能定义开始状态和结束状态，不能定义中间状态，也就是说只有两个状态。

为了解决这些局限性，CSS 3引入了animation来提供复杂动画的解决方案。

6.3　CSS 3 动画

animation是CSS 3新增的特性，它定义了网页中的元素在指定的时间内产生若干个属性变化状态的动画效果。与transition相比，animation的一大特点是可以指定多个属性的多个状态节点，这些节点被称为关键帧（keyframes）。

在计算机动画术语中，帧（Frame）表示动画中最小单位的单幅影像画面，相当于电影胶片上的每一格镜头；关键帧表示角色或者物体运动或变化中的关键动作所处的那一帧，对于CSS 3动画来说，关键帧意味着随时间推移对属性所做的每一次关键动画处理，并且可以通过指定它们的持续时间、重复次数以及如何重复来控制动画最终的呈现效果。总之，它是一个很强大的CSS 3动画实现方案。与传统的JavaScript脚本实现的动画技术相比，使用CSS 3更加简便，并且能够结合浏览器的刷新频率，使动画更加流畅，还可以使用硬件加速（GPU）优化性能和动画效果。

6.3.1　keyframes

keyframes包含了每个节点对应的CSS样式，当动画执行时，就会按照keyframes中定义的内容依次应用这些样式。在CSS 3中，创建关键帧由"@keyframes"开头，后面紧跟这个"动画的名称"再加上一对花括号（{}），括号中是对应的CSS样式。示例代码如下：

```
@keyframes animation-name {
  from {
    /* 开始 */
    width: 100px;
    background-color:red;
  }
  to  {
    /* 结束 */
    width: 200px;
    background-color:black;
  }
}
```

animation-name表示关键帧动画的名称，from和to代表开始和结束的状态，当然也可以通过0%～100%的数值来指定多个状态（其中0%相当于from，100%相当于to），分别在每一个百分比中给需要具有动画效果的元素加上不同的属性，从而让元素达到一种不断变化的效果，例如移动，改变元素的颜色、位置、大小、形状等，示例代码如下：

```
@keyframes animation-name {
  0% {
    /* 开始 */
    width: 100px;
    background-color:red;
  }
  30%  {
    /* 中间状态 */
    width: 130px;
    background-color:yellow;
  }
  60%  {
    /* 中间状态 */
    width: 270px;
    background-color:blue;
  }
  100%  {
    /* 结束 */
    width: 200px;
    background-color:black;
  }
}
```

当然，关键帧的定义只是动画的一部分，还需要指定哪些元素套用这组关键帧，如何用，怎么设置，这就需要借助CSS 3的animation属性了。

6.3.2   animation（动画）属性

animation属性和transition属性的设置很相似，但是多了一些参数，支持同时定义全部动画效果，也支持分开设置动画效果。使用格式如下：

```
animation: <animation-name>|
<animation-duration>|<animation-timing-function>
|<animation-delay>|<animation-delay>|<animation-iteration-count>|
<animation-direction>|<animation-fill-mode>|<animation-play-state>
```

参数说明如下：

- animation-name：指定动画名称，就是在@keyframes后设置的动画名称。
- animation-duration：指定动画持续时间，单位是秒（s）或者毫秒（ms）。
- animation-timing-function：指定动画效果的速度和时间函数，这里和transition-timing-function的设置是一样的，不再赘述。
- animation-delay：指定动画在启动前的延迟时间。
- animation-iteration-count：指定动画的播放次数。
- animation-direction：指定是否应该轮流反向播放动画。
- animation-fill-mode：指定当动画完成时，是否停留在最后一帧的样式。
- animation-play-state：控制动画播放和暂停。

下面先来实现一个简单的动画效果，如示例代码6-3-1所示。

示例代码 6-3-1   animation 的使用

```
<!DOCTYPE html>
<html lang="zh-CN">
<head>
  <meta charset="UTF-8">
  <meta name="viewport" content="width=device-width, initial-scale=1.0,
        maximum-scale=1.0, user-scalable=no" />
  <title>CSS 3动画</title>
  <style type="text/css">
    @keyframes bounce {
      from { transform: translateY(0);     }
      to   { transform: translateY(200px); }
    }

    .ball {
      width: 100px;
      height: 100px;
      border-radius: 50%;
      background-color: #ccc;
      animation-name: bounce;   /*指定应用的动画名称*/
      animation-duration: 0.5s;/*指定动画持续的时间*/
      animation-direction: alternate;/*指定动画反向播放*/
      animation-timing-function: cubic-bezier(.5,0.05,1,.5);/*指定动画速度的函数*/
      animation-iteration-count: infinite;/*指定动画执行无限次*/
    }
  </style>
</head>
<body>
  <div class="ball"></div>
```

```
</body>
</html>
```

在上面的代码中，演示了一个不断跳动小球的动画。读者可以在浏览器中运行这段代码，实际体验一下效果。

代码注释中大致解释了一下其中用到的属性的含义，下面一节会具体讲解这些属性的用法。与transition类似的属性设置就不再赘述了，重点讲解一下不同的属性，其中包括：animation-name、animation-iteration-count、animation-direction、animation-fill-mode、animation-play-state。

1. animation-name属性

使用格式如下：

```
animation-name:none|[keyframes-name,*]
```

animation-name属性用于设置元素套用的一系列动画的名称，每个名称由各自的@keyframes定义的名称指定，可设置多个动画的名称，用逗号隔开。动画的名称必须是字符串，由字母a～z（区分大小写）、数字0～9、下画线（_）、斜杠（/）或连字符（-）组成。第一个非连字符必须是字母，数字不能在字母前面，更不允许两个连字符出现在开始的位置。none值表示无关键帧的动画，在动画播放时修改此项可以立即结束动画，使用方法如下：

```
animation-name: none;
animation-name: test_05;
animation-name: -specific;
animation-name: test1, animation4; /*配置多个动画*/
```

当给animation-name属性设置了多个以逗号分隔的值时，后续的animation-*设置值都应该与之按序对应，避免不一致而出现问题。

2. animation-iteration-count属性

使用格式如下：

```
animation-iteration-count:<count>|infinite
```

animation-iteration-count属性用于设置动画在结束前的播放次数，可以是1次也可以是无限循环（infinite）。count表示动画播放的次数，默认值为1，当使用小数时，表示播放整个动画的一部分，例如0.5表示将整个动画播放到一半，这个值不能为负值。示例代码如下：

```
/* 值为关键字 */
animation-iteration-count: infinite;

/* 值为数字 */
animation-iteration-count: 3;
animation-iteration-count: 2.4;

/* 指定多个值 */
animation-iteration-count: 2, 0, infinite;
```

3. animation-direction属性

使用格式如下：

```
animation-direction:normal|alternate|reverse|alternate-reverse
```

动画的播放次数大于1时，在默认情况下，每次播放完都从结束状态跳回到起始状态，再从头开始播放。animation-direction属性可用于改变这种行为，其值的含义如下：

- normal：表示按正常时间轴顺序循环播放。
- reverse：表示按正常时间轴反向播放，与normal相反。
- alternate：表示轮流进行，即动画在奇数次（1, 3, 5, …）正向播放，在偶数次（2, 4, 6, …）反向播放。
- alternate-reverse：与alternate相反。

例如前面那个小球跳动的动画，当第一次动画结束之后，即translateY从0到200px时，那么第二次动画开始时就从200px到0，然后第三次再从0到200px，以此类推，最终形成一个小球不断跳动的动画效果，采用animation-direction:alternate正好符合这种要求。

4. animation-fill-mode属性

使用格式如下：

```
animation-fill-mode:none|forwards|backwards|both
```

animation-fill-mode属性用于设置当动画不播放时（动画开始之前和结束之后）要套用的元素样式，其值含义如下：

- none：默认值，表示动画将按预期开始和结束，在动画完成最后一帧时，元素的样式将设置为初始状态。
- forwards：表示动画结束时元素的样式将设置为动画最后一帧的样式。
- backwards：表示动画开始时元素的样式将设置为动画第一帧的样式，并在animation-delay期间保留此值。
- both：动画将同时具有forwards和backwards的效果。

下面用代码演示animation-fill-mode属性的效果，如示例代码6-3-2所示。

示例代码 6-3-2　animation--fill-mode 的使用

```
<style type="text/css">
  /*关键帧动画的名称为bounce*/
  @keyframes bounce {
    from { transform: translateY(40px);  }
    to   { transform: translateY(200px); }
  }
  .ball {
    width: 100px;
    height: 100px;
    border-radius: 50%;
    background-color: #ccc;
    animation-name: bounce;          /*指定套用的动画名称*/
    animation-delay: 500ms;          /*指定动画开始延迟500ms*/
    animation-duration: 1s;          /*指定动画持续的时间*/
    animation-fill-mode:forwards;    /*分别替换成backwards|both，再观察动画效果*/
  }
</style>
<body>
  <div class="ball"></div>
</body>
</html>
```

在上面的代码中，特意将from设置为translateY(40px)，以区分原始位置，同时添加animation-delay来让动画延迟开始。当把animation-fill-mode修改为forwards时，动画将会停留在最后一帧translateY(200px)，当把animation-fill-mode修改为backwards时，动画等待阶段将会套用第一帧translateY(40px)的样式。

5. animation-play-state属性

使用格式如下：

```
animation-play-state:paused|running
```

animation-play-state属性表示动画是否正在运行或已暂停。paused表示暂停，running表示运行，此属性一般不会直接设置在CSS中，大部分是通过JavaScript来设置，可以直接结束一段动画，代码如下：

```
document.element.style.animationPlayState="paused"
```

6.3.3 will-change 属性

CSS 3的will-change是一个较为奇特的属性，它的作用是通知浏览器该属性的元素会有哪些变化，这样浏览器就可以在元素属性真正发生变化之前做好相应的准备工作。例如，在实现3D变换的动画时，提前通知浏览器准备好GPU环境，这种提前的方案可以让复杂的计算工作有条不紊地运行，使页面的反应更为快速、灵敏。该属性的使用格式如下：

```
will-change:auto|<animateable-feature>:
```

will-change属性有两种取值，其中auto是默认值，表示不启用相关的准备，animateable-feature是指对特定的即将变化的属性添加准备的效果，可设置的值及其含义如下：

```
will-change: scroll-position;    /* 通知浏览器，即将开始滚动，需要准备 */
will-change: contents;           /* 通知浏览器，元素内容即将变化，需要准备 */
will-change: transform;          /* 通知浏览器，元素的transform即将变化，需要准备 */
will-change: opacity;            /* 通知浏览器，元素的opacity即将变化，需要准备 */
will-change: left, top;          /* 通知浏览器，元素的left、top即将变化，需要准备 */
```

will-change是一个很有用的属性，但是频繁地使用也会消耗一定的系统资源，有节制地使用才能让页面性能更好，因而需要注意以下几点：

- 不要将will-change应用到太多元素上。浏览器已经尽力尝试去优化一切可以优化的东西了，有一些更强力的优化，如果与will-change结合在一起的话，有可能会消耗很多系统资源，如果给过多的元素添加该属性，就可能导致页面响应缓慢或者卡死。
- 有节制地使用。通常，当元素恢复到初始状态时，浏览器会丢弃之前做的优化工作，但是如果直接在样式表中显式地声明了will-change属性，就表示目标元素可能会经常变化，因此浏览器会将优化工作保存得比之前更久。所以最佳实践是在元素变化之前和之后通过JavaScript脚本来切换will-change的值。
- 不要过早应用will-change优化。如果网页的页面在性能方面没有什么问题，就不要添加will-change属性来"榨取"一丁点的速度。will-change的设计初衷是作为最后的优化手段，用来尝试解决现有的性能问题，它不应该被用来预防性能问题。过度使用will-change会导致大量的内存被占用，也会导致更复杂的页面渲染过程，因为浏览器会试图准备可能存在的变化过程，从而引发更严重的性能问题。

6.4　案例：CSS 3 实现旋转 3D 立方体

在本案例中，我们将使用本章所讲解的CSS 3相关知识来实现一个CSS 3旋转3D立方体。这个案例分为两个步骤：一是实现一个3D立方体，二是为这个立方体添加旋转动画的效果。

6.4.1　实现 3D 立方体

首先，需要有一个最外层的.wrap触发3D效果，.cube保留父元素的3D空间同时包裹立方体的6个面，这6个面分别用div来表示，并且给每个面设置对应的class属性值，HTML代码如下：

```
<body>
  <div class="wrap">
    <div class="cube">
      <div class="front">前e</div>
      <div class="back">后</div>
      <div class="top">上</div>
      <div class="bottom">下</div>
      <div class="left">左</div>
      <div class="right">右</div>
    </div>
  </div>
</body>
```

.wrap父容器采用perspective属性来添加透视的效果，设置透视点在中心的位置，然后给.cube设置宽和高，同时设置preserve-3d让子元素按照3D系统来显示，CSS代码如下：

```
.cube {
  margin: auto;
  position: relative;
  height: 200px;
  width: 200px;
  transform-style: preserve-3d;
}
```

对于6个面的div，需要采用绝对定位，宽和高都要撑满，同时设置1px的边框，把背景颜色设置为灰色，CSS代码如下：

```
.cube > div {
  position: absolute;
  height: 100%;
  width: 100%;
  opacity: 0.7;
  background-color: #ccc;
  box-sizing: border-box;
  border: solid 1px #eeeeee;
  color: red;
  text-align: center;
  line-height: 200px;
}
```

设置box-sizing: border-box是为了让边框在元素内部绘制，不占据长和宽的长度；设置opacity: 0.7是为了让立方体看起来更具有3D透明的效果，在不单独设置每个面的转换样式的情况下，看起来就像是6个面重叠在一起，如图6-16所示。

接下来给每个面添加转换样式，分别标记前、后、左、右、上、下。首先对前后两个页面进行translateZ和rotateY转换，同时给.cube设置一个旋转角度（可自定义角度值），以便于观察，代码如下：

```
.cube {
  transform: rotateX(30deg) rotateY(30deg);
}
.front {
  transform: translateZ(100px);
}
.back {
  transform: translateZ(-100px) rotateY(180deg);
}
```

其中100px是立方体的棱长，从3D角度来看，"前面"和"后面"分别向屏幕"外"和屏幕"内"移动了100px，然后又旋转360°/2（即180deg的角度），效果如图6-17所示。

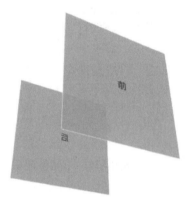

图 6-16　看起来像 6 个面重叠在一起　　　　图 6-17　旋转 180deg 的角度后的效果

接着，给左、右两面添加转换的效果，代码如下：

```
.right {
  transform: rotateY(-270deg) translateX(100px);
  transform-origin: top right;
}
.left {
  transform: rotateY(270deg) translateX(-100px);
  transform-origin: center left;
}
```

实现思路和前、后两面类似，这里需要变化透视点的位置（transform-origin）来实现3D效果，否则左、右两面的边界无法无缝连接到前后两个面，rotateY旋转270deg的角度，算法是360°/4×3，效果如图6-18所示。

最后，将剩余的上、下两个面进行转换，用translateY在Y轴的上、下进行平移，同时需要用rotateX实现旋转，代码如下：

```
.top {
  transform: rotateX(-270deg) translateY(-100px);
  transform-origin: top center;
}
.bottom {
  transform: rotateX(270deg) translateY(100px);
```

```
    transform-origin: bottom center;
}
```

至此，CSS 3D立方体就大功告成了，如图6-19所示。

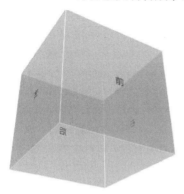

图 6-18　变化透视点后的效果

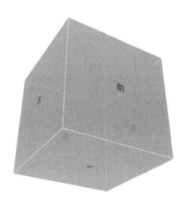

图 6-19　完成的 CSS 3D 立方体

6.4.2　旋转 3D 立方体

编写完3D立方体静态部分的代码，接下来就需要让立方体动起来。在6.4.1节的代码中，其实已经让立方体旋转了一定的角度了，就是设置了.cube的旋转角度，剩下来需要做的就是结合CSS中的animation，把旋转变成一个可持续的动画效果。添加一个关键帧动画，名称为rotate，修改rotateX和rotateY为从0～360deg，代码如下：

```
@keyframes rotate {
  from {
    transform: rotateX(0deg) rotateY(0deg);
  }

  to {
    transform: rotateX(360deg) rotateY(360deg);
  }
}
```

最后，将该动画套用到.cube，设置动画的速度函数和执行的次数，代码如下：

```
.cube {
  transform: rotateX(30deg) rotateY(30deg);
  animation: rotate 10s infinite linear;
}
```

至此，就实现了一个完整的3D立方体不断旋转的动画。该案例的重点在于使用CSS 3转换相关的API实现一个立方体，在立方体完成后，添加动画效果就比较简单了。完整的代码如下：

```
<!DOCTYPE html>
<html lang="zh-CN">
<head>
  <meta charset="UTF-8">
  <meta name="viewport" content="width=device-width, initial-scale=1.0,
        maximum-scale=1.0, user-scalable=no" />
  <title>CSS 3过渡</title>
  <style type="text/css">
    /*父元素设置透视属性，体现3D效果*/
    .wrap {
```

```css
    margin-top: 150px;
    perspective: 600px;
    perspective-origin: 50% 50%;
}
/*preserve-3d保证其子元素应用3D的场景*/
.cube {
    margin: auto;
    position: relative;
    height: 200px;
    width: 200px;
    transform-style: preserve-3d;
}
/*每个面的div是绝对定位的，里面的文字居中显示*/
.cube > div {
    position: absolute;
    height: 100%;
    width: 100%;
    opacity: 0.7;
    background-color: #ccc;
    box-sizing: border-box;
    border: solid 1px #eeeeee;
    color: red;
    text-align: center;
    line-height: 200px;
    will-change: transform;
}
.cube {
    animation: rotate 10s infinite linear;
}
.front {
    transform: translateZ(100px);
}
.back {
    transform: translateZ(-100px) rotateY(180deg);
}
.right {
    transform: rotateY(-270deg) translateX(100px);
    transform-origin: top right;
}
.left {
    transform: rotateY(270deg) translateX(-100px);
    transform-origin: center left;
}
.top {
    transform: rotateX(-270deg) translateY(-100px);
    transform-origin: top center;
}
.bottom {
    transform: rotateX(270deg) translateY(100px);
    transform-origin: bottom center;
}
/*关键帧动画从旋转0deg到360deg循环播放*/
@keyframes rotate {
    from {
        transform: rotateX(0deg) rotateY(0deg);
    }
    to {
        transform: rotateX(360deg) rotateY(360deg);
    }
}
</style>
```

```
  </head>
  <body>
    <div class="wrap">
      <div class="cube">
        <div class="front">前</div>
        <div class="back">后</div>
        <div class="left">左</div>
        <div class="right">右</div>
        <div class="top">上</div>
        <div class="bottom">下</div>
      </div>
    </div>
  </body>
</html>
```

读者可以在浏览器中运行上述代码，实际体验一下动画效果。

6.5　小　　结

本章主要讲解了CSS 3中非常重要的知识——转换、过渡和动画。这部分内容在日常项目中经常被用到，其中转换包括位移（translate）、旋转（rotate）、扭曲（skew）、缩放（scale）、矩阵（matrix）以及对应的3D转换效果；过渡包括过渡的原理、过渡属性、过渡时间速度函数、过渡延迟；动画包括动画的原理、动画名称、动画播放时间、动画效果的速度和时间的函数、动画延迟时间、动画播放次数以及动画播放和结束的形式。本章的内容相对较多，并且实践性较强，读者可以在浏览器中运行本章提供的代码，以便加深对本章知识的理解。

6.6　练　　习

（1）CSS 3转换中matrix的数学含义是什么？
（2）转换原点（transform-origin）和转换的关系是什么？
（3）CSS 3过渡和动画的区别及其优缺点是什么？
（4）时间速度函数中steps()的含义是什么？

第 **7** 章

移动 Web 开发和调试

在之前的章节中，讲解的大都是HTML 5和CSS 3相关的新技术，这些技术应用在PC端的浏览器上，大多数可以保证与浏览器的兼容性，不过对于低版本的IE（IE8，IE9）来说，则不能使用这些新技术。对于移动端的浏览器而言，90%以上的浏览器都可以使用这些新技术，所以在大多数场合下，开发移动端的页面都会用到HTML 5和CSS 3这些技术，笔者在这里向读者再一次明确这个观点——Mobile First（移动优先），而本书的侧重点也是放在移动端的Web页面这部分。

在移动端上开发Web页面，与传统的PC端相比，还是有很多不同之处的。本章将从最基础的开发和调试方式来进行讲解：如何在移动端方便、快捷地开发和调试Web页面，以及如何提升效率。主要内容包括最常用的两种开发和调试Web页面的方法：Chrome模拟器调试和spy-debugger调试。

7.1　Chrome 模拟器调试

在大多数的场景下，前端开发人员在开发页面时，最基本的操作还是需要基于PC端的Chrome浏览器。在PC端的Chrome浏览器中模拟手机端的执行效果，需要使用Chrome中的开发者工具DevTools中的Device Mode功能，用以模拟不同的Android和iOS机型、运行于不同的网络环境等，这是一个非常方便的调试移动端页面的方法。需要注意的是，Device Mode上的执行效果和在实体机上的执行效果也不是100%一样，所以当我们开发的页面在Device Mode上测试完成时，别忘了在实体机上实际运行，以确保万无一失。

7.1.1　启用 Device Mode 功能

打开Chrome浏览器，启动Chrome开发者工具DevTools，可以按F12键或快捷键Ctrl+Shift+I来启动这个工具，还可以在Chrome浏览器右上角的菜单中依次选择"更多工具→开发者工具"来启动，如图7-1所示。

启动开发者工具DevTools之后，还需要启用Device Mode模式，可以按快捷键Ctrl+Shift+M，或者用Chrome DevTools面板左上角的图标来启用，如图7-2所示。

图 7-1　启动 Chrome 浏览器的开发者工具（DevTools）

图 7-2　Device Mode 模式

如需关闭Device Mode，则再次单击该图标，或者通过快捷键Ctrl+Shift+M关闭。

7.1.2　移动设备视区模式

Device Mode模拟移动端手机环境的一个重要功能就是可以调节视区，通过设置不同User Agent可以模拟不同机型的Android和iOS设备。要模拟特定移动设备的尺寸，可以从Device列表中选择设备，如图7-3所示。

在Device Mode中内置了一些系统默认的视区，例如Galaxy S5、iPhone X等，切换这些视区会改变当前窗口的大小，使得窗口的尺寸和真实手机机型的屏幕尺寸一样大，每种视区都有不同的User Agent。当然，也可以自定义视区，包括设置尺寸和User Agent等，单击图7-3中的"Edit"选项可以增加自定义的视区，如图7-4所示。

图 7-3　修改视区模式，选择不同的移动设备进行模拟　　图 7-4　自定义视区模式

　　每次切换视区时，如果需要立刻生效，那么可以刷新一下浏览器。当需要模拟特定设备时，单击图7-5中用方框标示的按钮，也可以切换模拟设备的横屏显示或竖屏显示。

　　有时要测试的分辨率会大于浏览器窗口中实际可用的设备，这种情况下，可以自定义缩放比例，或者选择缩放至合适比例的选项，如图7-6所示。

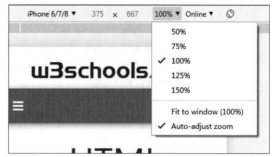

图 7-5　切换横屏和竖屏显示　　　　　　　　图 7-6　缩放视区的大小

　　选项"Fit to window"表示自动把缩放级别设置为最大可用空间，而选项"Auto-adjust zoom"表示根据浏览器的缩放比例进行显示。

7.1.3　模拟网络状态

　　在移动端和PC端浏览页面，比较大的区别就是网络状态，移动端的网络状态更加复杂，并且具有不稳定性。Device Mode同时提供了模拟网络状态的功能，可以体验不同网络场景下页面的表现，如2G、3G、4G、WiFi等。在Chrome61版本之后，不同的网络状态还搭配了模拟不同的CPU性能，如图7-7所示。

图 7-7　模拟网络状态

在图7-7中，不同的选项代表不同的状态：Online表示正常的状态，Mid-tier mobile表示模拟Fast 3G的网络状态及4倍的CPU降速，Low-end mobile表示模拟Slow 3G的网络状态及6倍的CPU降速，Offline表示模拟离线状态。当把网络状态设置为非Online时，可以在右侧的"Network"面板和"Performance"面板中看到一个黄色的叹号，如图7-8所示。

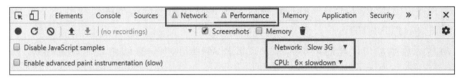

图 7-8　设置模拟的网络状态

如果这些内置状态不能满足需求，还可以自定义状态，单击右侧的"Network"面板中网络状态的下拉菜单，从下拉列表中选择"Add"（见图7-9），就可以创建一个自定义的网络状态，包括设置网速限速值等，如图7-10所示。

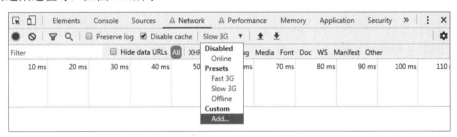

图 7-9　添加自定义的网络状态

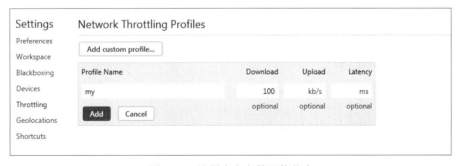

图 7-10　设置自定义的网络状态

在大多数的场景中，可以使用Chrome浏览器来辅助开发和调试移动Web页面，上面讲解的一些功能是使用最多的。当然，Chrome浏览器中的"开发者工具"（DevTools）的功能是非常强大的，除了Device Mode功能之外，还有一些其他的功能，例如查看Console控制台、查看Network请求数据包等，读者可以多动手试试，在这里就不再讲解了。作为一个前端开发者，有必要掌握这些基础的开发和调试技能。

7.2　spy-debugger 调试

如果说采用Chrome浏览器的"开发者工具"来调试移动Web页面只能算初级技巧的话，那么spy-debugger调试就是高级的技能了，它可以采用真实的手机来远程运行需要调试的页面，并且支持抓取网络请求数据包，笔者认为它是使用起来最简单且功能最完善的移动Web调试方案。spy-debugger的主要特性如下：

- 支持页面调试和抓取网络请求数据包。
- 操作简单，无须通过USB来连接设备，只需保持在同一个局域网内即可。
- 同时支持HTTP/HTTPS。
- 自动忽略原生应用发起的网络请求，只拦截WebView（如微信内置的WebView、Hybrid App的WebView组件等）发起的网络请求。
- 可以配合其他代理工具一起使用，例如Fiddler等。

spy-debugger是一个Node.js的模块，所以首先需要在计算机中安装Node.js，在本书的1.3.2节已经介绍了如何安装Node.js，这里就不再赘述。下面介绍spy-debuggerr 安装和使用。

spy-debugger其实是一个以全局方式安装的Node.js包，可以使用下面的命令来安装：

```
npm install spy-debugger -g
```

安装完成之后会显示如图7-11所示的信息。

spy-debugger安装成功后，把需要调试的手机和开发代码所在的计算机连接到同一个网络环境下（最简单的方案就是手机网络和计算机网络连接到同一个WiFi环境中），然后执行spy-debugger命令，此时会显示出如图7-12所示的信息。

```
+ spy-debugger@3.8.5
added 442 packages in 121.855s
```

```
C:\Users\luminga>spy-debugger
正在启动代理
本机在当前网络下的IP地址为：10.69.4.233
node-mitmproxy启动端口：9888
浏览器打开 ---> http://127.0.0.1:55142
```

图 7-11　安装完成 spy-debugger 之后显示的信息 　　　图 7-12　执行 spy-debugger 命令之后显示的信息

图7-12中显示的信息表明spy-debugger已经成功启动，并且会自动启动浏览器，然后打开地址http://127.0.0.1:55142（某些情况下由于驱动问题可能无法自动启动浏览器，这时读者可以自行启动Chrome浏览器，然后访问这个网址），之后就可以看到spy-debugger的主功能界面了，如图7-13所示。

图7-13所展示的主要功能就是spy-debugger的页面调试功能，包括查看Web页面的DOM结构、CSS样式、页面中的控制台Console日志等，类似Chrome浏览器的"开发者工具"的简易版本。除了页面调试功能之外，spy-debugger的另外一个重要功能就是抓取网络请求数据包，可以通过单击spy-debugger主功能界面左侧的"请求抓包"选项卡来进行切换，如图7-14所示。

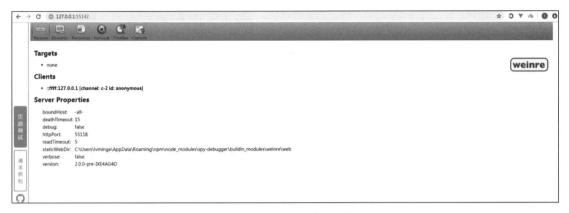

图 7-13　spy-debugger 的主功能界面

图 7-14　切换到"请求抓包"

当然，在没有远程手机连接的情况下，spy-debugger是没法捕获到任何页面或者页面请求的。如果要连接手机，那么需要先对手机端进行相关的设置，具体步骤如下：

01 配置HTTP代理：一般通过"手机设置→网络连接WiFi→进入当前连接WiFi设置界面→找到HTTP代理并设置手动→最后填入spy-debugger启动时显示的IP和端口"来进行配置。例如图7-12中的IP地址10.69.4.233和端口9888。其中iOS和Android设置的步骤可能不同，但是最终都要进入设置界面并填入对应的IP地址和端口号，在iOS平台配置代理的界面如图7-15所示，在Android平台配置代理的界面如图7-16所示。

02 手机安装证书：配置代理完成后，通过手机浏览器访问http://s.xxx安装证书（手机首次调试需要安装证书，已安装了证书的手机无须重复安装），如图7-17所示。注意，iOS新安装的证书需要手动打开证书信任（设置→通用→关于本机→证书信任设置→找到node-mitmproxy CA并打开），如图7-18所示。

03 打开调试页面：保证需要调试的页面在手机端的浏览器或者微信中可以正常打开。

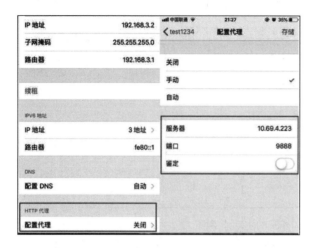

图 7-15　在 iOS 平台配置代理　　　　　　　图 7-16　在 Android 平台配置代理

图 7-17　下载并安装证书　　　　　　　图 7-18　iOS 证书信任设置

　　手机端设置就绪后，可以先访问调试页面，再次回到spy-debugger的功能界面就可以看到对应的调试信息和数据了，如图7-19和图7-20所示。

图 7-19　spy-debugger 页面调试

图 7-20 spy-debugger 请求抓包

7.3 小 结

本章主要讲解了移动Web中常见的页面调试方法,包括Chrome模拟器调试和spy-debugger调试两种方案。其中Chrome模拟器调试更偏重在开发过程中快速体验代码运行的效果,方便在PC端及时验证修改的效果;而spy-debugger调试更加偏重于实体机的体验效果,所以读者在进行实际应用开发时,可以先采用Chrome模拟器来开发整体页面,到最终体验测试时一定要采用spy-debugger调试,确保在实体机上运行一下。如果遇到一些只有在实体机上出现的问题时,也可以借助spy-debugger调试方案来排查。在使用移动Web调试时要保证一个原则,即任何问题都要以实体机的运行效果为标准。

移动Web调试方案除了上述两种之外,还有一些如在PC端安装Android虚拟机进行调试,在MAC中使用Safari调试iOS的WebView,或者是采用Fiddler与Charles来实现请求抓包等,这些方案都可以达到调试的目的,但是笔者认为在使用效果和效率上都不如本章所介绍的这两种方案,当然各位读者也可以去了解一下。

7.4 练 习

(1)如何启用Chrome浏览器中"开发者工具"的Device Mode功能?

(2)使用spy-debugger调试实体机的效果时,如何给实体机配置HTTP代理?

第 **8** 章

移动 Web 屏幕适配

屏幕适配一直是前端开发无法逃避的问题，这类问题可以追溯到起初PC端浏览器面临的不同分辨率，之后再到移动端不同的屏幕尺寸。时至今日屏幕适配依然是前端工程师日常页面开发的工作之一。所谓屏幕适配，可以理解为一个网页元素或者网页布局，在不同尺寸、分辨率等应用场景下，如何呈现出最佳的显示效果。

从最早的PC端屏幕来说，大部分的屏幕适配采取的是：

❖ 页面框架最外层元素宽度固定并且居中，高度随内容自适应，比较常见的宽度为960～1080px。

❖ 页面内部的元素大多数使用盒子模型构建，采用固定宽和高，当内容超出时，会出现滚动条。

❖ 对于一些需要根据屏幕不同而显示不同大小的元素，则可以给元素设置百分比的单位。

随着HTML 5和CSS 3的到来，逐渐出现了弹性布局（Flex布局）、媒体查询（Media Query）和响应式页面的概念，这些特性都可以应用在PC端和移动端的屏幕适配的解决方案中。除此之外，rem和vw方案可以更加有针对性地解决移动Web页面的屏幕适配问题。

本章将着重讲解与移动Web页面的屏幕适配相关的知识。

8.1 视 区 简 介

在之前章节的演示代码中，HTML代码的<head>标签中都有一行设置<meta>的代码，如下所示：

```
<meta name="viewport" content="width=device-width, initial-scale=1.0,
maximum-scale=1.0, user-scalable=no" />
```

这行代码的作用就是设置浏览器的视区（Viewport）大小。视区的具体含义在后文进行介绍，在讲解视区之前首先需要了解什么是物理像素和CSS像素。

注意 Viewport也被称为视口、视窗或视图区，本书统一称为视区。

8.1.1 物理像素和 CSS 像素

像素，也就是px，英文单词为pixel，它是图像显示的基本单元，每个像素可以有颜色数值和位置信息，每个图像由若干个像素组成，比如一幅标有1024×768像素的图像，就表明这幅图像的长边有1024个像素，宽边有768个像素，共由1024×768=786432个像素组成。从概念上来说，像素既不是一个确定的物理量，也不是一个点或者小方块，而是一个抽象的概念，像素所代表的具体含义要从它所处的上下文环境来具体分析。物理像素和CSS像素就具有不同的上下文环境。

- 物理像素：设备屏幕实际拥有的像素主要和渲染硬件相关。比如，iPhone 6的屏幕在宽边有750个像素，在长边有1334个像素，所以iPhone 6总共有750×1334个物理像素。
- CSS像素：也叫逻辑像素，是软件程序系统中使用的像素，每种程序可以有自己的逻辑像素，在Web前端页面对应的就是CSS像素，逻辑像素在最终渲染到屏幕上时由相关系统转换为物理像素。
- 设备像素比：一个设备的物理像素与逻辑像素之比，可以在JavaScript中使用window.devicePixelRatio获取该值。

对于早期PC端Web页面来说，在CSS中写个1px，在屏幕上就会渲染成1个实际的像素，此时的设备像素比是1，这时物理像素和CSS像素是一样的。但是，对于一些高清屏幕，例如苹果的Retina屏幕，这种屏幕使用2个或者3个物理像素来渲染1个CSS像素，所以这种屏幕的显示要清晰很多。图8-1中的a代表物理像素，b代表CSS像素，它们之间的关系也在图中显示出来。

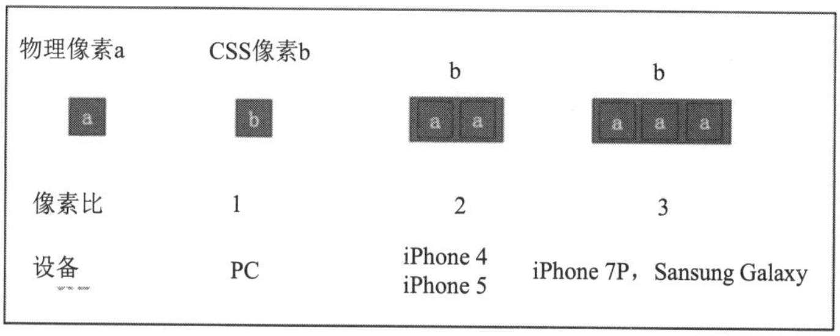

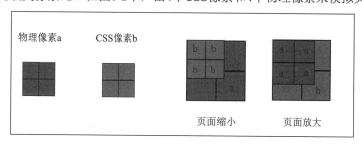

图 8-1　物理像素和 CSS 像素的关系

想象一下，一个传统的PC端Web页面，如果想要完全放在手机端浏览（可以想象成把PC端显示器替换成手机屏幕），那么显示的内容一定放不下，这时就需要对页面进行缩放。对页面进行放大和缩小，其实就是改变像素比。在图8-2中，由4个CSS像素和4个物理像素来模拟页面放大和缩小。

图 8-2　像素和页面缩放的关系

在页面处于正常状态时，4个物理像素的区域需要4个CSS像素就刚好显示完；当页面缩小时，原本4个物理像素的区域需要4个以上的CSS像素才能显示完；当页面放大时，原本4个物理像素的区域需要不到4个CSS像素就可以显示完，或者说4个CSS像素能够放下超过4个物理像素的区域，这就是页面缩放的实现方式。对于HTML而言，控制页面放大和缩小的就是视区。

8.1.2 视区

在了解了物理像素和CSS像素的概念之后，接下来介绍移动设备中的视区的概念。视区就是浏览器显示页面内容的屏幕区域，有3种不同的类别：

- 可视视区（Visual Viewport）：表示物理屏幕的可视区域，即屏幕显示器的物理像素，也就是长、宽边上有多少个像素。同样尺寸的屏幕，像素越多，像素密度越大，它的硬件像素就会更多。可以理解成可视视区的大小就是屏幕的大小。
- 布局视区（Layout Viewport）：是由浏览器厂商提出的一种虚拟的布局视区，用来解决页面在手机上显示的问题。这种视区可以通过<meta>标签设置Viewport来修改。每个浏览器默认都会有一个设置，例如iOS、Android这些机型设置布局视区的宽度为980px，所以PC端的网页基本都能在手机上显示出来，只不过各个元素看上去很小，一般可以通过双指滑动的手势或手指双击来缩放网页。
- 理想视区（Ideal Viewport）：理想中的视区。这个概念最早由苹果公司提出，其他浏览器厂商陆续跟进，目的是解决在布局视区中页面元素过小的问题，显示在理想视区中的页面具有最理想的宽度，用户无须进行缩放。理想视区就相当于把布局视区修改成一个理想的大小，这个大小和可视视区基本相等。

图8-3给出了可视视区和布局视区的关系，底部的网页大小相当于布局视区，而半透明灰色区域表示可视视区的大小，看起来就像一个手机屏幕的大小。

若想要在可视视区里完全展示布局视区里的内容，肯定需要将页面缩小，那么缩小到多少合适呢？这就需要有理想视区，如图8-4所示。

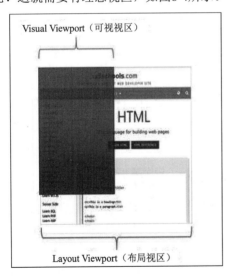

图 8-3　可视视区和布局视区

图 8-4　理想视区

8.1.3 设置视区

对于移动端Web页面而言，可以采用<meta>标签对视区的大小和缩放等进行设置，也就是之前提到的在<head>标签内设置<meta>的代码，如下所示：

```
<meta name="viewport" content="width=device-width, initial-scale=1.0,
maximum-scale=1.0, user-scalable=no" />
```

其中，可以设置的属性如下：

- width：该属性用于控制视区的宽度，可以将width设置为如320这样确切的像素值，也可以设置为device-width这样的关键字，表示设备的实际宽度。一般为了自适应布局，普遍的做法是将width设置为device-width。
- height：该属性用于控制视区的高度，可以将height设置为如640这样确切的像素值，也可以设置为device-height这样的关键字，表示设备的实际高度。一般不会设置视区的高度，这样如果内容超出的话，就会采用滚动方式进行浏览。
- initial-scale：该属性用于指定页面的初始缩放比例，可以设置为0.0～10的数值，当initial-scale=1时，表示不进行缩放，视区刚好等于理想视区；当initial-scale大于1时，表示将视区进行放大；当initial-scale小于1时，表示将视区缩小。这里只表示初始视区的缩放值，用户也可以自己进行缩放，例如以双指滑动的手势进行缩放或者用手指双击进行放大。
- maximum-scale：该属性表示用户能够手动放大的最大比例，可以设置0.0～10的数值。
- minimum-scale：该属性类似maximum-scale，用来指定页面缩小的最小比例。在通常情况下，不会定义该属性的值，页面太小将难以浏览其中的内容。
- user-scalable：该属性表示是否允许用户手动进行缩放，可设置为no或者yes。当设置为no时，用户将不能通过手势操作的方式对页面进行缩放。

在使用<meta>标签设置视区时有几点需要注意：首先视区只对移动端浏览器有效，对PC端浏览器是无效的；其次对于移动端浏览器，某些属性也并不是完全支持，例如iOS的Safari浏览器从10.0版本开始将不再支持user-scalable=no，所以即使设置了user-scalable=no，用户依然可以通过手势操作来对页面进行缩放。如果需要禁用手势操作，可以参考如下代码：

```
window.onload = function () {
  document.addEventListener('touchstart', function(event) {
    // 当两个手指操作
    if (event.touches.length > 1) {
      // 阻止浏览器的默认事件
      event.preventDefault();
    }
  });

  var lastTouchEnd = 0;
  document.addEventListener('touchend', function(event) {
    var now = (new Date()).getTime();
    // 判断是否是双击操作，即两次单击的间隔小于300ms
    if (now - lastTouchEnd <= 300) {
     // 阻止浏览器的默认事件
      event.preventDefault();
    }
    lastTouchEnd = now;
  }, false);
}
```

通过手势来进行缩放属于浏览器的默认功能，上面代码的原理就是调用event.preventDefault()方法来禁用浏览器的默认事件，这样就能不触发默认的缩放功能。读者可以运行上面这段代码，看看实际的效果。

视区的相关知识是了解移动Web适配的基础，通过动态地设置视区可以实现不同屏幕下的页面适配，例如在设备像素比不为1的机型上进行缩放，若要强制让物理像素和CSS像素相等，则代码如下：

```
(function(){
    var scale = 1/window.devicePixelRatio;
    var meta = document.createElement("meta");
    meta.name = "viewport";
    meta.content = "width=device-width,initial-scale="+scale+",
    minimum-scale="+scale+",maximum-scale="+scale;
    document.head.appendChild(meta);
})();
```

这种方法有时候不准确，比如devicePixelRatio不为整数时，会出现除不尽的情况，那么缩放的倍数就会出现很长的小数，再去算物理像素时就会有误差，所以现在大部分移动Web页面采用更加完善的rem或者vw加上Flex的方案来进行适配。在讲解这些方案前，先来介绍响应式页面。

8.2 响应式布局

响应式布局（Responsive Layout）也称为响应式页面，是Ethan Marcotte[①]在2010年5月提出的一个概念。在响应式布局这个概念提出之前，人们要对不同的浏览设备分别设计相应的网站进行管理，当然那时候智能手机还没有如今这么流行，大多数上网的应用主要还是集中在PC端。但是，大家很快就发现一个难题，即使是同一种设备，屏幕也有上百种不同型号，难道企业要对各种不同尺寸的屏幕都独立设计一个网站来分别管理吗？这显然很不现实，响应式布局就是在这种情况下诞生的。

响应式布局的思想就是一个网站能够兼容多个终端，而不是为每个终端都独立做一个特定的版本。这个概念是为解决移动互联网的页面浏览而诞生的。

响应式布局的核心实现主要由视区和媒体查询组成。前面介绍过，通过<meta>标签来设置视区可以实现移动端页面的浏览,而媒体查询根据条件告诉浏览器如何为符合条件的规则套用对应的样式。

8.2.1 媒体查询

媒体查询就是页面在运行时可以根据设备屏幕的特性（如视区宽度、屏幕比例、设备方向横屏或竖屏）套用指定的CSS样式。例如，可以设置当屏幕处于大于320px的设置时对应的CSS样式，或者当屏幕处于小于320px的设置时对应的样式。

媒体查询可以写在CSS样式中，并且以@media开头，然后指定媒体类型（也可以称为设备类型），随后指定媒体特性（也可以称为设备特性）。媒体类型和媒体特性的设置使用"and"连接，最后大括号里的内容写具体的CSS样式。

当符合媒体类型和媒体特性的条件时，媒体查询就会生效，同时套用对应的CSS样式。多个媒体类型和媒体特性可以成组出现，使用逗号分隔开。

---

① Ethan Marcotte是一名知名的网页平面设计师，2010年在其博客中提出了响应式页面设计的概念。

完整的媒体查询语法如下：

```
@media 媒体类型 and (媒体特性) {
    CSS样式
}
@media 媒体类型 and (媒体特性),媒体类型 and (媒体特性) {
    CSS样式
}
```

媒体查询也可以直接定义在<link>标签中，并设置在media属性上，语法如下：

```
<link rel="stylesheet" media="媒体类型 and (媒体特性)" href="example.css" />
```

当媒体查询的条件成立时，对应的样式表或样式规则就会遵循正常的CSS规则进行套用。即使媒体查询的条件不成立，<link>标签指向的CSS样式也会被下载，但是它不会被套用。

1. 媒体类型

媒体类型是指定页面文件可以在不同媒体上显示出来，例如能以不同的方式显示在屏幕上、纸张上、盲文设备上等。媒体类型主要取决于页面运行时的环境；例如我们声明了一个将页面显示在屏幕上的媒体类型，也声明了一个将页面打印出来的媒体类型，并对不同的媒体类型采用不同的CSS样式，代码如下：

```
<link rel="stylesheet" type="text/css" href="site.css" media="screen" />
<link rel="stylesheet" type="text/css" href="print.css" media="print" />

<style type="text/css">
  @media screen
  {
    p {
      font-family:arial,sans-serif;
      font-size:14px;
    }
  }
  @media print
  {
    p {
      font-family:times,sans-serif;
      font-size:10px;
    }
  }
</style>

<body>
  <p>Hello World</p>
</body>
```

从上面的代码可知，当页面在屏幕上显示时，会套用大小为14px和字体为Arial的样式，如果页面被打印出来，将会套用大小为10px和字体为times的样式。其中screen和print就属于媒体类型，CSS中的可用媒体类型和含义如下：

- all：用于所有设备。
- aural：用于语音和声音合成器。
- braille：用于盲文触摸式反馈设备。
- embossed：用于打印的盲人印刷设备。
- handheld：用于掌上设备或更小的设备，如PDA和小型电话（已废弃）。

- print：用于打印机和打印预览。
- projection：用于投影设备。
- screen：用于计算机屏幕、平板电脑、智能手机等。
- speech：用于屏幕阅读器等发声设备。
- tty：用于固定的字符网格，如电报、终端设备和对字符有限制的便携设备。
- tv：用于电视和网络电视。

在上面列举的媒体类型中，screen是使用最多的媒体类型，它也和响应式页面设计关系最为密切。

2. 逻辑运算符

逻辑运算符包括not、and和only，可以用来构建复杂的媒体查询。and运算符用来把多个媒体属性组合成一条媒体查询，只有当每个组合条件都成立时，媒体查询的结果才成立。not运算符用来对一条媒体查询条件的结果进行取反，用来排除某种指定的媒体类型。only运算符用来指定某种特定的媒体类型，可以用来排除不支持媒体查询的浏览器。若使用了not或only运算符，则必须明确指定一个媒体类型。

and表示"逻辑与"，当所有的条件都满足时才会返回true，注意这里的逻辑运算符and与连接媒体类型和媒体属性之间的and并不等同，使用方法如下：

```
/*一个基本的媒体查询，即一个媒体属性和默认指定的all媒体类型*/
@media (min-width:700px){}

/*如果仅应用于屏幕显示，并且满足宽度和横屏*/
@media screen (min-width:700px) and (orientation:landscape){}

/*如果仅应用于电视媒体，并且满足宽度和横屏*/
@media tv and (min-width:700px) and (orientation:landscape){}
```

not运算符可以用来排除某种指定的媒体类型，not必须置于查询的开头，并会对整条查询字符串生效，除非用逗号分隔成多条，使用方法如下：

```
@media not all {}
@media not print and (min-width:700px) {}
```

only运算符用来指定某种特定的媒体类型，可以用来排除不支持媒体查询的浏览器。对支持媒体查询的浏览器来说，是否使用only表现都一样。但是，如果代码运行在不支持媒体查询的浏览器中，若不添加only就会出现异常，所以需要有only运算符来兼容。使用方法如下：

```
@media only screen and (min-width: 401px) and (max-width: 600px) {}
/* 在支持媒体查询的浏览器中等于*/
@media screen and (min-width: 401px) and (max-width: 600px) {}
```

媒体查询中使用多个条件时，可以使用逗号来分隔，等同于"逻辑或"，即当有一个条件成立时，这个媒体查询就会生效，使用方法如下：

```
/*如果想用于最小宽度为700像素或者横屏的手持设备上*/
@media screen (min-width:700px),handheld and (orientation:lanscape) {}
```

3. 媒体属性

媒体属性用来设置限制具体的媒体查询的条件数值，大多数媒体属性可以带有min-或max-前缀，用于表达"最低"或者"最高"，而不是使用"<"和">"这样的符号来判断，这样就避免了与HTML和XML中的"<"和">"字符冲突。例如，max-width:1000px表示应用媒体类型条件时最高宽度为1000px，大于1000px则不满足条件，就不会套用该媒体属性下的样式。如果没有对媒体属性指定值，且该属性的实际值不为0，则这个条件也是成立的。

常用的媒体属性和含义总结如下（按首字母排序）：

- aspect-ratio：定义输出设备中页面可见区域宽度与高度的比例。
- color：定义输出设备每一组彩色原件的个数。如果不是彩色设备，那么值等于0。
- color-index：定义输出设备的彩色查询表中的条目数。如果没有使用彩色查询表，那么值等于0。
- device-aspect-ratio：定义输出设备的屏幕可见宽度与高度的比例。
- device-height：定义输出设备的屏幕可见高度，与视区viewport中的device-height相同。
- device-width：定义输出设备的屏幕可见宽度，与视区viewport中的device-width相同。
- grid：用来查询输出设备是否使用栅格或点阵。
- height：定义输出设备中页面可见区域的高度。
- max-aspect-ratio：定义输出设备的屏幕可见宽度与高度的最大比例。
- max-color：定义输出设备每一组彩色原件的最大个数。
- max-color-index：定义输出设备的彩色查询表中的最大条目数。
- max-device-aspect-ratio：定义输出设备的屏幕可见宽度与高度的最大比例。
- max-device-height：定义输出设备的屏幕可见的最大高度。
- max-device-width：定义输出设备的屏幕可见的最大宽度。
- max-height：定义输出设备中页面可见区域的最大高度。
- max-monochrome：定义在一个单色框架缓冲区中每个像素包含的最大单色原件个数。
- max-resolution：定义设备的最大分辨率。
- max-width：定义输出设备中页面可见区域的最大宽度。
- min-aspect-ratio：定义输出设备中页面可见区域宽度与高度的最小比例。
- min-color：定义输出设备中每一组彩色原件的最小个数。
- min-color-index：定义输出设备的彩色查询表中的最小条目数。
- min-device-aspect-ratio：定义输出设备的屏幕可见宽度与高度的最小比例。
- min-device-width：定义输出设备的屏幕可见的最小宽度。
- min-device-height：定义输出设备的屏幕可见的最小高度。
- min-height：定义输出设备中页面可见区域的最小高度。
- min-monochrome：定义在一个单色框架缓冲区中每个像素包含的最小单色原件个数。
- min-resolution：定义设备的最小分辨率。
- min-width：定义输出设备中页面可见区域的最小宽度。
- monochrome：定义在一个单色框架缓冲区中每个像素包含的单色原件个数。如果不是单色设备，那么值等于0。
- orientation：定义输出设备中页面可见区域高度是否大于或等于宽度。portrait表示竖屏，landscape表示横屏。
- resolution：定义设备的分辨率，如：96dpi、300dpi、118dpcm。

- scan：定义电视类设备的扫描工序。
- width：定义输出设备中页面可见区域的宽度。

在上面列举的媒体属性中，使用最频繁的是device-height、device-width、max-height、max-width以及orientation，它们都与响应式布局密切相关。例如我们定义一个常用的屏幕响应式布局条件，当页面在不同的屏幕浏览时，会有不同字体大小的效果，代码如下：

```
/*媒体属性*/
/*当页面大于1200px 时：大屏幕，主要是PC 端*/
@media (min-width: 1200px) {
    /*CSS样式*/
    body {
        font-size: 40px;
    }
}
/*像素在992和1199之间的屏幕：中等屏幕，分辨率低的PC*/
@media (min-width: 992px) and (max-width: 1199px) {
    /*CSS样式*/
    body {
        font-size: 30px;
    }
}
/*像素在768和991之间的屏幕：小屏，主要是PAD*/
@media (min-width: 768px) and (max-width: 991px) {
    /*CSS样式*/
    body {
        font-size: 20px;
    }
}
/*像素在480和767之间的屏幕：超小屏幕，主要是手机*/
@media (min-width: 480px) and (max-width: 767px) {
    /*CSS样式*/
    body {
        font-size: 16px;
    }
}
/*像素小于480的屏幕：微小屏幕，更低分辨率的手机*/
@media (max-width: 479px) {
    /*CSS样式*/
    body {
        font-size: 14px;
    }
}
```

8.2.2 案例——响应式页面

在本节中，我们将会实现一个采用媒体查询来布局并且可以同时兼容PC端和移动端Web页面的响应式页面，主要使用screen媒体类型以及max-width和min-width媒体属性来实现不同屏幕条件下不同样式的页面。程序整体的交互逻辑：当在PC端时，菜单常驻在页面顶部，并且正文内容横向排列；当在移动端时，菜单默认为隐藏，通过按钮可以调出菜单，正文内容纵向排列。

首先，我们来实现页面的HTML代码，如示例代码8-2-1所示。

示例代码 8-2-1 响应式页面的 HTML 代码

```
<body>
  <div class="container">
```

```html
<header>
    <a class="toggle open" href="#nav">≡</a>
    <h1>头部</h1>
</header>
<nav id="nav">
    <a class="toggle close" href="#">╳</a>
    <ul>
        <li>
            <a href="#">菜单1</a>
        </li>
        <li>
            <a href="#">菜单2</a>
        </li>
        <li>
            <a href="#">菜单3</a>
        </li>
    </ul>
</nav>
<section class="wrap">
    <article>
        <h2>正文</h2>
        <p>HTML 5是构建Web内容的一种语言描述方式。HTML 5是互联网的下一代标准，是构建以及呈现
            互联网内容的一种语言方式，被认为是互联网的核心技术之一。HTML产生于1990年，1997年HTML4
            成为互联网标准，并广泛应用于互联网应用的开发。</p>
        <p>HTML 5是Web中核心语言HTML的规范，用户使用任何手段进行网页浏览时看到的内容原本都是
            HTML格式的，在浏览器中通过一些技术处理将其转换成可识别的信息。HTML 5在HTML 4.01的
            基础上进行了一定的改进，虽然技术人员在开发过程中可能不会将这些新技术投入应用，但是对于
            该种技术的新特性，网站开发技术人员是必须要有所了解的。</p>
        <p>HTML 5将Web带入一个成熟的应用平台，在这个平台上，视频、音频、图像、动画以及与设备的
            交互都进行了规范。</p>
    </article>
    <aside>
        <h3>侧边栏</h3>
    </aside>
</section>
<footer>
    <h3>底部</h3>
</footer>
</div>
</body>
```

在上面的代码中，实现了一个由HTML 5新标签元素组成的页面，页面布局很简单，主要有顶部的<header>、正文<section>、侧边栏<aside>以及底部的<footer>，还包括了3个菜单选项，这部分菜单内容当页面运行在移动端时默认为隐藏状态。下面重点来讲解如何使用媒体查询@media来实现不同运行环境下的样式。

首先是页面的通用样式，这部分样式主要是一些颜色和背景的设置，它们会应用在PC端和移动端的显示中，如示例代码8-2-2所示。

示例代码 8-2-2　响应式页面的通用样式

```css
<style type="text/css">
  /* 通用字体、颜色、行高等 */
  .container > * {
    color: #353535;
    font-size: 18px;
    line-height: 1.5;
    padding: 20px;
    border: 5px solid #fff;
  }
```

```css
/* 通用背景颜色 */
.container header,
.container nav,
.container footer,
.container aside,
.container article {
  background: #d0cfc5;
}
 /* 菜单栏背景色 */
.container nav {
  background: #136fd2;
}
/* 正文区域样式，采用Flex布局 */
.wrap {
  overflow: hidden;
  padding: 0;
  display: flex;
}
/* 清除一些默认样式，并设置a标签的样式 */
nav ul {
  list-style: none;
  margin: 0;
  padding: 0;
}
nav a {
  color: red
}
a {
  text-decoration: none;
}
</style>
```

接下来是用于PC端的样式，这里我们以600px为临界点，通过媒体查询来设置当屏幕宽度大于600px时对应的样式。注意，这部分样式只在屏幕宽度大于600px时才生效。如示例代码8-2-3所示。

示例代码 8-2-3　响应式页面的 PC 端样式

```css
/* 当屏幕宽度大于600px时，会套用下面的样式 */
@media only screen and (min-width: 600px) {
 /* 通过inline-block使div横向排列 */
 .container article,
 .container aside {
  display: inline-block;
 }
 .container article {
  width:80%;
 }
 .container aside {
  width:20%;
  border-left: 5px solid #fff;
  box-sizing: border-box;
 }
 /* PC端菜单横向排列 */
 nav li {
  display: inline-block;
  padding: 0 20px 0 0;
 }

 /* PC端隐藏调出菜单按钮 */
 .toggle {
```

```
      display: none;
    }

  }
```

需要注意的是，PC端默认没有用于调出菜单的按钮，只有在移动端才会显示这样的按钮；另外，正文内容在PC端是横向排列的，而在移动端会将正文的内容纵向排列。移动端的CSS样式如示例代码8-2-4所示。

示例代码 8-2-4　响应式页面的移动端样式

```css
/* 当屏幕宽度小于600px时，会套用下面的样式 */
@media only screen and (max-width: 599px) {
    /* 菜单默认为隐藏，为调出菜单添加过渡效果 */
    #nav {
      transition: transform .3s ease-in-out;
      top: 0;
      bottom: 0;
      position: fixed;
      width: 100px;
      left: -150px;
    }
    /* 使用target伪类选择器，单击按钮，调出菜单 */
    #nav:target {
      transform: translateX(150px);
    }
    .open {
      font-size: 30px;
      color: #fff;
    }
    /* 移动端的内容纵向排列 */
    .container article,
    .container aside,
    .wrap {
      display:block;
    }
    /* 关闭菜单按钮样式 */
    .close {
      text-align: right;
      display: block;
      font-size: 24px;
      color: #fff;
    }
  }
```

完整的代码由上面的4个部分组成，在浏览器中运行上述代码，查看一下具体的效果。在PC端的显示效果如图8-5所示。

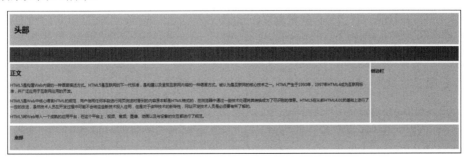

图 8-5　响应式页面在 PC 端的显示效果

查看移动端的显示效果需要启动Chrome浏览器的"开发者工具"的Device Mode，结果如图8-6所示。

图 8-6   响应式页面在移动端的显示效果（调出菜单的效果）

8.3   Flex 布局

Flex布局是Flexible Box的缩写，有时也称为弹性布局或者弹性盒子模型。Flex布局是W3C在2012年提出的一种新的布局方案，它以简便、完整、响应式的理念来实现各种页面布局。它的最大特点就是无须对元素设置固定的宽和高，其位置和大小会随着父元素或者浏览器的状态而自动适应，同时还新增了水平居中和垂直居中的解决方案等。Flex布局是实现响应式页面以及屏幕适配的利器，也是移动Web页面最常用的布局方式之一。

任何一个网页元素都可以指定为Flex布局，这个网页元素通常叫作容器元素，代码如下：

```
.box{
  display: flex;
}
```

行内元素也可以使用Flex布局，代码如下：

```
.box{
  display: inline-flex;
}
```

注意，当一个容器元素指定为Flex布局以后，子元素的float、clear和vertical-align属性都将失效。

8.3.1   Flex 新旧版本的兼容性

指定一个容器元素为Flex布局可以采用display:flex这种写法，也有display:box或者display:-webkit-box这种写法。其实，Flex的写法是2012年的语法，也是最新的标准语法，大部分浏览器已经实现了无前缀的版本。没有前缀的box的写法是2009年的语法，是早期提出弹性盒子模型时的语法，但是并没有列入标准，现在已经过时了，因此在使用时需要加上对应的前缀（即display:-webkit-box）。

需要注意的是，在一些系统比较旧的移动端设备上，只能用box这种写法。在移动端的兼容性情况如下：

- Android系统版本：2.3版本之后支持旧版本的写法（display:-webkit-box），从4.4版本开始支持标准版本的写法（display: flex）。
- iOS系统版本：6.1版本之后支持旧版本的写法（display:-webkit-box），从7.1版本之后开始支持标准版本的写法（display: flex）。

如果考虑到兼容性，那么在低版本的移动端系统中为了向下兼容，就需要把旧语法写在最下面，以使得个别不兼容的移动设备可以识别，也就是那些带box的写法一定要写在最下面，代码如下：

```
.box {
  display: -webkit-flex;      /* 新版本语法加前缀*/
  display: flex;              /* 新版本语法*/
  display: -webkit-box;       /* 旧版本语法 */
}
.children {
  -webkit-flex: 1;            /* 新版本语法加前缀*/
  flex: 1                     /* 新版本语法*/
  -webkit-box-flex: 1;        /* 旧版本语法 */
}
```

对于是否需要添加前缀，笔者建议统一添加"-webkit-"，因为对于无法确认页面运行环境的情况，添加前缀可以确保被更多的浏览器兼容。

在本章中，主要是以最新标准的Flex写法来进行讲解，下面就来逐一讲解Flex布局使用的属性和含义。

8.3.2 Flex 容器属性

对于某个容器元素只要声明了display: flex，那么这个元素就成为弹性容器（即具有Flex弹性布局的特性）。弹性容器的特征如图8-7所示。

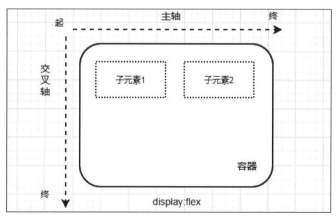

图 8-7 弹性容器

一个具备弹性容器的元素有如下特性：

- 每个弹性容器都有两根轴——主轴和交叉轴，两轴之间成90°。在默认情况下，水平方向为主轴，垂直方向为交叉轴。

- 每根轴都有起点和终点，这对于后续元素的对齐属性非常重要。
- 弹性容器中的所有子元素被称为弹性元素，弹性元素永远沿主轴排列。
- 弹性元素也可以通过设置display:flex成为另一个弹性容器，形成嵌套关系，因此一个元素既可以是弹性容器也可以是弹性元素。

一个具备弹性容器的元素有如下CSS属性可以设置：

- flex-direction：该属性决定主轴的方向。
- flex-wrap：该属性决定如果一条轴线排列时内容超出，那么该如何换行。
- flex-flow：该属性是flex-direction和flex-wrap的缩写，即一个属性可以实现设置两个属性的功能。
- justify-content：该属性决定了主轴方向上子元素的对齐和分布方式。
- align-items：该属性决定了交叉轴方向上子元素的对齐和分布方式。
- align-content：该属性决定了多根轴线的对齐方式。如果容器只有一根轴线，那么该属性不起作用。

下面对这些属性的用法和效果进行详细讲解。

1. flex-direction:row|row-reverse|column|column-reverse属性

可以在弹性容器上通过flex-direction属性修改主轴的方向，共有4个取值，它们的含义分别如下：

- row：表示设置主轴为水平方向，从左到右，该值为默认值。
- row-reverse：表示设置主轴为水平方向，从右到左。
- column：表示设置主轴为垂直方向，从上到下。
- column-reverse：表示设置主轴为垂直方向，从下到上。

如果主轴方向修改了，那么交叉轴就会相应地旋转90°，弹性元素的排列方式也会发生改变，因为弹性元素永远沿主轴排列。下面用代码来演示这4个属性值的区别，如示例代码8-3-1所示（本代码为完整代码，因为本书篇幅的原因，后续Flex相关属性的演示只会给出核心代码，完整的代码可从本书提供的配套资源中下载）。

示例代码 8-3-1　flex-direction 属性的运用

```html
<!DOCTYPE html>
<html lang="zh-CN">
<head>
 <meta charset="UTF-8">
 <meta name="viewport" content="width=device-width, initial-scale=1.0,
        maximum-scale=1.0, user-scalable=no" />
 <title>flex-direction属性</title>
 <style type="text/css">
   .container {
     display: flex;
     float: left;
     width: 100px;                 /*设置固定的宽*/
     height: 100px;                /*设置固定的高*/
     border: 1px solid #000;       /*设置边框区分容器元素*/
     margin: 3px;
   }
```

```
.container > div {
  margin: 3px;                    /*设置margin增加间距*/
  border: 1px dashed #000;        /*设置边框区分容器元素*/
}
.container-1 {
  flex-direction: row;
}
.container-2 {
  flex-direction: row-reverse;
}
.container-3 {
  flex-direction: column;
}
.container-4 {
  flex-direction: column-reverse;
}
  </style>
</head>
<body>
  <div class="container container-1">
    <div>1</div>
    <div>2</div>
    <div>3</div>
  </div>
  <div class="container container-2">
    <div>1</div>
    <div>2</div>
    <div>3</div>
  </div>
  <div class="container container-3">
    <div>1</div>
    <div>2</div>
    <div>3</div>
  </div>
  <div class="container container-4">
    <div>1</div>
    <div>2</div>
    <div>3</div>
  </div>
</body>
</html>
```

在浏览器中运行这段代码，每个属性值的效果如图8-8所示。

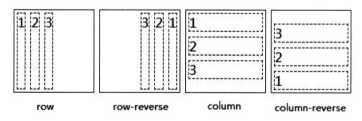

图 8-8　flex-direction 属性运用的效果

2. flex-wrap:nowrap|wrap|wrap-reverse属性

flex-wrap属性用来控制子元素整体是单行显示还是换行显示，如果换行，就指定下面一行是否反方向显示。这个属性共有3个取值，它们的含义分别如下：

- nowrap：表示单行显示，不换行，该值为默认值。

- wrap：表示内容超出容器宽度时换行显示，第一行在上方。
- wrap-reverse：表示内容超出容器宽度时换行显示，但是从下往上开始，也就是第一行在最下方，最后一行在最上方。

总结一下，通过设置flex-wrap属性可使主轴上的子元素不换行、换行或反向换行。需要注意的是，当元素内容超出容器宽度时，设置nowrap后，子元素的宽度会自适应缩小，并不会直接溢出容器，后面会讲解改变这种行为的其他属性。下面用代码来演示flex-wrap属性的3个取值的区别，如示例代码8-3-2所示。

示例代码 8-3-2　flex-wrap 属性

```
<style type="text/css">
  .container {
    display: flex;
    float: left;
    width: 100px;                    /*设置固定的宽*/
    height: 100px;                   /*设置固定的高*/
    border: 1px solid #000;          /*设置边框区分容器元素*/
    margin: 3px;
    flex-direction: row;             /*以水平方向为主轴方向*/
  }
  .container > div {
    margin: 3px;                     /*设置margin增加间距*/
    border: 1px dashed #000;         /*设置边框区分容器元素*/
    width: 50px;                     /*设置子元素的宽度来使它超出容器的宽度*/
    height: 20px;
  }
  .container-1 {
    flex-wrap: nowrap;
  }
  .container-2 {
    flex-wrap: wrap;
  }
  .container-3 {
    flex-wrap: wrap-reverse;
  }
</style>
```

在浏览器中运行这段代码，每个属性值的效果如图8-9所示。

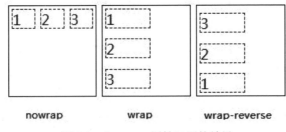

图 8-9　flex-wrap 属性运用的效果

3. flex-flow:<flex-direction> <flex-wrap>属性

flex-flow是一个复合属性，由flex-direction和flex-wrap共同组成，用空格分隔开，相当于规定了Flex布局的"工作流"（Flow）。笔者不建议使用这个属性，分开设置会更为清晰。下面用代码来演示这个属性的用法，如示例代码8-3-3所示。

示例代码 8-3-3　flex-flow 属性的使用

```css
<style type="text/css">
  .container {
    display: flex;
    float: left;
    width: 100px;              /*设置固定的宽*/
    height: 100px;             /*设置固定的高*/
    border: 1px solid #000;    /*设置边框区分容器元素*/
    margin: 3px;
  }
  .container > div {
    margin: 3px;               /*设置margin增加间距*/
    border: 1px dashed #000;   /*设置边框区分容器元素*/
    width: 50px;               /*设置子元素的宽度来使其超出容器的宽度*/
    height: 20px;
  }
  .container-1 {
    flex-flow: row nowrap;
  }
  .container-2 {
    flex-flow: column nowrap;
  }
</style>
```

在浏览器中运行这段代码，属性的效果如图8-10所示。

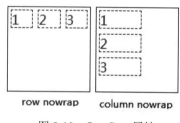

图 8-10　flex-flow 属性

4. justify-content:flex-start|flex-end|center|space-between|space-around|space-evenly 属性

justify-content属性决定了主轴方向子元素的对齐和分布方式，有点类似于text-align属性。text-align:justify可实现两端对齐，所以在想要控制flex元素的主轴方向的对齐方式时，就可用到justify-content属性。这个属性共有5个取值，它们的含义分别如下：

- flex-start：表示主轴方向左对齐，该值为默认值。
- flex-end：表示主轴方向右对齐。
- center：表示主轴方向居中对齐。
- space-between：表示主轴方向两端对齐，子元素之间的间隔都相等，多余的空白间距只在子元素中间区域分配。
- space-around：表示主轴方向距容器两侧的间隔相等。主轴起点位置的子元素和终点位置的子元素与容器边框的距离相等，并且子元素两侧的间距相等，所以在最终效果上，容器边缘两侧的空白只有中间空白宽度的一半。

下面用代码来演示一下这5个取值区别，如示例代码8-3-4所示。

示例代码 8-3-4　justify-content 属性的使用

```
<style type="text/css">
  .container {
    display: flex;
    float: left;
    width: 100px;              /*设置固定的宽*/
    height: 70px;              /*设置固定的高*/
    border: 1px solid #000;    /*设置边框区分容器元素*/
    margin: 3px;
    flex-direction: row;
  }
  .container > div {
    margin: 3px;               /*设置margin增加间距*/
    border: 1px dashed #000;   /*设置边框区分容器元素*/
  }
  .container-1 {
    justify-content: flex-start;
  }
  .container-2 {
    justify-content: flex-end;
  }
  .container-3 {
    justify-content: center;
  }
  .container-4 {
    justify-content: space-between;
  }
  .container-5 {
    justify-content: space-around;
  }
</style>
```

在浏览器中运行上述代码，每个属性值的效果如图8-11所示。

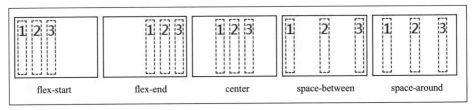

图 8-11　justify-content 属性

space-between和space-around的效果理解起来比较抽象，可以根据图8-12所示的效果来理解子元素的间隔到底是怎么分配的。

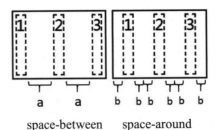

图 8-12　space-between 和 space-around 属性

如图8-12所示，左边是space-between属性的效果，其中a表示子元素之间的间隔，并且每个子元素之间的间隔相等且都为a；右边是space-around属性的效果，其中每个子元素两边的间隔都相等且都为b，1，3号子元素和容器边框的间隔为它们之间间隔的1/2。

5. align-items:stretch|flex-start|flex-end|center|baseline属性

align-items属性中的items指的就是弹性容器内的子元素，因此align-items主要用来设置弹性子元素相对于弹性容器在交叉轴方向上的对齐方式，例如顶部对齐、底部对齐等。这个属性共有5个取值，它们的含义分别如下：

- flex-start：表示子元素在容器交叉轴方向顶部对齐。
- flex-end：表示子元素在容器交叉轴方向底部对齐。
- center：表示子元素在容器交叉轴方向居中对齐。
- baseline：表示所有子元素都相对第一行文字的基线（字母x的下边缘）对齐。
- stretch：表示子元素拉伸，如果主轴是水平方向，且该子元素未设置高度或者把高度设置为auto，那么子元素将会占满整个容器的高度；如果主轴是垂直方向，且该子元素未设置宽度或者把宽度设置为auto，那么子元素将会占满整个容器的宽度；如果设置了高度和宽度，那么按照设置值显示子元素。该值为默认值。

需要注意的是，当align-items不为stretch时，此时除了对齐方式会改变之外，子元素在交叉轴方向上的尺寸将由内容或自身尺寸（宽和高）决定。下面用代码来演示这5个取值的区别，如示例代码8-3-5所示。

示例代码 8-3-5　align-items 属性的使用（1）

```
<style type="text/css">
 .container {
  display: flex;
  float: left;
  width: 150px;                    /*设置固定的宽*/
  height: 100px;                   /*设置固定的高*/
  border: 1px solid #000;          /*设置边框区分容器元素*/
  margin: 3px;
  flex-direction: row;
 }
 .container > div {
  margin: 3px;                     /*设置margin增加间距*/
  border: 1px dashed #000;         /*设置边框区分容器元素*/
 }
 .container div:first-child {
  font-size: 20px;                 /*设置不同的字体大小以区别baseline效果*/
 }
 .container div:nth-of-type(2) {
  font-size: 12px;                 /*设置不同的字体大小以区别baseline效果*/
 }
 .container-1 {
  align-items: flex-start;
 }
 .container-2 {
  align-items: flex-end;
 }
 .container-3 {
  align-items: center;
 }
 .container-4 {
```

```
    align-items: baseline;
  }
  .container-5 {
    align-items: stretch;
  }
</style>
```

为了区别baseline效果，我们将字符串换成了不同基线的"ajax"和不同的字体大小。在浏览器中运行上述代码，每个属性值的效果如图8-13所示。

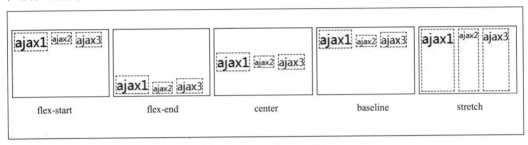

图 8-13　align-items 属性

为了体现align-items属性对交叉轴的影响，我们改变一下主轴和交叉轴方向，然后再来看一下效果，如示例代码8-3-6所示。

示例代码 8-3-6　align-items 属性的使用（2）

```
<style type="text/css">
  .container {
    display: flex;
    float: left;
    width: 150px;              /*设置固定的宽*/
    height: 100px;             /*设置固定的高*/
    border: 1px solid #000;    /*设置边框区分容器元素*/
    margin: 3px;
    flex-direction: column;    /*修改主轴交叉轴方向*/
  }
  .container > div {
    margin: 3px;               /*设置margin增加间距*/
    border: 1px dashed #000;   /*设置边框区分容器元素*/
  }
  .container div:first-child {
    font-size: 20px;           /*设置不同的字体大小以区别baseline效果*/
  }
  .container div:nth-of-type(2) {
    font-size: 12px;           /*设置不同的字体大小以区别baseline效果*/
  }
  .container-1 {
    align-items: flex-start;
  }
  .container-2 {
    align-items: flex-end;
  }
  .container-3 {
    align-items: center;
  }
  .container-4 {
    align-items: baseline;
  }
  .container-5 {
```

```
    align-items: stretch;
  }
</style>
```

由于字体是横向排列的，所以对于baseline效果暂时无法看出区别。在浏览器中运行上述代码后，每个属性值的效果如图8-14所示。

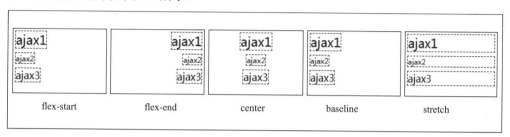

图 8-14　align-items 属性

6. align-content:stretch|flex-start|flex-end|center|space-between|space-around属性

align-content属性与align-items属性类似，同时也比较容易搞混。align-content属性主要用于控制在多行场合下交叉轴方向的对齐方式（多行场合需要设置flex-wrap: wrap以使得元素在一行放不下时进行换行），所以align-content只对多行元素有效，会以多行作为整体进行对齐，容器必须启用换行功能。这个属性共有6个取值，它们的含义分别如下：

- flex-start：表示子元素在容器交叉轴方向顶部对齐。
- flex-end：表示子元素在容器交叉轴方向底部对齐。
- center：表示子元素在容器交叉轴方向整体居中对齐。
- space-between：表示子元素在容器交叉轴方向两端对齐，剩下每一行子元素等分剩余的空间。
- space-around：表示子元素在容器交叉轴方向上两侧的间距都相等，且位于起点和终点的元素与容器边框的间距为两侧间距的1/2。
- stretch：表示每一行子元素都拉伸，如果主轴是水平方向，且该子元素未设置高度或者高度设置为auto，那么该子元素将会占满整个容器的高度；如果主轴是垂直方向，且该子元素未设置宽度或者宽度设置为auto，那么该子元素将会占满整个容器的宽度；在未设置高度的情况下，如果共有两行子元素，那么每一行拉伸高度是50%。该值为默认值。

align-content 属性中的 space-between 和 space-around，有点类似 justify-content 属性中的 space-between和space-around，而stretch则和align-items属性中的stretch效果差不多。下面用代码来演示一下这6个取值的区别，如示例代码8-3-7所示。

示例代码 8-3-7　align-content 属性的使用

```
<style type="text/css">
  .container {
    display: flex;
    float: left;
    width: 130px;                    /*设置固定的宽*/
    height: 140px;                   /*设置固定的高*/
    border: 1px solid #000;          /*设置边框区分容器元素*/
    margin: 3px;
    flex-direction: row;
    flex-wrap: wrap;                 /*设置换行*/
```

```
    }
    .container > div {
      margin: 3px;                      /*设置margin增加间距*/
      border: 1px dashed #000;          /*设置边框区分容器元素*/
      width: 30px;                      /*设置宽度来使其撑满容器并换行*/
    }
    .container-1 {
      align-content: flex-start;
    }
    .container-2 {
      align-content: flex-end;
    }
    .container-3 {
      align-content: center;
    }
    .container-4 {
      align-content: space-between;
    }
    .container-5 {
      align-content: space-around;
    }
    .container-6 {
      align-content: stretch;
    }
</style>
```

在浏览器中运行上述代码，每个属性值的效果如图8-15所示。

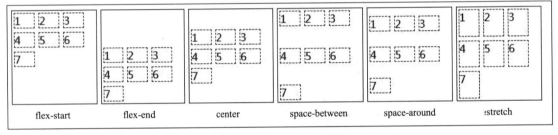

图 8-15　align-content 属性

8.3.3　Flex 子元素属性

弹性元素的容器主要用来控制其子元素的排列和分布，但是作为子元素也有自己的属性，可以决定自己的排列和分布，下面介绍子元素的属性。

首先，子元素可设置的CSS属性有以下6种：

- order：该属性决定子元素的排列顺序。
- flex-grow：该属性决定子元素的放大比例。
- flex-shrink：该属性决定子元素的缩小比例。
- flex-basis：该属性决定在分配多余空间之前，子元素占据的主轴空间的大小。
- flex：该属性是复合属性，由flex-grow、flex-shrink和flex-basis组成。
- align-self：该属性决定了子元素与其他子元素不一样的排列和对齐方式。

下面对这些属性的用法和效果进行详细讲解。

1. order: <integer>属性

order属性可以用来改变某一个子元素的排序位置，参数integer是一个整数，所有子元素的order属性值默认为0。当修改order值后，子元素order值越小排列越靠前，order值越大就越靠后。下面用代码来演示不同order值的效果，如示例代码8-3-8所示。

示例代码 8-3-8　order 属性的使用

```
<style type="text/css">
  .container {
    display: flex;
    float: left;
    width: 100px;            /*设置固定的宽*/
    height: 70px;            /*设置固定的高*/
    border: 1px solid #000;  /*设置边框区分容器元素*/
    margin: 3px;
    flex-direction: row;
  }
  .container > div {
    margin: 3px;             /*设置margin增加间距*/
    border: 1px dashed #000; /*设置边框区分容器元素*/
  }
  .container div:nth-of-type(1) {
    order:3;
  }
  .container div:nth-of-type(2) {
    order:1;
  }
  .container div:nth-of-type(3) {
    order:2;
  }
</style>
```

需要注意的是，如果设置了多个相同的order值，那么表现和默认值0一样，以DOM中元素的排列为准。在浏览器中运行这段代码，属性的效果如图8-16所示。

图 8-16　order 属性

2. flex-grow:<number>属性

flex-grow属性中的grow是拉伸的意思，拉伸的是子元素所占据的空间，一般在子元素没有撑满容器且容器有剩余空间的情况下进行分配。参数number默认值是0，表示不拉伸；大于0时就会发生拉伸，只支持正数，可以设置为小数（但不经常使用），大部分为整数；当所有子元素的值为1时，它们将等分剩余空间。如果一个子元素的flex-grow值为2，其他子元素的flex-grow值都为1，那么前者占据的剩余空间将比其他子元素多一倍。下面用代码来演示flex-grow属性，如示例代码8-3-9所示。

示例代码 8-3-9　flex-grow 属性的使用

```
<style type="text/css">
  .container {
    display: flex;
    float: left;
    width: 130px;            /*设置固定的宽*/
    height: 70px;            /*设置固定的高*/
    border: 1px solid #000;  /*设置边框区分容器元素*/
    margin: 3px;
```

```
        flex-direction: row;
    }
    .container > div {
        margin: 3px;                          /*设置margin增加间距*/
        border: 1px dashed #000;              /*设置边框区分容器元素*/
    }
    .container-1 div:nth-of-type(1) {
        flex-grow:1;
    }
    .container-1 div:nth-of-type(2) {
        flex-grow:1;
    }
    .container-1 div:nth-of-type(3) {
        flex-grow:2;
    }
    .container-2 div {
        flex-grow:1;
    }
</style>
```

在上面的代码中，每3个子元素为一组，flex-grow值分别为"1，1，2"布局和"1，1，1"布局。在浏览器中运行这段代码，效果如图8-17所示。可以看到"1，1，1"布局是等分了容器元素（元素编号为1，2，3，见图8-17（右边）），而"1，1，2"布局则是最后一个编号为3的子元素是前两个编号为1和2元素所占空间的2倍（见图8-17（左边））。

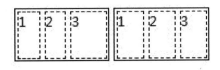

图 8-17   flex-grow 属性

3. flex-shrink: <number>属性

flex-shrink属性中的shrink是收缩的意思，正好和flex-grow属性相反，一般在子元素撑满容器并且子元素不发生换行、容器元素空间不足的情况下进行分配。

参数number默认值是1，也就是默认所有的子元素都会收缩。如果设置成0，则代表当前项不收缩。可以设置为小数（但不经常使用），如果设置成具体值，并且所有子元素的flex-shrink值之和大于1，则每个元素收缩尺寸的比例和其flex-shrink值的比例一样，值越大，收缩越多。下面用代码来演示flex-shrink属性，如示例代码8-3-10所示。

示例代码 8-3-10   flex-shrink 属性的运用

```
<style type="text/css">
    .container {
        display: flex;
        float: left;
        width: 130px;                         /*设置固定的宽*/
        height: 70px;                         /*设置固定的高*/
        border: 1px solid #000;               /*设置边框区分容器元素*/
        margin: 3px;
        flex-direction: row;
        flex-wrap: nowrap;                    /*设置不换行*/
    }
    .container > div {
        margin: 3px;                          /*设置margin增加间距*/
        border: 1px dashed #000;              /*设置边框区分容器元素*/
```

```
    width: 60px;                    /*设置宽度来使其撑满容器并换行*/
  }
  .container-1 div:nth-of-type(1) {
    flex-shrink:1;
  }
  .container-1 div:nth-of-type(2) {
    flex-shrink:1;
  }
  .container-1 div:nth-of-type(3) {
    flex-shrink:3;
  }
  .container-2 div {
    flex-shrink:1;
  }
</style>
```

在上面的代码中，每3个子元素为一组，每个子元素宽度为60px，当子元素超出容器宽度时，flex-shrink值分别为"1，1，3"布局和"1，1，1"布局。在浏览器中运行这段代码，效果如图8-18所示。可以看到"1，1，1"布局是每个子元素都进行了收缩（其实际宽度并未达到60px），而"1，1，3"布局则是最后一个编号为3的子元素收缩比例最大。

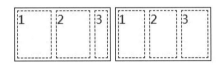

图 8-18　flex-shrink 属性

4. flex-basis:<length>|auto属性

flex-basis属性定义在分配剩余空间之前子元素占据的主轴空间的大小。浏览器根据这个属性来计算主轴是否有多余空间，它的默认值为auto，即子元素本身的大小，也可以设置具体的值，当设置了具体值时就按具体值计算空间，没有设置就按内容实际大小来处理。该属性与width、height属性有着相同的效果，都表示子元素占据空间的大小，如果同时设置这两个属性的值，就渲染表现来看，会忽略width或者height。下面用代码来演示flex-basis属性，如示例代码8-3-11所示。

示例代码 8-3-11　flex-basis 属性的运用

```
<style type="text/css">
  .container {
    display: flex;
    float: left;
    width: 130px;                   /*设置固定的宽*/
    height: 70px;                   /*设置固定的高*/
    border: 1px solid #000;         /*设置边框区容器元素*/
    margin: 3px;
    flex-direction: row;
    flex-wrap: nowrap;              /*设置不换行*/
  }
  .container > div {
    margin: 3px;                    /*设置margin增加间距*/
    border: 1px dashed #000;        /*设置边框区容器元素*/
    width: 60px;                    /*设置宽度width*/
  }
  .container-1 div:nth-of-type(1) {
    flex-basis:20px;
  }
```

```
  .container-1 div:nth-of-type(2) {
    flex-basis:30px;
  }
  .container-1 div:nth-of-type(3) {
    flex-basis:40px;
  }
  .container-2 div {
    flex-basis:30px;
    flex-grow:1;                        /*有剩余空间时，三个子元素等分容器空间*/
  }
</style>
```

在上面的代码中，对子元素同时设置了width和flex-basis，在浏览器中运行这段代码，效果如图8-19所示。从图8-19（左）中可以看出设置了flex-basis后会忽略width的设置值，例如.container-1中，每个子元素都有实际的值，这也体现出弹性元素的宽度主要由flex-basis决定；在.container-2 flex-basis结合flex-grow使用，当有剩余空间时，子元素会按比例拉伸，如图8-19（右）所示。

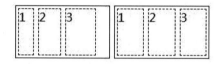

图 8-19　flex-basis 属性

5. flex:none|auto|<flex-grow> <flex-shrink> <flex-basis>属性

flex是一个复合属性，由flex-grow、flex-shrink和flex-basis组成，其中第2个参数flex-shrink和第3个参数flex-basis是可选的。属性值none相当于设置flex为"0 0 auto"，auto相当于设置flex为"1 1 auto"，默认值为"0 1 auto"。建议优先使用flex属性，而不是单独写三个分离的属性，因为浏览器会推算相关值。flex的一些常用的简写说明如下：

- flex:1相当于flex:1 1 0，相当于flex-grow:1,flex-shrink:1,flex-basis:0。
- flex:2相当于flex:2 1 0，相当于flex-grow:2,flex-shrink:1,flex-basis:0。

在复合属性flex中，最后一个值flex-basis是指定初始尺寸，当设置为0时（绝对弹性元素），相当于告诉flex-grow和flex-shrink在伸缩时不需要考虑这个初始尺寸；当设置为auto时（相对弹性元素），则需要在伸缩时将元素的尺寸纳入考虑。下面用代码来演示一下这个复合属性，如示例代码8-3-12所示。

示例代码 8-3-12　flex 属性的运用

```
<style type="text/css">
  .container {
    display: flex;
    float: left;
    width: 130px;                       /*设置固定的高*/
    height: 70px;                       /*设置固定的高*/
    border: 1px solid #000;             /*设置边框区分容器元素*/
    margin: 3px;
    flex-direction: row;
    flex-wrap: nowrap;                  /*设置不换行*/
  }
  .container > div {
    margin: 3px;                        /*设置margin增加间距*/
    border: 1px dashed #000;            /*设置边框区分容器元素*/
```

```
  }
  .container-1 div:nth-of-type(1) {
    flex:1;
  }
  .container-1 div:nth-of-type(2) {
    flex:0 1 20px;
  }
  .container-1 div:nth-of-type(3) {
    flex:1;
  }
</style>
```

在上面的代码中，编号为1和编号为3的元素设置了自动按比例拉伸，而编号为2的元素设置了禁止拉伸，并且采用了固定的宽度。在浏览器中运行这段代码，效果如图8-20所示。

无论是单独使用flex-basis还是使用复合属性flex，都不建议给子元素设置具体的指定空间大小的数值，因为这违背了弹性元素的初衷，设置了固定数值会让弹性元素变得不那么有"弹性"，所以大多数场合下只需要设置拉伸或者收缩比例，以此来达到弹性布局的效果。

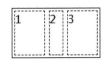

图 8-20　flex 属性

6. align-self:auto|flex-start|flex-end|center|baseline|stretch属性

align-self属性决定单个子元素在交叉轴方向的对齐和分布方式，这里的self表示单独的个体。该属性和align-items效果类似，唯一的区别就是align-self多了个auto（默认值），表示继承自容器的align-items属性值，其他属性值的含义都一模一样。下面用代码来演示一下align-self属性的具体用法，如示例代码8-3-13所示。

示例代码 8-3-13　align-self 属性的运用

```
<style type="text/css">
  .container {
    display: flex;
    float: left;
    width: 130px;                /*设置固定的宽*/
    height: 70px;                /*设置固定的高*/
    border: 1px solid #000;      /*设置边框区分容器元素*/
    box-sizing: border-box;
    flex-direction: row;
    flex-wrap: nowrap;           /*设置不换行*/
    align-items: flex-start;

  }
  .container > div {
    margin: 3px;                 /*设置margin增加间距*/
    border: 1px dashed #000;     /*设置边框区分容器元素*/
    flex: 1;
  }
  .container-1 div:nth-of-type(1) {
    align-self: flex-end;
  }
  .container-1 div:nth-of-type(3) {
    align-self: center;
  }
</style>
```

当容器元素设置了align-items，同时子元素设置了align-self时，align-self会覆盖align-items的效果，这就是前文提到的子元素可以改变父元素为其设置的布局和排列方式。在上面的代码中，父元素设置了align-items为交叉轴向顶部对齐；编号为1和编号为3的子元素各自设置了align-self，分别为底部对齐和居中对齐；编号为2的子元素没有设置align-self，则继承父元素为它设置的效果。在浏览器中运行这段代码，效果如图8-21所示。

Flex布局是实现响应式布局以及屏幕适配的利器，也是移动Web页面常用的布局方式之一，所以掌握好Flex布局是非常重要的，希望读者可以在学习理论知识的同时，跟着演示代码一起动手练习，并尝试修改和运行这些演示代码，这样可以提高学习的效率。

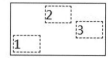

图 8-21　align-items 属性

8.4　rem 适配

rem适配方案是当下流行并且兼容性最好的移动端适配解决方案，它支持大部分的移动端系统和机型。rem实际上是一个字体单位，即font size of the root element，它是指相对于根元素的字体大小的单位，简单来说，它就是一个相对单位。看到rem，大家一定会想起em（font size of the element）单位，em是指相对于父元素的字体大小的单位。它们之间其实很相似，只不过rem依赖根元素来计算，而em则是依赖父元素来计算。

rem适配方案的原理：将px单位换成rem单位，然后根据屏幕大小动态设置根元素\<html>的font-size，那么只要根元素的font-size改变，对应的元素大小就会改变，从而达到在不同屏幕下适配的目的。

8.4.1　动态设置根元素的 font-size

使用浏览器浏览网页时，网页中的字体大小由根元素\<html>来决定，而\<html>的字体大小由浏览器来决定，浏览器默认字体大小是16px，即默认情况下1rem = 16px，但是如果采用rem的适配方案就需要动态设置\<html>的font-size。一般情况下是根据屏幕的宽度来动态设置的，即采用屏幕宽度来识别不同的机型，以达到适配不同机型的目的。具体的设置方案有两种，第一种是采用媒体查询，代码如下：

```
@media screen and (min-width:461px){
    html{
        font-size:18px;
    }
}
@media screen and (max-width:460px) and (min-width:401px){
    html{
        font-size:22px;
    }
}

@media screen and (max-width:400px){
    html{
        font-size:30px;
    }
}
```

在上面的代码中，使用screen媒体特性定义了3组屏幕的宽度区间：小于400px、大于401px且小于460px、大于461px。当屏幕宽度位于不同的区间时，则会套用对应的\<html>的font-size。

另外一种则是使用JavaScript动态设置<html>的font-size，代码如下：

```
// 获取屏幕视区的宽度
// 获取宽度最好有个兼容的方案，以便在某些情况下第一种方式获取不到，就可以选择第二种方式
let htmlWidth = document.documentElement.clientWidth || document.body.clientWidth;
//获取html
let htmlDom = document.getElementsByTagName('html')[0];
htmlDom.style.fontSize = htmlWidth / 10 + 'px';   //求出font-size
```

在上面的代码中，得到屏幕宽度后一般要除以一个系数，这里使用的系数是10，这样得到的
font-size值更加灵活，适配性更强，所以在实际应用中，大多数采用JavaScript来动态设置。如果想
要实时监听屏幕大小的变化以动态修改font-size，那么可以引入resize事件，代码如下：

```
window.addEventListener('resize',function(){
    /*设置font-size的代码*/
})
```

8.4.2　计算 rem 数值

设置完font-size之后，就可以直接利用rem单位给div或者其他元素设置宽和高的属性。但是这
里有一个问题，我们一般拿到的用户界面（UI）设计稿（也称视觉设计稿）都会提供标注，这些
标注一般会标识某个元素的尺寸值，例如按钮或图片具体大小的数值，单位是px，并且整个UI设
计稿都会基于一个具体的移动设备（例如iPhone 6s等），如图8-22所示。

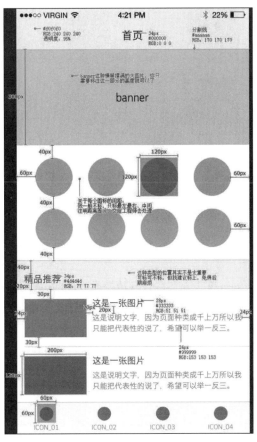

图 8-22　iPhone 6s 视觉设计稿（UI 设计稿）示例

那么，该如何将视觉设计稿上的px单位值转换成对应的rem单位值呢？这里举一个例子，一个按钮在视觉设计稿上标注的大小是宽200px、高400px，它的计算方法如下：

- 以iPhone 6s视觉设计稿为例，屏幕为375×667，单位为px（可以由Chrome浏览器上DevTools中的Device Mode得到）。
- 根据8.4.1节介绍的JavaScript方法设置的\<html>的font-size，得到值37.5px（这里37.5px被称为rem的基准值，下面的计算会用）。
- 根据1rem=37.5px，得到200px=5.3rem，400px=10.6rem。

根据上面的计算方法，就可以给按钮元素设置rem单位了，代码如下：

```
.button {
    width: 5.3rem;
    height: 10.6rem;
font-size:0.53rem;
background-color: red;
}
```

采用rem单位来给一个元素设置宽和高，那么这个元素在不同机型中显示时，由于设置的根元素\<html>的font-size不一样，rem实际显示出来的元素的大小也就不一样，启动Chrome浏览器上DevTools中的Device Mode，分别选用iPhone 6s和iPhone 6P运行一下，再比较一下效果，如图8-23所示。

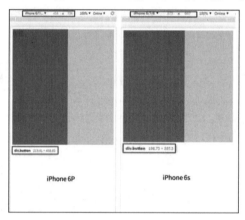

图 8-23　　rem 在不同机型上的效果

从图8-23中可以看出，同一个按钮在不同机型上呈现出的大小是不一样的，这就是rem带来的适配效果。

当然，rem适配必须针对rem基准值来将px值转换成对应的rem值，这个计算是很烦琐的，但是可以把这个工作交给Sass[①]来完成，例如可以在Sass代码中定义一个公式，代码如下：

```
@function px2rem($px){
    $rem: 37.5;
    @return ($px/$rem) + rem;// $px表示变量，+号表示拼接，rem为字符串，相当于'rem'
}
.button {
```

---

① Sass（Syntactically Awesome Stylesheets）是一个最初由Hampton Catlin设计并由Natalic Wcizcnbaum开发的CSS预处理器，采用类CSS语法并在最后解析成CSS的脚本语言。

```
    width: px2rem(200);
    height: px2rem(400);
    font-size: px2rem(20);
    background-color: red;
}
```

当然，上面的代码已经不是一个标准的CSS代码了，而是一个Sass语言的CSS代码，不过没有学过Sass也没有关系，我们只会用到很少一部分Sass知识。

在上面的代码中，定义了一个方法，方法名为px2rem，这个方法接收一个参数——就是要转换的px值，然后根据rem基准值来计算。在给元素设置宽和高时，调用这个方法，即px2rem(200)，将需要转换的px值作为参数传递进去，这样经过编译后，最终得到的就是rem单位的值，即width: px2rem(200)转换成了width:5.3rem。

总结一下，使用rem适配方案需要注意以下几点：

- 首先需要有一段JavaScript脚本来动态设置根元素\<html\>的font-size，这段脚本一般放置在\<head\>标签中，越早设置font-size，适配越早生效。
- 一旦页面使用了rem适配，那么除特殊情况外（例如CSS Sprite定位background-position时），页面中凡是以px为单位的元素都应该改为rem单位，这样才能做到整体适配。
- 对于宽度比高度大很多的机型，例如横屏下的iPad以及一些手写笔记本电脑，并不适合采用rem方案，因为宽度较大会导致\<html\>的font-size设置不准确。另外，就是一些看小说的移动设备，它们的屏幕很小，如果用了rem单位，就会导致文字很小，看文章的时候特别费眼。

8.5　vw 适配

vw其实也是一个CSS单位，类似的还有vh、vmin和vmax，这些单位伴随着CSS 3出现，不过当时移动Web的浪潮已经来临，并且rem出现得要早一些，所以很多开发人员对这些后出现的单位并不熟悉。

与rem适配方案相比，vw适配方案不需要使用JavaScript脚本来提前设置font-size。vw适配方案完全基于CSS自身，这也是相对于rem适配方案的优势所在。对于横屏和竖屏切换较为频繁的页面，采用vmin单位会更加灵活。下面先来了解一下vw、vh、vmin和vmax这几个单位，它们的含义分别如下：

- vw：1vw等于视区宽度的1%。
- vh：1vh等于视区高度的1%。
- vmin：选取vw和vh中最小的那个值，1vmin等于视区宽度的1%和视区高度的1%中最小的那个值。
- vmax：选取vw和vh中最大的那个值，1vmax等于视区宽度的1%和视区高度的1%中最大的那个值。

从上面的解释可知，vw和vh这些单位也并不是一个固定的值，而是根据视区宽度或者视区高度而定。对于视区，8.1节已经讲解过，可以通过\<meta\>标签来设置视区：

```
<meta name="viewport" content="width=device-width">
```

这条语句中设置的宽度就是视区宽度，并且可以通过JavaScript中的document.documentElement.

clientWidth或者document.body.clientWidth来获取这个值，和前面讲解rem适配方案时获取屏幕宽度的用法是一样的。

有些读者会遇到用window.innerWidth或者window.screen.width来获取屏幕的宽度或者视区的宽度的情况，这种方法获取到的一般是设备的物理宽度，例如真实的分辨率或者物理像素值，这种物理宽度和视区宽度不一定相等。当用<meta>标签设置视区时，如果width=!device-width，这种情况下就是不相等的，所以大家在使用时需要注意。

对于vw适配方案，同样需要计算vw值。我们还是以iPhone 6s的用户界面（UI）设计稿为例进行计算，一个按钮在视觉设计稿上标注的大小是宽200px、高400px，计算如下：

- 以iPhone 6s视觉设计稿来说，屏幕大小为375×667，单位是px（可以使用Chrome浏览器中DevTools工具内的Device Mode得到这个值）。
- 根据1vw等于视区宽度的1%，即1vw等于3.75px，得到200px=53vw，400px=106vw（这里取整）。

根据上面的计算方法，就可以给按钮元素设置vw单位了，代码如下：

```
.button {
    width: 53vw;
    height: 106vw;
    background-color: red;
}
```

和计算rem值同理，也可以使用Sass来声明一个方法，进行px到vw的转换，代码如下：

```
@function px2vw($px) {
    $vw: 3.75;
    @return ($px/$vw)+vw;  // $px表示变量，+号表示拼接，vw为字符串相当于'vw'
}
.button {
    width: px2vw(53);
    height: px2vw(106);
    background-color: red;
}
```

无论是转换成rem值还是转换成vw值，在后续的实战项目中，都可以通过另一种方式来进行转换，例如构建的方式，在代码中只需要写px值，然后配置一些插件和工具就能在项目中生成转换好的代码，这就是前端工程化带来的便利。

8.6　rem 适配和 vw 适配兼容性

根据前面对两种适配方案的讲解可知，vw适配方案要优于rem适配方案，但是vw没有rem流行就在于它的兼容性问题，从caniuse[①]网站中可以查询到rem适配方案的兼容性，如图8-24所示，vw适配方案的兼容性如图8-25所示。

---

① caniuse是一个当下流行的前端技术兼容性查询网站。

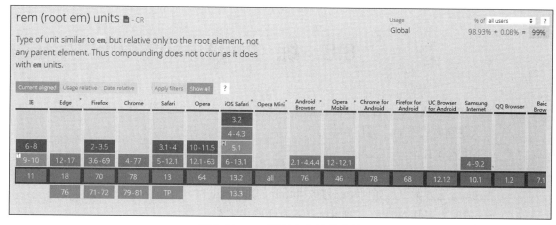

图 8-24 rem 适配方案的兼容性

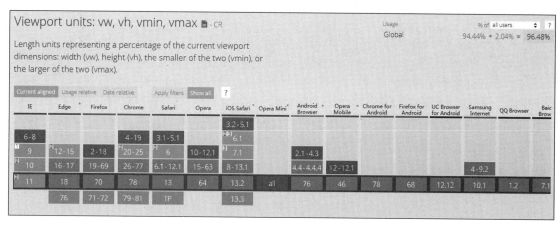

图 8-25 vw 适配方案的兼容性

rem适配方案在主流浏览器中的整体支持度为98.93%，而vw适配方案在主流浏览器中的整体支持度94.44%，并且Android 4.4之前的机型不支持vw。因此大家在选取适配方案时，要根据自己业务的应用范围和场合来选择合适的方案，避免出现兼容性问题。

8.7 小 结

本章讲解了移动Web的适配问题，内容包括：移动端视区、物理像素和CSS像素的概念，响应式布局和媒体查询（Media Query），Flex布局的用法，rem适配方案和vw适配方案。

本章中的所有知识点都围绕着适配来讲解，这些知识点并不是相互独立的，实现移动Web适配可以同时结合多个方案来进行，例如可以将媒体查询、Flex布局，以及rem适配方案结合起来应用在页面中，达到比较完善的适配。

8.8 练　习

（1）解释物理像素、CSS像素以及设备像素比的含义。

（2）什么是响应式布局，有什么特点？

（3）CSS中媒体查询的语法是什么？

（4）在Flex布局中，属性align-content和align-items的区别是什么？

（5）在rem适配方案中，如何动态修改<html>的font-size？

（6）rem适配方案和vw适配方案相比，各有哪些优劣？

第 9 章

移动 Web 单击事件

单击事件是所有前端页面中最常用的交互行为之一,在传统的PC端大部分是使用click事件来实现用户单击交互的程序逻辑,而在移动Web端新增了touch事件来实现移动端更加敏感和复杂的触摸交互行为。本章就移动端touch事件的使用以及它与PC端的click事件的区别来进行深入探讨。

9.1　touch 事件

在传统的PC端,用户的单击操作主要是由鼠标的左键或者右键来产生,它主要是指鼠标的按钮被按下并且在很短的时间内(一般小于300ms)又被释放开,这就被称为单击操作(或称为一次点击操作)。

而对于移动Web端,同样也是如此,当手指触摸到屏幕时开始计算时间,并且在300ms内离开屏幕,这段时间手指不能移动,这就是移动Web端的单击事件,手指触摸就被称为touch。

9.1.1　touch 事件分类

移动Web端的touch事件主要由屏幕和触摸点组成,其中屏幕可以是手机、平板电脑或者触摸板,而触摸点可以通过手指、胳膊肘或触摸笔,甚至是耳朵、鼻子产生,但一般是通过手指产生。根据touch触摸的类型可分为以下4种事件:

- touchstart:当手指与屏幕接触时触发。
- touchmove:当手指在屏幕上滑动时连续地触发。
- touchend:当手指从屏幕上离开时触发。
- touchcancel:当touch事件被迫终止时触发,例如电话接入或者弹出信息时触发,或者当触摸点太多,超过了支持的上限(自动取消早先的触摸点)时触发,一般不常用。

相比PC端,以上4种事件将用户的touch行为划分得更细,并且通过这些细化的事件可以实现移动Web端独有的用户交互行为,例如拖动(swipe)、长按(longtap)、双指缩放(pinch)等。

其中的touchstart、touchmove和touchend是最常用的3个事件,touchstart最先触发,touchend结束时触发,而touchmove是否触发取决于手指是否在触摸屏上移动。下面用代码来感受一下这3种事件的触发顺序,如示例代码9-1-1所示。

示例代码 9-1-1   touch 事件的运用

```html
<!DOCTYPE html>
<html lang="zh-CN">
<head>
  <meta charset="UTF-8">
  <meta name="viewport" content="width=device-width, initial-scale=1.0,
      maximum-scale=1.0, user-scalable=no" />
  <title>touch事件</title>
  <script type="text/javascript">
  document.addEventListener("touchstart",function () {
      console.log("开始触摸");
  });

  document.addEventListener("touchmove",function () {
      console.log("移动手指");
  });

  document.addEventListener("touchend",function () {
      console.log("结束触摸")
    });
  </script>
</head>
<body>
</body>
</html>
```

在浏览器中运行这段代码，同时注意要启用Chrome中DevTools工具中的Device Mode功能，并使用鼠标模拟手指在屏幕上触发触摸事件，随后就会在Console控制台看到打印出的对应日志，从中可以看到一个简单的触摸操作是如何完成的。

9.1.2   touch 事件对象

对于touch事件，每一次触发都可以得到一个事件对象，在JavaScript中这个对象叫作TouchEvent，利用TouchEvent可以获取touch事件触发时的坐标、元素以及到底有几个手指触发等。下面就来了解一下TouchEvent事件对象。

可以在Console控制台打印出当前触发touch时的TouchEvent对象，代码如下：

```javascript
document.addEventListener("touchstart",function (e) {
    console.log(e);
});
```

打印的内容如图9-1所示。

在图9-1中的TouchEvent的属性中，经常使用的就是touches、targetTouches和changedTouches，它们的含义分别如下：

- touches：当前页面（屏幕）上所有的触摸点。
- targetTouches：当前绑定事件的元素上的触摸点。
- changedTouches：当前屏幕上刚刚接触的手指或者离开的手指的触摸点。

这3个属性返回的是TouchList对象，代表的是一个touch的集合数组，也就是说每一次touch触发都会兼顾到多指触摸的场景，下面就分别以单指触摸的场景和多指触摸的场景来讲解这3个属性的区别。

```
TouchEvent {isTrusted: true, touches: TouchList, targetTouches: TouchList, change
ches: TouchList, altKey: false, …}
    altKey: false
    bubbles: true
    cancelBubble: false
    cancelable: true
  ▶ changedTouches: TouchList {0: Touch, length: 1}
    composed: true
    ctrlKey: false
    currentTarget: null
    defaultPrevented: false
    detail: 0
    eventPhase: 0
    isTrusted: true
    metaKey: false
  ▶ path: (5) [div, body, html, document, Window]
    returnValue: true
    shiftKey: false
  ▶ sourceCapabilities: InputDeviceCapabilities {firesTouchEvents: true}
  ▶ srcElement: div
  ▶ target: div
  ▶ targetTouches: TouchList {0: Touch, length: 1}
    timeStamp: 4285.624999996799
  ▶ touches: TouchList {0: Touch, length: 1}
    type: "touchstart"
  ▶ view: Window {parent: Window, postMessage: f, blur: f, focus: f, close: f, …}
    which: 0
  ▶ __proto__: TouchEvent
```

图 9-1　TouchEvent 对象

首先是单指触摸的场景，我们来模拟用户一个手指触摸，如图9-2所示。

在图9-2中，外层的线框代表页面，里面的一个<div>元素绑定了touch事件，1号手指触摸了该<div>元素，这时touches、targetTouches以及changedTouches里面的触摸点都是指1号手指这个触摸点。

对于多指触摸的场景，条件是手指触摸屏幕之后暂不离开，如图9-3所示。

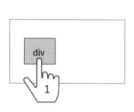

图 9-2　单指触摸

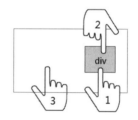

图 9-3　多指触摸

在图9-3中，外层的线框代表页面，里面的一个<div>元素绑定了touch事件，首先1号手指触摸了该<div>元素，然后2号手指触摸了该<div>元素，最后3号手指触摸了div外面的区域，这时touches涵盖的触摸点的集合数组包括1号、2号、3号手指，而targetTouches涵盖的触摸点的集合数组包括1号和2号手指，而changedTouches涵盖的触摸点的集合数组包括2号和3号手指。当手指都离开屏幕之后，touches和targetTouches中将不会再有值，changedTouches还会有一个值，此值为最后一个离开屏幕的手指的接触点。这就是touches、targetTouches和changedTouches这3个属性在单指触摸的场景和多指触摸的场景下的区别，总结如下：

- 单指触摸的场景：

    ▪ touches：1号手指。

    ▪ targetTouches：1号手指。

    ▪ changedTouches：1号手指。

- 多指触摸的场景：

  - touches：1，2，3 号手指。
  - targetTouches：1，2 号手指。
  - changedTouches：2，3 号手指。

这3个属性值在单指触摸的场景中并无区别，主要区别在于多指触摸的场景，所以在使用时可以根据具体的程序逻辑来选择合适的属性。

对于涵盖触摸点的集合数组TouchList而言，里面每个元素都是一个touch对象，通过这个对象可以获取当前触摸的位置，如图9-4所示。其中，主要用到了offsetX/Y、pageX/Y和clientX/Y这3个属性，它们的含义分别如下：

```
▼touches: TouchList
  ▼0: Touch
     clientX: 146
     clientY: 220
     force: 1
     identifier: 0
     pageX: 146
     pageY: 220
     radiusX: 23
     radiusY: 23
     rotationAngle: 0
     screenX: 122
     screenY: 248
  ▶ target: html
  ▶ __proto__: Touch
  length: 1
▶ __proto__: TouchList
type: "touchstart"
```

图 9-4　TouchList 对象

- offsetX/Y：触摸位置相当于事件源元素的位置坐标，以当前<div>元素盒子模型的内容区域的左上角为原点。
- pageX/Y：触摸位置相当于整个页面内容区域的位置坐标，当页面过长时，包括滚动隐藏的部分内容，以页面完整内容区域的左上角为原点。
- clientX/Y：触摸位置相当于浏览器视区（屏幕）区域的位置坐标，以相对于页面的可见部分内容区域的左上角为原点。

具体的位置和距离可以参考图9-5，外层表示页面的所有内容，中间框表示浏览器的视区，其中有一个<div>元素绑定了touch事件，黑点表示触摸点的位置。

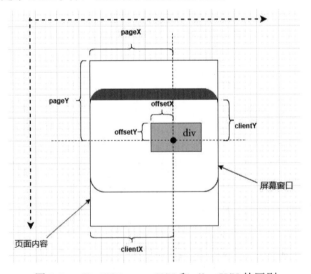

图 9-5　offsetX/Y、pageX/Y 和 clientX/Y 的区别

9.2　移动 Web 端单击事件

在了解了touch事件之后，我们知道移动Web端的单击事件完全可以由touchstart、touchmove和

touchend来组合实现,移动Web端同时也提供了原生的click事件,它和传统的PC端的click事件一样,在用户完成一次完整的手指单击屏幕之后触发。在移动Web端使用click绑定单击事件,代码如下:

```
document.addEventListener("click",function (e) {
    console.log(e);
});
```

一切看似都很顺利,在需要单击时就使用click事件,在需要touch(拖动、长按等)时就使用touch对应的事件,但是对于移动Web端而言,iOS系统和Android系统采用click实现单击事件却有着不同的表现。

9.2.1　iOS 单击延迟

这要追溯至2007年年初,苹果公司在发布首款iPhone前遇到了一个问题:当时的网站都是为大屏幕设备所设计的,于是提出了视区的概念,其中一项即是用户在浏览网页时,可以在页面的任何地方通过双击操作将页面放大(Double Tap to Zoom),这个交互功能提升了用户浏览网页时的体验,于是Android和iOS的移动端浏览器纷纷支持了这个功能,但是对于双击这个操作而言,其实是包括了两次单击操作,当第一次单击完成后,系统需要一段时间来监听是否有第二次单击,如果有则表明此次操作是一个双击操作,而这段时间间隔大概有300毫秒。因此,哪怕是只想要单击事件,也都会经过双击放大判断逻辑,导致要等到300毫秒之后才能收到单击事件程序逻辑的反馈,这就是300毫秒的单击延迟问题。

对于Android系统的浏览器而言,可以通过给视区设置user-scalable=no来禁止用户进行缩放,随后就可以正常地使用原生的click事件而没有延迟;对于iOS系统而言,浏览器对user-scalable支持度存在Bug(漏洞),导致无法通过简单的设置来达到正常使用原生click事件的目的。代码如下:

```
<meta name="viewport" content=" initial-scale=1.0, maximum-scale=1.0, user-scalable=no" />
```

所以,在iOS移动端如果想要实现真正的单击事件而没有300毫秒延迟问题,就不能采用原生的click事件,可以通过touch(touchstart、touchmove和touchend)事件来模拟一次单击操作。好在当前业界已有比较流行的方案,例如Zepto.js[①]中的tap事件和FastClick.js库可用来解决这个问题,在这里主要介绍一下FastClick.js库。

FastClick.js是FT Labs[②]团队结合touch事件专门为解决移动端浏览器的300毫秒单击延迟问题所开发的一个轻量级的库。正常情况下,在移动Web端,当用户单击屏幕时,会依次触发touchstart、touchmove(0 次或多次)、touchend、click(原生)这些事件。touchmove事件只有当手指在屏幕上移动时才会触发。touchstart、touchmove或者touchend事件中的任意一个调用event.preventDefault()方法,都会直接阻止原生click事件的触发。

FastClick的实现原理是在检测到touchend事件触发时,阻止浏览器在300毫秒之后原生的click事件,然后通过DOM自定义事件立即发出一个模拟的click事件,这样就消除了300毫秒的延迟,提供了一个快速响应的"单击"事件。示例代码9-2-1演示了FastClick的使用。

---

① Zepto.js是一个轻量级的针对现代高级浏览器的JavaScript库,它与jQuery有着类似的API,常用于移动Web端的开发。
② FT Labs是英国《金融时报》的一个小的开发团队,致力于解决各种疑难、细小的软件问题。

示例代码 9-2-1　　FastClick 的使用

```html
<!DOCTYPE html>
<html lang="zh-CN">
<head>
  <meta charset="UTF-8">
  <meta name="viewport" content="width=device-width, initial-scale=1.0,
      maximum-scale=1.0, user-scalable=no" />
  <title>FastClick.js</title>
  <script type="text/javascript" src="./fastclick.js"></script>
</head>
<body>
  <button id="click">点我</button>
  <script type="text/javascript">
    // 页面加载完成后，使用FastClick，一般传递最外层的body元素即可
    document.addEventListener('DOMContentLoaded', function(){
        FastClick.attach(document.body);// 在实际的项目中，需判断在iOS移动端才需要此程序逻辑
    }, false);
    document.getElementById("click").addEventListener("click",function(){
        alert("单击触发！");
    },false)
  </script>
</body>
</html>
```

需要注意的是，在不修改<meta>标签中的user-scalable属性的情况下，300毫秒单击延迟的问题只会出现在iOS系统的浏览器中，并且解决方案只需要针对iOS端。上文也提到了这个问题的产生是由于iOS系统的浏览器对user-scalable的支持度存在Bug，之后苹果公司也意识到了这个问题的严重性，于是在iOS 9.3版本时提供了一个基于新的内核WKWebView的浏览器，并将它应用在Safari浏览器上，由此解决了这个问题（存在300毫秒单击延迟问题的浏览器是UIWebView，这个内核已经不再维护了），并且后续使用iOS 9.3版本系统的浏览器在访问页面时，会默认使用WKWebView浏览器。至此，移动Web端的300毫秒单击延迟问题得到了彻底的改善。

9.2.2　"单击穿透"问题

在移动Web端，有一个很常见的应用场景，单击一个按钮会出现一个蒙层，此蒙层是全屏遮盖，并且有最高层级；当单击蒙层时，蒙层消失。此场景和交互操作看似并没有什么问题，但是假如页面中有一个绑定了单击事件的<div>元素被蒙层遮盖，而单击关闭蒙层时的位置刚好和该<div>元素重合，那么蒙层关闭后会同时触发该<div>元素的单击事件，对于用户来说，这个操作并不是要单击该<div>元素，这就是所谓的"单击穿透"问题，如图9-6所示。

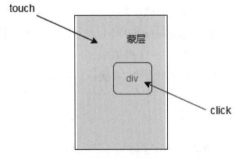

图9-6　"单击穿透"问题

在图9-6中，出现"单击穿透"问题需要有个条件，即蒙层是通过绑定的touch事件来实现隐藏的，而遮盖的\<div\>元素绑定的是原生click事件，这样就形成了touch事件触发之后，蒙层隐藏了，300毫秒后当前这个触摸点的click事件又触发了，就此形成"单击穿透"。

移动Web端的"单击穿透"问题出现的原因其实和300毫秒单击延迟问题脱不了关系，但是"单击穿透"出现的场景比较单一，并且也比较好解决。

解决"单击穿透"问题可以从问题出现的原因上来着手，主要有以下两种解决方案：

- 不要同时混用touch事件和click事件，要么同时给蒙层和\<div\>元素绑定touch事件，要么同时绑定click事件，在iOS 9.3版本之后，只绑定click事件即可，此方案体验最好。
- 延迟蒙层消失的时间，例如在touch事件触发后，在350毫秒后再让蒙层消失，这样后面的\<div\>元素就不会触发click事件了，此方案会导致蒙层消失的响应变慢，体验较差，并且有时会触发两次消失逻辑，故不推荐使用。

无论是300毫秒单击延迟问题，还是"单击穿透"问题，这些都是移动Web端特有的问题，也在一定程度上反映出移动Web端环境的复杂性。需要注意支持度和兼容性问题的地方很多，所以大家在进行移动Web端开发时，要有意识地去关注这些问题。

9.3　小　　结

本章讲解了移动Web端单击事件的相关知识，主要包括touch事件的含义和使用，以及移动Web端独有的"单击延迟"问题和"单击穿透"问题产生的原因与解决方案。本章中所讲解的知识具有较强的实践性，在实际项目中会经常遇到，因此掌握好这部分内容是非常必要的。

9.4　练　　习

（1）touch事件对象中，touches、targetTouches以及changedTouches的区别是什么？

（2）解决移动Web端的"单击延迟"问题的方案是什么？

（3）解决移动Web端的"单击穿透"问题的方案是什么？

第 10 章

Vue.js 基础

本章将讲解Vue.js的基础语法，从零开始介绍Vue.js的基础知识。在学习本章内容时，请确保已经掌握了ES 6基础语法。下面让我们一起走进Vue.js的世界。

10.1 Vue.js 实例和组件

在使用Vue开发的每个Web应用中，大多数是一个单页应用（Single Page Application，SPA），就是只有一个Web页面的应用，它加载单个HTML页面，并在用户与应用程序交互时动态地更新该页面的DOM内容。下面只讨论单页应用的场合。

每一个单页Vue应用都需要从一个Vue实例开始。每一个Vue应用都由若干个Vue实例或组件组成。

10.1.1 创建 Vue.js 实例

首先新建index.html，并通过<script>的方式来导入Vue.js，然后创建一个Vue实例，如示例代码10-1-1所示。

示例代码 10-1-1 创建 Vue.js 实例

```html
<!DOCTYPE html>
<html lang="en">
<head>
  <meta charset="utf-8">
  <meta name="viewport" content="width=device-width, initial-scale=1.0,
      maximum-scale=1.0, user-scalable=no" />
  <title>Vue实例</title>
  <script src="https://unpkg.com/vue@3.2.28/dist/vue.global.js"></script>
</head>
<body>
  <div id="app">
    {{msg}}
  </div>

  <script type="text/javascript">
    const app = Vue.createApp({
        data(){
        return {
          msg: "hello world",
        }
```

```
    }
  })
  app.mount('#app')
</script>

</body>

</html>
```

通过createApp方法可以创建一个Vue实例，一个Vue实例若想和页面上的DOM渲染进行挂载，就需要调用mount方法，通过参数传递id选择器，挂载之后这个id选择器对应的DOM会被Vue实例接管，当然也可以用class选择器。注意，如果是通过class选择器找到多个DOM元素，那么只会选取第一个。

data属性表示数据，用于接收一个对象。也就是说，如果Vue实例需要操作页面DOM里的数据，就可以通过data来控制，需要在HTML代码中写差值表达式{{}}，然后获取data中的数据（如{{msg}}会显示成"hello world"），接着在Vue实例中通过this.xxx使用data中定义的值。注意在Vue 3中，data需要是一个函数（function），并返回对象。在浏览器中打开index.html，效果如图10-1所示。

图 10-1　Vue.js 实例，显示出"hello world"

createApp方法传递的参数是根组件（也可以叫作根实例）的配置，返回的对象叫作Vue应用实例，当应用实例调用mount方法后返回的对象叫作根组件实例，一个Vue应用由若干个实例组成，准确地说是由一个根实例和若干个子实例（也叫子组件）组成。如果把一个Vue应用看作一棵大树，那么称根节点为Vue根实例，子节点为Vue子组件。当然，一个Vue实例还有很多其他的属性和方法，在后续章节中会讲到。

10.1.2　用 component()方法创建组件

Vue中每个组件都可以定义自己的名字。下面就新建一个自定义组件，将它放在Vue根实例中使用，可使用10.1.1节返回的Vue实例app调用component()方法新建一个组件，如示例代码10-1-2所示。

示例代码 10-1-2　app.component()注册组件

```
const app = Vue.createApp({})
// 定义一个名为 button-component 的新组件
app.component('button-component', {
  data() {
    return {
      str: 'btn'
    }
  },
  template: '<button>I am a {{str}}</button>'
```

```
})
app.mount('#app')
```

app.component()方法的第一个参数是标识这个组件的名字，名字为button-component；第二个参数是一个对象，这里的data必须是一个函数，这个函数返回一个对象。template定义了一个模板，表示这个组件将会使用这部分HTML代码作为其内容。下面我们来看刚刚定义的button-component组件的使用，如示例代码10-1-3所示。

示例代码 10-1-3　button-component 组件的使用

```
<div id="app">
    <button-component></button-component>
    {{msg}}
</div>
```

<button-component>表示用了一个自定义标签来使用组件,其内容保持和组件名一样,这是Vue中特有的使用组件的写法。

此外，也可以多次使用<button-component>组件，以达到简单的组件复用的效果，如示例代码10-1-4所示。

示例代码 10-1-4　组件复用

```
<div id="app">
    <button-component></button-component>
    <button-component></button-component>
    {{msg}}
</div>
```

再次运行index.html，效果如图10-2所示。

图 10-2　组件的复用

10.1.3　Vue 组件、根组件、实例的区别

在一般情况下，我们使用createApp创建的叫作应用（根）实例，然后调用mount方法得到的叫作根组件，而使用app.component()方法创建的叫作子组件。组件也可以叫作组件实例，概念上它们的区别并不大。一个Vue应用由一个根组件和多个子组件组成，它们之间的关系和区别如下：

- 根组件也是组件，只是根组件由应用实例挂载之后得到，可以看作一个实例化的过程。
- 创建子组件需要指定组件的名称，第二个对象参数和创建根组件时基本一致。
- 子组件是可复用的。一个组件被创建好之后，就可以被用在任何地方，所以子组件的data属性需要一个函数，以保证组件无论被复用多少次，组件中的data数据都是相互隔离、互不影响的。

在一般情况下，Vue中的组件是相互嵌套的，每个组件可以引用多个其他组件，而其他组件又可以引用另外一些组件，但是它们有一个共同的根组件，这就是组件树。

10.1.4　全局组件和局部组件

在Vue中，组件又可以分为全局组件和局部组件。之前在代码中直接使用app.component()创建的组件为全局组件，全局组件无须特意指定挂载到哪个实例上，可以在需要时直接应用在组件中，但需要注意的是，全局组件必须在根应用实例挂载前定义，否则将无法被使用该根组件的应用找到，就像在10.1.2节的代码中，全局组件写在app.mount('#app')之前，否则无法找到这个组件。

全局组件可以在任意的Vue组件中使用，也就意味着只要注册了全局组件，那么无论它是否被引用，在整个代码逻辑中都可见。局部组件则表示指定它被某个组件所引用，或者说局部组件只在当前注册的这个组件中使用。局部组件的创建如示例代码10-1-5所示。

示例代码 10-1-5　局部组件的创建

```
// 局部组件
<div id="app">
    {{msg}}
    <inner-component></inner-component>
</div>
  const app = Vue.createApp({
    data(){
      return {
        msg: "hello inner"
      }
    },
    components: {  // 可设置多个
      'inner-component': {
        template: '<h2>inner component</h2>'
      }
    }
}).mount('#app')
```

上面的代码中，inner-component是一个局部组件，它只有一个简单的template属性，在使用者的组件中可以通过components将局部组件挂载进去，注意这里是components（复数）而不是component，因为可能有多个局部组件。这个局部组件只能被当前app的根组件使用。为了组件复用的效果，也可以将组件单独抽离出来，如示例代码10-1-6所示。

示例代码 10-1-6　把局部组件单独抽离出来

```
const myComponenta = {
    template: '<h2>{{str}}</h2>',
    data(){
      return {
        str: 'inner a'
      }
    }
}
const app = Vue.createApp({
    components:{
      'my-component-a': myComponenta
    }
})

app.component('button-component', {
  data() {
    return {
      str: 'btn'
    }
```

```
    },
    components:{
        'my-component-a': myComponenta
    },
    template:'<my-component-a></my-component-a>'
})
app.mount('#app')
```

在上面的代码中定义了局部组件的配置项myComponenta，然后在根组件app和全局组件
<button-component>中分别复用使用了配置项myComponenta的局部组件<my-component-a>。

10.1.5　组件方法和事件的交互操作

在Vue中可以使用methods为每个组件添加方法，然后通过this.xxx()来调用。下面通过一个单
击事件的交互操作来演示如何使用methods，如示例代码10-1-7所示。

示例代码 10-1-7　组件方法 methods 的使用

```
<div id="app">
  <h2 @click="clickCallback">{{msg}}</h2>
</div>

Vue.createApp({
    data(){
        return {msg: "hello inner"}
    },
    methods:{
      clickCallback(){
        alert("click")
      }
    }
})
```

在组件或者实例中，methods接收一个对象，对象内部可以设置方法，并且可以设置多个。在
上面的代码段中，clickCallback是方法名。

在模板中通过设置@click="clickCallback"表示为<h2>绑定了一个click事件，回调方法是
clickCallback，当单击发生时，会自动从methods中寻找clickCallback方法，并且触发它。

同理，可以设置另一个方法，同时在clickCallback中使用this.xxx()去调用，如示例代码10-1-8
所示。

示例代码 10-1-8　调用 methods 中的方法

```
Vue.createApp({
    data() {
        return {msg: "hello inner"}
    },
    methods:{
      clickCallback(){
        alert("click")
        this.foo()
      },
      foo(){
        alert("foo")
      }
    }
}).mount("#app")
```

在了解了组件方法methods的用法之后，下面借助methods通过一个计数器的例子来演示Vue中的事件和DOM交互操作的用法，如示例代码10-1-9所示。

示例代码 10-1-9　DOM 交互操作

```
<div id="counter">
  <my-component></my-component>
</div>

const myComponent = {
    template: '<h2 @click="clickCallback">点击{{num}}</h2>',
    data(){
        return {
          num: 0
        }
    },
    methods: {
      clickCallback(){
        this.num++
      }
    }
}
Vue.createApp({
    components:{
      myComponent: myComponent
    }
}).mount('#counter')
```

在这段代码中使用了局部组件进行演示，当单击<h2>时会触发clickCallback回调方法，在回调方法内对当前data中的num值进行加1自增，num通过插值表达式{{num}}在页面中显示出来。我们会发现，每单击一次，页面上的num就增加1，这就是Vue中响应式的体现，即当一个对象变化时，能够被实时检测到，并且实时修改结果。只有有了响应式，才能有双向绑定，这也是Vue中双向绑定时Model影响DOM的具体体现。在后续的章节中会讲解DOM影响Model的情况。

本小节讲解了Vue中基本的组件用法，使用了createApp、data、template、methods等属性和方法，这些基础内容对我们后续的学习有很大帮助，当然使用插值表达式{{msg}}、指令@click、生命周期等相关的用法还有很多，后面会进行深入且详细的讲解。

10.1.6　单文件组件

Vue.js的组件化是指每个组件控制一块用户界面的显示和用户的交互操作，每个组件都有自己的职能，代码在自己的模块内互不影响，这是使用Vue.js的一大优势。

在一个有很多组件的项目中，如果想要达到组件复用，就可能需要使用app.component()来定义多个全局组件，或者定义多个局部组件，然后在组件中互相调用它们，但是前提是所有组件定义和引用的代码都必须在一个上下文对象中，或者说是写在一个JavaScript文件中。这样做会使得代码的维护效率很低，不符合前端工程化的思想。这样的写法有以下几点不足：

- 全局定义（Global definitions）：强制要求每个component中的命名不得重复。
- 字符串模板（String templates）：缺乏语法高亮显示功能，当HTML有多行时需要用到"\"或者"+"来拼接字符串。
- 不支持CSS（No CSS support）：意味着当HTML和JavaScript组件化时，CSS只能写在一个文件里，没法突出组件化的优点。

- 没有构建步骤（No build step）：在当前比较流行的前端工程化中，如果一个项目没有构建步骤，那么开发起来将会变得异常麻烦，简单地使用app.component()来定义组件是无法集成构建功能的。

文件扩展名为.vue的单文件组件（Single File Components，SFC）为以上所有问题提供了解决方法，并且还可以使用Webpack或Rollup等模块打包工具。该特性带来的好处是，对于项目所需要的众多组件进行文件化管理，再经过压缩工具和基本的封装工具处理之后，最终得到的可能只有一个文件，这极大地减少了对网络请求多个文件带来的文件缓存或延时问题。

一个单文件组件index.vue的例子如示例代码10-1-10所示。

示例代码 10-1-10　单文件组件的使用

```
<template>
  <div class="box">
    {{msg}}
  </div>
</template>

<script>
module.exports = {
  name: 'single',
  data () {
    return {
      msg: 'Single File Components'
    }
  }
}
</script>

<style scoped>
  .box {
    color: #000;
  }
</style>
```

在上面的代码中，组件的模板代码被抽离到一起，使用<template>标签包裹；组件的脚本代码被抽离到一起，使用<script>标签包裹；组件的样式代码被抽离到一起，使用<style>标签包裹。这使得组件UI样式和交互操作的代码可以写在一个文件内，方便了维护和管理。

当然，这个文件是无法被浏览器直接解析的，因而需要通过构建步骤把这些文件编译并打包成浏览器可以识别的JavaScript和CSS，例如使用Webpack的vue-loader。<template>中的代码会被解析成Vue的render方法中的虚拟DOM对应的JavaScript代码；<script>中的代码会被解析成Vue组件的配置对应的JavaScript代码，<style>中的内容会被单独抽离出来，在组件加载时插入HTML页面中。

当然，对于<style>标签，可以配置一些属性来提供比较实用的功能：scoped属性表示当前<style>中的样式代码只会对当前的单文件组件生效，这样即使多个单文件组件被打包到一起，也不会互相影响。同时，<style>标签也提供了lang属性，可以用来启用scss或less，代码如下：

```
<style scoped lang='less'>
</style>

<style scoped lang='scss'>
</style>
```

当<style>标签启用了scoped后，如果想要在样式代码中写一些样式来影响非当前组件所产生的DOM元素，那么可以采用深度选择器:deep()，代码如下：

```
// 局部组件<aButton>
const aButton = {
    template: '<div class="a-button"></div>',
}

<template>
  <div class="content">
    <aButton />
  <a-button>
</template>

<script>
module.exports = {
  name: 'single',
  components:{
    aButton:aButton
  }
}
</script>

<style scoped>
.content :deep(.a-button) {
  /* ... */
}
</style>
```

上面的代码中，.a-button这个class的样式可以通过父组件single中的<style>来设置。

<script>标签可以标识当前使用的语言引擎，以便进行预处理，最常见的就是在<script>中使用lang属性来声明TypeScript，代码如下：

```
<script lang="ts">
  // 使用 TypeScript
</script>
```

如果想将*.vue组件拆分为多个文件，<template>、<style>和<script>都可以使用src属性来引入外部的文件作为语言块，代码如下：

```
<template src="./template.html"></template>
<style src="./style.css"></style>
<script src="./script.js"></script>
```

注意，使用src引入时所需遵循的路径解析规则与构建工具（例如Webpack模块）的一致，即：

● 相对路径需要以./开头。
● 可以直接从node_modules依赖中引入资源。

直接引入node_modules的资源，代码如下：

```
<!-- 从已安装的 "todomvc-app-css" npm 包中引入文件 -->
<style src="todomvc-app-css/index.css">
```

最后，对于<script>标签，在Vue 3中引入了setup属性，当配置之后，就相当于可以在<script>标签内部直接写Composition API中的setup()方法中的代码，当然最终还是会在打包时被编译成对应的JavaScript代码，但是在开发阶段就显得简洁和便利了。我们会在后面的章节深入讲解setup()方法。

正因为Vue.js有了单文件组件，才能将它和构建工具（Webpack等）结合起来，使得Vue.js项目不仅可以查看静态资源，还能集成更多文件预处理功能，这些功能改变了传统的前端开发模式，更能体现出前端工程化的特性。目前大部分Vue.js项目都会采用单文件组件。

10.2　Vue.js 模板语法

在上一小节其实已经涉及过部分模板语法，例如@click、{{msg}}等。模板语法是逻辑和视图之间沟通的桥梁，使用模板语法编写的HTML会响应Vue实例中的各种变化。简单来说，在Vue实例中可以随心所欲地将相关内容渲染在页面上，模板语法功不可没。模板语法可以让用户界面渲染的内容和用户交互操作的代码更具有逻辑性。

Vue模板语法是Vue中常用的技术之一，它的具体功能就是让与用户界面渲染和用户交互操作的代码经过一系列的编译，生成HTML代码，最终输出到页面上，但是在底层的实现上，Vue 将模板编译成DOM渲染函数。结合响应系统，Vue能够智能地计算出最少需要重新渲染多少组件，并把DOM操作次数减到最少。

Vue.js使用了基于HTML的模板语法，允许以声明的方式将DOM绑定至底层Vue实例的数据上。所有Vue.js的模板都是合法的HTML，因此可以被遵循规范的浏览器和HTML解析器解析。

10.2.1　插值表达式

下面来看一段简单的插值表达式，如示例代码10-2-1所示。

示例代码 10-2-1　插值表达式的示例

```
<template>
    <div id="app">
        {{ message }}
    </div>
</template>
```

上面的示例代码中出现的{{message}}在之前的章节中也出现过多次，它的正式名称叫作插值（Mustache）表达式，也叫作插值标签。它是Vue模板语法中最重要也是最常用的语法，使用两个大括号"{{}}"来包裹，在渲染时会自动对里面的内容进行解析。Vue模板中的插值常见的使用方法有：文本、原始HTML、属性、JavaScript表达式、指令和修饰符等。

1. 文本插值

所谓文本插值，就是一对大括号中的数据经过编译和渲染后出来的是一个普通的字符串文本。同时，message在这里也形成了一个数据绑定，绑定的数据对象上的message属性无论何时发生了改变，插值处的内容都会实时更新。文本插值表达式的使用如示例代码10-2-2所示。

示例代码 10-2-2　文本插值表达式的使用

```
<div id="app">
    {{ message }}
</div>
```

<div>中的内容会被替换成message的内容，同时实时更新体现了双向绑定的作用。此外，也可以通过设置v-once指令使得数据改变时，插值处的内容不会更新，不过这会影响该节点上所有的数据绑定。

在Vue中给DOM元素添加"v-***"形式的属性的写法叫作指令，v-once指令的运用如示例代码10-2-3所示。

```
示例代码 10-2-3　v-once 指令的运用
<div id="app" v-once>
    这个将不会改变:{{ message }}
</div>
```

2. 原始HTML插值

一对大括号会将数据解析为普通文本，而不是HTML代码，为了输出真正的HTML代码，需要使用 v-html指令，如示例代码10-2-4所示。

```
示例代码 10-2-4　v-html 指令
Vue.createApp({
    data() {
        return {
            rawHtml: "<div>html文本<span>abc</span></div>"
        }
    }
}).mount("#app")
<p>{{ rawHtml }}</p>
<p>v-html: <span v-html="rawHtml"></span></p>
```

上面的代码中，rawHtml是一段含有HTML代码的字符串，直接使用{{rawHtml}}并不会解析HTML字符串的内容，而是原模原样地显示在页面上；但是，如果使用v-html指令，则会作为一段HTML代码插入当前这个<span>中。如果rawHtml中还含有一些插值表达式或者指令，那么v-html会忽略解析属性值中的数据绑定。例如如下设置：

```
data() {
    return {
        rawHtml: "<div>html文本<span>{{abc}}</span></div>"
    }
}
```

需要注意的是，在网页中动态渲染任意的HTML可能非常危险，因为很容易导致XSS攻击，所以只对可信的内容使用v-html指令，绝不要对用户输入的内容使用这个指令。

3. 属性插值

插值语法不能作用在HTML的属性上，遇到这种情况应该使用v-bind指令。例如，要给HTML的style属性动态绑定数据，则使用插值可能有如示例代码10-2-5所示的写法。

```
示例代码 10-2-5　插值和 HTML 属性 1
data() {
    return {
        str: "#000000"
    }
}
<div id="app" style="color:{{str}}">
</div>
```

这样写的插值是无法生效的，也就是Vue无法识别写在HTML属性上的插值表达式。遇到这种情况，可以采用v-bind指令，如示例代码10-2-6所示。

示例代码 10-2-6   插值和 HTML 属性 2

```
data() {
    return {
        str: "color:#000000"
    }
}
<div id="app" v-bind:style="str">
</div>
```

对于布尔属性（它们只要存在，就意味着值为true），v-bind工作起来略有不同，例如：

```
<button v-bind:disabled="isButtonDisabled">Button</button>
```

如果isButtonDisabled的值是null、undefined或false，则disabled属性甚至不会出现在渲染出来的
\<button\>元素中。

4. JavaScript表达式插值

在之前讲解的插值表达式中，基本上都是只绑定简单的属性键值，例如直接将message的值显
示出来，但是实际情况是，对于所有的数据绑定，Vue.js都提供了完整的JavaScript表达式来支持，
如示例代码10-2-7所示。

示例代码 10-2-7   JavaScript 表达式

```
// 单目运算
{{ number + 1 }}
// 三目运算
{{ ok ? 'YES' : 'NO' }}
// 字符串处理
{{ message.split('').reverse().join('') }}
// 拼接字符串
<div v-bind:id="'list-' + id"></div>
```

例如加法运算、三目运算、字符串的拼接以及常用的split处理等，这些表达式会在所属Vue实
例的数据作用域下作为JavaScript代码被解析。

10.2.2   指令

传统意义上的指令就是指挥机器工作的指示和命令，Vue中的指令是指带有v-前缀或者说以v-
开头的、设置在HTML节点上的特殊属性。

指令的作用是当表达式的值改变时，将它产生的连带影响以响应的方式作用在DOM上。之前
用到的v-bind和v-model都属于指令，它们都是Vue中的内置指令，与之相对应的叫作自定义指令。
下面就讲解一下Vue中主要的内置指令。

1. v-bind

v-bind指令可以接收参数，在v-bind后面加上一个冒号再跟上参数，这个参数一般是HTML元
素的属性，如示例代码10-2-8所示。

示例代码 10-2-8   v-bind 指令

```
<a v-bind:href="url">...</a>
<img v-bind:src="url" />
```

使用v-bind绑定HTML元素的属性之后，这个属性就有了数据绑定的效果。在Vue实例的data中定义该属性，在运行代码后，"v-bind:xx="后面的内容就会被替换为属性的值。

v-bind还有一个简写的用法就是直接使用冒号而省去v-bind，代码如下：

```
<img :src="url" />
```

v-bind和data结合可以很便捷地实现数据渲染，但是要注意，并不是所有的数据都需要设置到data中，当一些组件中的变量与显示无关或者没有相关的数据绑定逻辑时，就无须设置在data中，在methods中使用局部变量即可。这样可以减少Vue对数据的响应式监听，从而提升性能。

2. v-if、v-else和v-else-if

这3个指令与编写代码时使用的if/else语句是一样的，v-if可以单独使用，v-else和v-else-if必须搭配v-if来使用。

这些指令根据表达式的值为"真或假"来渲染元素。在切换时，元素及其组件与组件上的数据绑定会被销毁并重建，如示例代码10-2-9所示。

示例代码 10-2-9　v-if、v-else、v-else-if 指令

```
<div v-if="type === 'A'">
  A
</div>
<div v-else-if="type === 'B'">
  B
</div>
<div v-else-if="type === 'C'">
  C
</div>
<div v-else>
  Not A/B/C
</div>
```

需要再强调一下，如果v-if的值是false，那么v-if所在的HTML的DOM节点及其子元素都会被直接移除，这些元素上面的事件和数据绑定也会被移除。

3. v-show

与v-if类似，v-show也用于控制一个元素是否显示，但与v-if不同的是，如果v-if的值是false，那么这个元素会被销毁，不在DOM中；但是，v-show的元素会始终被渲染并保存在DOM中，它只是被隐藏。显示和隐藏只是简单地切换CSS的display属性，如示例代码10-2-10所示。

示例代码 10-2-10　v-show 指令

```
<div v-show="type === 'A'">
  A
</div>
```

在Vue中，并没有v-hide指令，可以用v-show="!xxx"来代替。

一般来说，v-if切换开销更高，而v-show的初始渲染开销更高，因此如果需要非常频繁地切换，使用v-show更好；如果在运行时条件很少改变，则使用v-if更好。

4. v-for

与for循环功能类似，可以用v-for指令通过一个数组来渲染一个列表。v-for指令需要使用item in

items形式的特殊语法，其中items是源数据数组，而item则是被迭代的数组元素的别名，如示例代码10-2-11所示。

```
示例代码 10-2-11　v-for 指令（1）
<ul>
  <li v-for="item in items">
    {{ item.message }}
  </li>
</ul>
Vue.createApp({
  data() {
    return {
        items: [
          { message: "Jack" },
          { message: "Tom" }
        ]
    }
  }
}).mount("#app")
```

渲染结果如图10-3所示。

也可以用of替代in作为分隔符，因为它更接近 JavaScript 迭代器的语法：

图 10-3　v-for 一般用法的演示结果

```
<div v-for="item of items"></div>
```

在使用v-for指令时，如果我们在data中定义的数组动态地改变了，那么同样v-for所渲染的结果也会改变，这也是Vue中响应式的体现。例如我们对数组进行push()、pop()、shift()、unshift()、splice()、sort()、reverse()操作时，渲染结果也会动态地改变，如示例代码10-2-12所示。

```
示例代码 10-2-12　v-for 指令（2）
<div id="app">
  <button @click="add">add</button>
  <ul>
    <li v-for="item in items">
      {{ item.message }}
    </li>
  </ul>
</div>
Vue.createApp({
  data() {
    return {
      items: [
        { message: "Jack" },
        { message: "Tom" }
      ]
    }
  },
  methods:{
    add(){
      this.items.push({message: "Amy"})
    }
  }
}).mount("#app")
```

在v-for代码区块中，可以访问当前Vue实例的所有其他属性，也就是其他设置在data中的值。v-for还支持一个可选的第二个参数，即当前项的索引，如示例代码10-2-13所示。

示例代码 10-2-13　v-for 指令的参数

```
<ul id="app">
  <li v-for="(item, index) in items">
    {{ parentMessage }} - {{ index }} - {{ item.message }}
  </li>
</ul>
Vue.createApp({
  data() {
    return {
      parentMessage: "Parent",
      items: [
        { message: "Jack" },
        { message: "Tom" }
      ]
    }
  }
}).mount("#app")
```

渲染结果如图10-4所示。

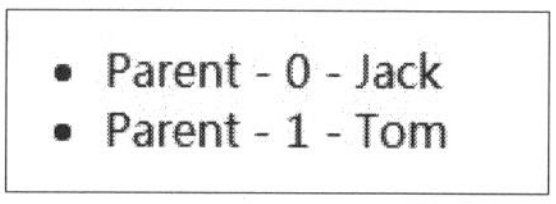

v-for指令不仅可以遍历一个数组，还可以遍历一个对象，功能就像 JavaScript 中的 for/in 和 Object.keys()一样，如示例代码10-2-14所示。

- Parent - 0 - Jack
- Parent - 1 - Tom

图 10-4　v-for 通过索引存取数据项的演示结果

示例代码 10-2-14　v-for 指令遍历对象

```
<ul id="app">
  <li v-for="value in object">
    {{ value }}
  </li>
</ul>
Vue.createApp({
  data() {
    return {
      object: {
        title: "Big Big",
        author: "Jack",
        time: "2019-04-10"
      }
    }
  }
}).mount("#app")
```

渲染结果如图10-5所示。

和使用索引一样，v-for指令提供的第二个参数为property名称（也就是键名），第三个参数为index索引，如示例代码10-2-15所示。

- Big Big
- Jack
- 2019-04-10

图 10-5　v-for 遍历对象的演示结果

示例代码 10-2-15　v-for 指令的键名

```
<ul id="app">
  <li v-for="(value,name,index) in object">
    {{ index}}:{{ name }} {{ value }}
  </li>
</ul>
Vue.createApp({
  data() {
    return {
      object: {
```

```
        title: "Big Big",
        author: "Jack",
        time: "2019-04-10"
      }
    }
  }
}).mount("#app")
```

渲染结果如图10-6所示。

在使用Object.keys()遍历对象时，有时遍历出来的键
（Key）的顺序并不是我们定义时的顺序，比如定义时title
在第一个，author在第二个，time在第三个，但是遍历出来
却不是这个顺序（这里只是举一个例子，上面代码的应用
场景是按照顺序来的）。

- 0:title Big Big
- 1:author Jack
- 2:time 2019-04-10

图 10-6   v-for 显示键名索引的演示结果

需要注意的是，在使用v-for遍历对象时，是按照调用Object.keys()的结果顺序遍历的，因此在某
些情况下并不会按照定义对象的顺序来遍历。若想严格控制顺序，则要在定义时转换成数组来遍历。

为了让Vue可以跟踪每个节点，则需要为每项提供一个唯一的key属性，如示例代码10-2-16所示。

示例代码 10-2-16   v-for 的 key 属性

```
<div v-for="item in items" v-bind:key="item.id">
  <!-- 内容 -->
</div>
```

当Vue更新使用了v-for渲染的元素列表时，它会默认使用"就地更新"的策略。如果数据项的
顺序被改变了，那么Vue将不会移动DOM元素来匹配数据项的顺序，而是就地更新每个元素，并确
保它们在每个索引位置都正确渲染到用户界面上。

Vue会尽可能地对组件进行高度复用，所以增加key可以标识组件的唯一性，目的是更好地区
别各个组件，key更深层的意义是为了高效地更新虚拟DOM。关于虚拟DOM的概念，可以简单理
解成Vue在每次把数据更新到用户界面时，都会在内部事先定义好前后两个虚拟的DOM，一般是对
象的形式。通过对比前后两个虚拟DOM的异同来针对性地更新部分用户界面，而不是整体更新（没
有改变的用户界面部分不去修改，这样可以减少DOM操作，提升性能）。设置key值有利于Vue更
高效地查找需要更新的用户界面。不要使用对象或数组之类的非基本类型值作为v-for的key，应使用
字符串或数字类型的值。

v-for指令和v-if指令本身是不推荐使用在同一个元素上的，代码如下：

```
<li v-for="todo in todos" v-if="!todo.isComplete"  :key="todo.name">
  {{ todo.name }}
</li>
```

在日常开发中，在列表渲染时经常会遇到这种场景——在Vue 2版本中采用上面的写法并不会
报错，然而在Vue 3中这样写会报错，如图10-7所示。

报错是因为v-for和v-if处于同一节点，v-if的优先级比v-for更高，这意味着v-if将没有权限访问
v-for中的变量todo。可以将v-for指令写在一个空的元素<template>上来达到循环效果，同时将v-if
指令写在<li>上来达到是否渲染的效果，这样就不会报错了，代码如下：

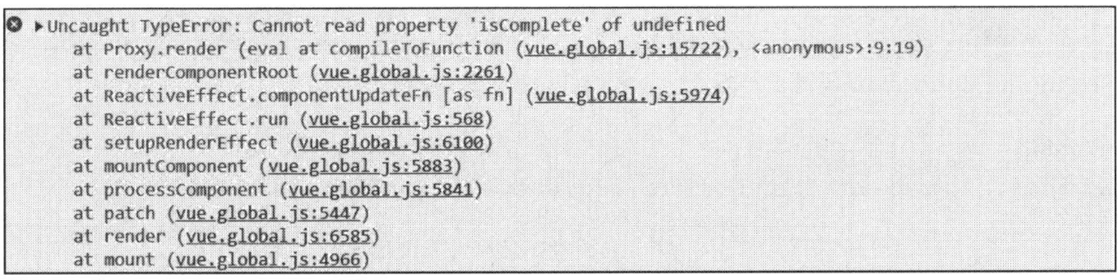

图 10-7　错误截图

```
<template v-for="todo in todos" :key="todo.name">
  <li v-if="!todo.isComplete">
    {{ todo.name }}
  </li>
</template>
```

5. v-on

在之前的章节中也使用过v-on指令，这个指令主要用来给HTML元素绑定事件，是Vue中十分常用的指令之一。v-on的冒号后面可以跟一个参数，这个参数就是触发事件的名称，v-on的值可以是一个方法的名字或一个内联语句。和v-bind一样，v-on指令可以省略"v-on:"，而用"@"来代替，如示例代码10-2-17所示。

示例代码 10-2-17　v-on 指令

```
<div id="app">
    <button @click="clickCallback">点我</button>
</div>
Vue.createApp({
  methods:{
      clickCallback(event) {
        console.log('click')
      }
  }
}).mount("#app")
```

在上面的代码中，将v-on指令应用于click事件上，同时给了一个名为clickCallback的方法作为事件的回调函数，当DOM触发click事件时会进入在methods中定义的clickCallback方法中。event参数是当前事件的Event对象。

如果想在事件中传递参数，那么可以采用内联语句，该语句可以访问一个$event属性，如示例代码10-2-18所示。

示例代码 10-2-18　v-on 指令：click 事件传递参数

```
<div id="app">
    <button @click="clickCallback('hello',$event)">点我</button>
</div>
Vue.createApp({
  methods:{
      clickCallback(params,event) {
        console.log(params,event)
      }
  }
}).mount("#app")
```

v-on指令用在普通元素上时，只能监听原生DOM事件，例如click事件、touch事件等；用在自定义元素组件上时，也可以监听子组件触发的自定义事件，如示例代码10-2-19所示。

示例代码 10-2-19 v-on 指令：自定义事件传递参数

```
<cuscomponent @cusevent="handleThis"></cuscomponent>

<!-- 内联语句 -->
<cuscomponent @cusevent="handleThis(123, $event)"></cuscomponent>
```

自定义事件一般用在组件通信中，我们会在后面的章节讲解。在使用v-on监听原生DOM事件时，可以添加一些修饰符并有选择地执行一些方法或者程序逻辑：

- .stop：阻止事件继续传播，相当于调用event.stopPropagation()。
- .prevent：告诉浏览器不要执行与事件关联的默认行为，相当于调用event.preventDefault()。
- .capture：使用事件捕获模式，即元素自身触发的事件先在这里进行处理，然后才交由内部元素进行处理。
- .self：只有当event.target是当前元素自身时才触发处理函数。
- .once：事件只会触发一次。
- .passive：告诉浏览器不要阻止与事件关联的默认行为，相当于不调用event.preventDefault()。与prevent相反。
- .left、.middle、.right：分别对应鼠标左键、中键、右键的单击触发。
- .{keyAlias}：只有当事件是由特定按键触发时才触发回调函数。

下面举一个使用.prevent的例子，如示例代码10-2-20所示。

示例代码 10-2-20 v-on 指令：修饰符

```
<div id="app">
  <a @click.prevent="clickCallback" href="https://www.qq.com">点我</a>
</div>
Vue.createApp({
  methods:{
      clickCallback(event) {
        // 相当于在这里调用了event.preventDefault()方法
        console.log(event)
      }
  }
}).mount("#app")
```

对于<a>标签而言，它的浏览器默认事件行为就是单击后打开href属性所配置的链接，设置了.prevent修饰符之后，就相当于在click回调方法中首先调用event.preventDefault()方法，当单击<a>标签时就只会触发@click所绑定的事件，不会再触发默认事件了。

6. v-model

v-model指令一般用在表单元素上，例如<input type="text" />、<input type="checkbox" />、<select>等，以便实现双向绑定。v-model会忽略所有表单元素的value、checked和selected属性的初始值，因为它选择Vue实例中data设置的数据作为具体的值，如示例代码10-2-21所示。

示例代码 10-2-21 v-model 指令

```
<div id="app">
    <input v-model="message">
    <p>hello {{message}}</p>
</div>
Vue.createApp({
```

```
  data() {
    return {message:'Jack'}
  }
})).mount("#app")
```

在这个例子中，直接在浏览器的<input>中输入别的内容，下面的<p>中的内容会跟着变化，这就是双向数据绑定。

将v-model应用在表单输入元素上时，Vue内部会为不同的输入元素使用不同的属性并触发不同的事件：

- text和textarea使用value属性和input事件。
- checkbox和radio使用checked属性和change事件。
- select字段将value作为属性并将change作为事件。

下面的例子是v-model和v-for结合实现<select>的双向数据绑定，如示例代码10-2-22所示。

示例代码 10-2-22　v-model 结合 v-for

```
<div id="app">
  <select v-model="selected">
    <option v-for="option in options" v-bind:value="option.value">
      {{ option.text }}
    </option>
  </select>
  <span>Selected: {{ selected }}</span>
</div>
Vue.createApp({
  data() {
    return {
      selected: 'Jack',
      options: [
          { text: 'PersonOne', value: 'Jack' },
          { text: 'PersonTwo', value: 'Tom' },
          { text: 'PersonThree', value: 'Leo' }
      ]
    }
  }
})).mount("#app")
```

渲染效果如图10-8所示。

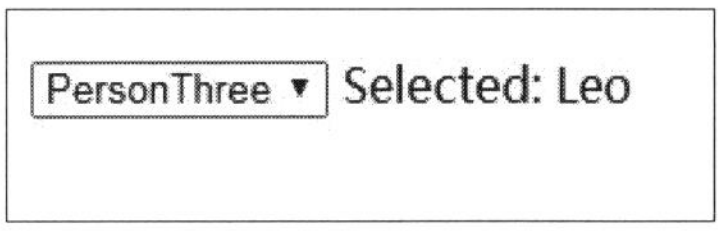

在切换<select>时，页面上的值会动态地改变。另外，在文本区域<textarea>中，直接使用插值表达式是不会有双向绑定效果的，代码如下：

图 10-8　v-model 和<select>使用的演示结果

```
<textarea>{{text}}</textarea>
```

这时需要使用v-model来代替，代码如下：

```
<textarea v-model="text"></textarea>
```

若想单独给某些<input>输入元素绑定值，而不想要双向绑定的效果，则可以直接用v-bind指令给value赋值，代码如下：

```
<input v-bind:value="text"></input>
```

使用v-model时，可以添加一些修饰符来有选择地执行一些方法或者程序逻辑：

- .lazy：在默认情况下，v-model会实时同步输入框中的值和数据。可以通过这个修饰符，转变为在输入框的change事件触发后再进行值和数据的实时同步。
- .number：自动将用户的输入值转化为number类型。
- .trim：自动过滤用户输入的首尾空格。

v-model指令也可以绑定给自定义的Vue组件使用，在后文将具体讲解。

7. v-memo

v-memo是Vue 3中引入的指令，它的作用是在列表渲染时，在某种场景下通过跳过新的虚拟DOM的创建来提升性能，使用方法如示例代码10-2-23所示。

示例代码 10-2-23　v-memo 指令

```
<div v-memo="[valueA, valueB]">
  ...
</div>
```

当组件重新渲染的时候，如果valueA与valueB都维持不变，那么对这个<div>以及它的所有子节点的更新都将被跳过。事实上，即使是虚拟 DOM 的 VNode 创建也将被跳过，因为子树的记忆副本可以被重用。

v-memo指令主要结合v-for一起使用，而且必须作用在同一个元素上，如示例代码10-2-24所示。

示例代码 10-2-24　v-memo 结合 v-for

```
<div id="app">
  <button @click="selected = '3'">点我</button>
  <div v-for="item in list" :key="item.id" v-memo="[item.id === selected]">
    <p>ID: {{ item.id }} - selected: {{ item.id === selected }}</p>
  </div>
</div>
Vue.createApp({
  data() {
    return {
      selected: '1',
      list: [
          { id: '1'},
          { id: '2'},
          { id: '3'},
          { id: '4'},
        ]
    }
  }
}).mount("#app")
```

在之前讲解v-for指令时，我们知道key属性给每个列表元素分配了唯一的键值，这样使得Vue在做前后的虚拟DOM的改变对比时更加高效，但前提是需要创建新的虚拟DOM。当我们使用了v-memo时，如果当前的列表元素所对应的v-memo没有改变，那么这部分虚拟DOM也不会被重新创建，减少了过多的虚拟DOM的创建，也能在一定程度上提升性能。当然，这在列表条数很少时体现得并不明显，但是当列表很长时，就能体现出性能差异了。

在大量列表渲染方面，v-memo的引入使得Vue 3离成为最快的主流前端框架更近了一步。

8. 指令的动态参数

在使用v-bind或者v-on指令时，冒号后面的字符串被称为指令的参数，代码如下：

```
<a v-bind:href="url">...</a>
```

这里href是参数，告知v-bind指令将该元素的href属性与表达式 url的值绑定。又如：

```
<a v-on:click="doSomething">...</a>
```

这里click是参数，告知v-on指令绑定哪种事件。

把用方括号括起来的JavaScript表达式作为一个v-bind或v-on指令的参数，这种参数被称为动态参数。

v-bind指令的动态参数代码如下：

```
<a v-bind:[attributeName]="url"> ... </a>
```

代码中的attributeName会被作为一个JavaScript表达式进行动态求值，求得的值将会作为最终的参数来使用。例如，如果Vue实例有一个data属性attributeName，其值为href，那么这个绑定将等价于v-bind:href。

v-on指令的动态参数代码如下：

```
<button v-on:[event]="doThis"></button>
```

代码中的event会被作为一个JavaScript表达式进行动态求值，求得的值将会作为最终的参数来使用。例如，如果Vue实例有一个data属性event，其值为click，那么这个绑定将等价于v-on:click。

动态参数表达式有一些语法约束，因为某些字符（例如空格和引号）放在HTML属性名里是无效的，所以要尽量避免使用这些字符。例如，下面的代码在参数中添加了空格，所以是无效的：

```
<!-- 这会触发一个编译警告 -->
<a v-bind:['foo' + bar]="value"> ... </a>
```

变通的办法是使用没有空格或引号的表达式，或用计算属性替代这种复杂的表达式。另外，如果在DOM中使用模板（直接在一个HTML文件中编写模板需要回避大写键名），那么需要注意浏览器会把属性名全部强制转换为小写，代码如下：

```
<!-- 在 DOM 中使用模板时这段代码会被转换为 'v-bind:[someattr]' -->
<a v-bind:[someAttr]="value"> ... </a>
```

至此，与Vue.js模板语法有关的内容就讲解完了。模板语法是逻辑和视图之间沟通的桥梁，是Vue中实现页面逻辑最重要的知识，也是用得最多的知识，希望读者能掌握好这部分知识，为后面Vue其他相关知识的学习打下坚实的基础。

10.3　Vue.js 的 data 属性、方法、计算属性和监听器

在前面的代码中，我们或多或少地使用了一些Vue的特性，例如data属性、methods方法等，这些都是构成组件配置的重要内容。本节就来详细介绍一下这些配置。

10.3.1　data 属性

在Vue的组件中，我们必不可少地会用到data属性。在Vue 3中，data属性是一个函数，Vue在创建新组件实例的过程中调用此函数。它应该返回一个对象，然后Vue会通过响应性系统将它包裹起来，并以$data的形式存储在组件实例中，如示例代码10-3-1所示。

示例代码 10-3-1　data 属性

```
const app = Vue.createApp({
 data() {
   return { count: 4 }
 }
})
const vm = app.mount('#app')
console.log(vm.$data.count) // => 4
console.log(vm.count)        // => 4

// 修改 vm.count 的值也会更新 $data.count
vm.count = 5
console.log(vm.$data.count) // => 5

// 反之亦然
vm.$data.count = 6
console.log(vm.count) // => 6
```

如果在组件初始化时data返回的对象中不存在某个key，后面再添加，那么这个新增加的key所对应的属性property是不会被Vue的响应性系统自动跟踪的，代码如下：

```
<div id="app">
  <span>{{name}}</span>
  <span>{{age}}</span>
</div>
const vm = Vue.createApp({
  data() {
    return {
      name: 'John'
    }
  }
}).mount("#app")
vm.age = 12 //{{age}}的值将不会被渲染出来
```

上面的代码中，{{age}}的值将不会被渲染出来。

10.3.2　方法

在Vue.js中，将数据渲染到页面上用得最多的方法莫过于插值表达式{{}}。插值表达式中可以使用文本或者JavaScript表达式来对数据进行一些处理，代码如下：

```
<div id="example">
  {{ message.split('').reverse().join('') }}
</div>
```

但是，设计它们的最初目的是用于简单运算，在插值表达式中放入太多的程序逻辑会让模板过"重"且难以维护，因此我们可以将这部分程序逻辑单独剥离出来，并放到一个方法中，这样共同的程序逻辑既可以复用，也不会影响模板的代码结构，并且便于维护。

这里的方法和之前讲解的使用v-on指令的事件绑定方法在程序逻辑上有所不同，但是在用法上是类似的，同样还是定义在Vue组件的methods对象内，如示例代码10-3-2所示。

示例代码 10-3-2　方法

```
<div id="app">
  {{height}}
  {{personInfo()}}
```

```
    </div>
    const vmMethods = Vue.createApp({
      data() {
        return {
          name: 'Jack',
          age: 23,
          height: 175,
          country: 'China'
        }
      },
      methods:{
        personInfo(){
          console.log('methods')
            var isFit = false;
          // 'this' 指向当前Vue实例
          if (this.age > 20 && this.country === 'China') {
            isFit = true;
          }
          return this.name + '   ' + (isFit ? '符合要求' : '不符合要求');
        }
      }
    })).mount("#app")
```

首先在methods中定义了一个personInfo方法，将众多的程序逻辑写在其中，然后在模板的插值表达式中调用{{personInfo()}}。与使用data中的属性不同的是，在插值表达式中使用方法需要在方法名后面加上"()"以表示调用。

使用方法也支持传参，如示例代码10-3-3所示。

示例代码 10-3-3　方法传参

```
<div id="app">
  {{personInfo('Tom')}}
</div>
...
 methods:{
    personInfo(params){
        console.log(params)
    }
 }
```

10.3.3　计算属性

前面一节介绍了采用方法的方案来解决在插值表达式中写入过多数据处理逻辑的问题，本节介绍另一种可以解决这类问题的方案，那就是计算属性，如示例代码10-3-4所示。

示例代码 10-3-4　计算属性

```
<div id="app">
    {{height}}
  {{personInfo}}
</div>
const vmComputed = Vue.createApp({
  data() {
    return {
      name: "Jack",
      age: 23,
      height: 175,
```

```
      country: "China"
    }
  },
  computed:{
    personInfo(){
      console.log('computed')
      // "this" 指向当前Vue实例，即vm
      let isFit = false;
      if (this.age > 20 && this.country === "China") {
        isFit = true;
      }
      return this.name + "  " + (isFit ? "符合要求" : "不符合要求");
    }
  }
})).mount("#app")
```

在上面的代码中，同样实现了将数据处理逻辑剥离的效果——把之前的methods换成了computed，以及将插值表达式的{{personInfo()}}换成了{{personInfo}}。虽然两者表面上的结构一样，但是内部却有着不同的机制。

10.3.4　计算属性和方法

首先，对于方法（methods），在之前的代码中，我们在personInfo对应的函数中添加一个console.log("methods")，然后首先修改data中的name属性，代码如下：

```
vmMethods.name = 'Pom';
```

观察控制台，显示结果如图10-9所示。

由于修改了vmMethods的name属性，而在personInfo方法里面用到了name属性，因此personInfo方法和name就存在依赖，那么name属性的修改就导致personInfo方法重新执行了一遍，所以可以看到name更新成了pom，同时打印了一次console.log("methods")。随后，我们再次调用vmMethods.name = 'Pom'，这次没有打印出console.log("methods")，原因是name的值并没有改变。

同理，对于计算属性（computed），尝试修改vmComputed的name属性，代码如下：

```
vmComputed.name = 'Pom';
```

观察控制台，显示结果如图10-10所示。

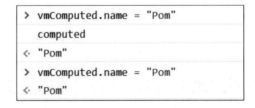

图 10-9　演示结果 1　　　　　　　　　　　图 10-10　演示结果 2

第一次调用vmComputed.name='Pom';打印出了console.log("computed")，然后又调用了一次vmComputed.name = 'Pom';，这次没有打印出console.log("computed")。到这里，看似和methods方法没有区别。

接下来，我们尝试去改变height属性，和name属性不同的是，height属性写在了插值表达式{{height}}中，是直接绑定数据进行渲染的，和personInfo方法没有依赖。我们来看看效果。

修改vmMethods的height属性：

```
vmMethods.height = 180;
```

观察控制台，显示的结果如图10-11所示。可以看到打印出了console.log("methods")，说明执行了personInfo()方法，那么再修改一下vmComputed的height属性：

```
vmComputed.height = 180;
```

观察控制台，显示的结果如图10-12所示。

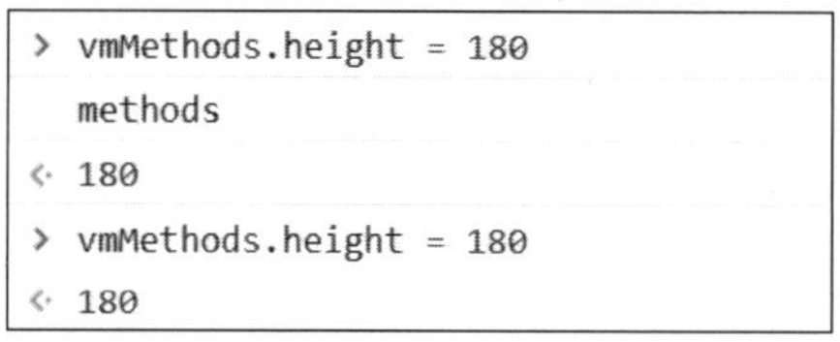

```
> vmMethods.height = 180
  methods
< 180
> vmMethods.height = 180
< 180
```

```
> vmComputed.height = 180
< 180
> vmComputed.height = 180
< 180
```

图 10-11　演示结果 3 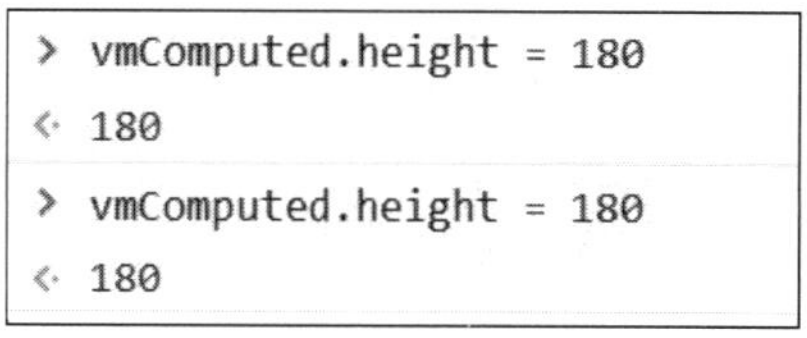　　　　　　　　图 10-12　演示结果 4

可以看到并没有打印出console.log("computed")，说明没有执行personInfo()方法。

通过上面的一系列操作，可以得到如下结论：

- 如果personInfo依赖的数据发生改变，即通过修改data中的属性改变name、age和country中的一个或多个，导致插值表达式{{personInfo}}或{{personInfo()}}的结果改变了页面的展示，那么personInfo()方法就会被重新执行。反之，如果personInfo依赖的数据没有改变，那么personInfo()方法就不会被重新执行。这点methods和computed的表现是一致的。
- 如果personInfo依赖的数据并没有发生改变，即没有修改name、age和country这些属性，只修改data中的height属性，这个改变会导致插值表达式{{height}}的结果改变了页面的展示，那么定义在methods中的personInfo()方法总是会被执行，而定义在computed中的personInfo()方法则不会被执行。

这就意味着，只要data中的属性name、age和country没有发生改变，那么无论何时访问计算属性，都会立即返回之前的计算结果，而不必再次执行对应的函数，这说明计算属性是基于它们的响应式依赖进行缓存的，而方法却没有这种表现。总结一下它们的区别就是：

- 计算属性：只要依赖的数据没发生改变，就可以直接返回缓存中的数据，而不需要每次都重复执行数据操作。
- 方法：只要页面更新用户界面，就会发生重新渲染，methods调用对应的方法，执行该函数，无论是不是它所依赖的。

对于计算属性来说，上面定义的personInfo所对应的函数其实只是一个getter方法，每一个计算属性都包含一个getter方法和一个setter方法，上面的示例都是计算属性的默认用法，只调用了getter方法来读取。

在需要时，也可以提供一个setter方法，当手动修改计算属性的值时，就会触发setter方法，执行一些自定义的操作，如示例代码10-3-5所示。

示例代码 10-3-5　计算属性的 setter 和 getter 方法

```
<div id="app">
  {{name}}
```

```
    <br/>
    {{personInfo}}
  </div>
const vmComputed = Vue.createApp({
  data(){
    return {
      name: "Jack",
      age: 23,
      height: 175,
      country: "China"
    }
  },
  computed:{
    personInfo: {
      get(){
        console.log("get");
        return
        "height:"+this.height+",age:"+this.age+",country:"+this.country;
      },
      set(){
        this.height = 165;
        this.name = "Pom";
        console.log("set");
      }
    }
  }
})).mount("#app")
```

上面代码中的set对应的函数就代表setter方法，get对应的
函数就代表getter方法。运行这段代码，可以看到页面显示如图
10-13所示，并且可以看到控制台上打印了console.log('get')，这
时在控制台上运行如下代码：

```
Jack
height:175,age:23,country:China
```

图 10-13　计算属性的 getter 方法和
setter 方法的演示结果 1

```
vmComputed.personInfo = 'hello';
```

可以看到setter方法会被调用，同时height和name的值也被修改了，控制台上显示的结果如图
10-14所示。对应的用户界面显示如图10-15所示。

```
> vmComputed.personInfo = 'hello'
  set
  get
< "hello"
>
```

```
Pom
height:165,age:23,country:China
```

图 10-14　计算属性的 getter 方法和 setter 方法的　　图 10-15　计算属性的 getter 方法和 setter 方法的
　　　　　演示结果 2　　　　　　　　　　　　　　　　　　　　　演示结果 3

需要说明的是，虽然直接修改了computed的personInfo的值，但是并没有真正改变personInfo的
值，这是因为如果要判断personInfo的值是否被改变了，那么首先要读取personInfo的值，而读取
personInfo的值是由getter方法的return值控制的，所以使用setter方法的应用场合大多数是把它当作
一个钩子函数来使用，并在其中执行一些业务逻辑。

由此可见，在绝大多数情况下，只会用默认的getter方法来读取一个计算属性，在业务中很少
用到setter方法，因此在声明一个计算属性时，可以直接使用默认的写法，不必同时声明getter方法
和setter方法。

了解了计算属性之后，可以发现计算属性之所以叫作"计算"属性，是因为它与固定属性data相对应，同时多了一些对数据的计算和处理操作。

在通常情况下，如果一个值是简单的固定值，那么无须特殊处理，在data中添加之后，在插值表达式中使用即可；但是，如果一个值是不固定的，它可能随着一些固定属性的改变而改变，这时就可以把它设置在计算属性中。一般情况下，同一个属性名若设置了计算属性就无须设置固定属性，反之，设置了固定属性就无须设置计算属性。读者在编写代码时要注意这种原则。

在使用计算属性处理数据时，也是可以传递参数的，具体做法是在定义计算属性时用return返回一个函数，如示例代码10-3-6所示。

示例代码 10-3-6　计算属性的传参

```
<div id="app">
  {{personInfo('son')}}
</div>
const vmComputed = Vue.createApp({
  data() {
    return {
      name: 'Jack',
    }
  },
  computed:{
    personInfo() {
      return (params)=>{
        console.log(params);
        return this.name + params;
      }
    }
  }
}).mount("#app")
```

采用{{personInfo('son')}}将参数传递进去，看起来就像是调用一个方法。

10.3.5　监听器

通过上面对计算属性的setter方法的讲解，我们知道setter方法提供了一个钩子函数，尽管利用这个钩子函数可以监听属性的变化，但有时还需要一个自定义的监听器（侦听器），这个监听器有一个监听属性watch，如示例代码10-3-7所示。

示例代码 10-3-7　watch 属性

```
<div id="app">
  {{name}}
</div>

const vmWatch = Vue.createApp({
  data() {
    return {
      name: 'Jack'
    }
  },
  watch:{
    name(newV, OldV){
      console.log('新值:'+newV+',旧值:'+oldV)
    }
  }
}).mount("#app")
```

在上面的代码中定义了一个监听属性watch，它所监听的是data中定义的name属性，修改一下vmWatch的name属性，代码如下：

```
vmWatch.name = 'Petter';
```

观察控制台，显示的结果如图10-16所示。可以看到，在watch中定义的name所对应的函数被执行了，同时打印出了name的新旧值。

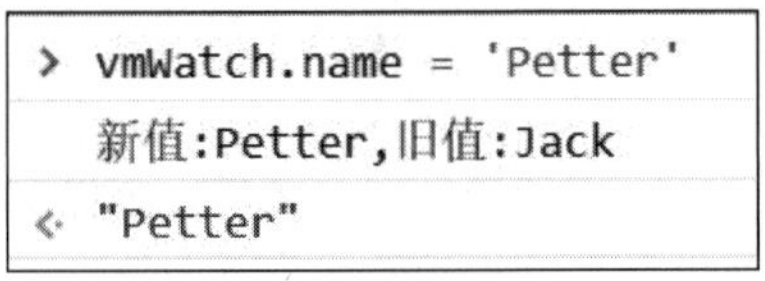

```
> vmWatch.name = 'Petter'
  新值:Petter,旧值:Jack
< "Petter"
```

图 10-16 监听器

监听属性watch的用法很简单，在逻辑上也比较好理解。也可以使用监听器监听父子组件在传值时使用props传递的值，这样使用watch时有一个特点，就是当值第一次被绑定时，不会执行监听函数，只有当值发生改变时才会执行。如果需要在最初绑定值的时候也执行函数，则需要用到immediate属性。比如当父组件向子组件动态传值，子组件props首次获取到父组件传来的默认值时，也需要执行函数，此时就需要将immediate设为true，如示例代码10-3-8所示。

示例代码 10-3-8   watch 方法 immediate

```
const vmWatch = Vue.createApp({
  data() {
    return {
      name: 'Jack'
    }
  },
  watch:{
    name: {
        handler: function(newV, oldV) {
        ...
        },
        immediate: true
    }
  }
}).mount("#app")
```

这里把监听的数据写成对象形式，包含handler方法和immediate属性，之前编写的函数其实就是在编写这个handler方法。immediate表示首次在watch中绑定时，是否执行handler：若值为true，则表示在watch中声明时就立即执行handler方法；若值为false，则和一般使用watch一样，在数据发生变化的时候才执行handler方法。

当需要监听一个复杂对象的改变时，普通的watch方法无法监听到对象内部属性的改变，例如监听一个对象，只有这个对象整体发生变化时，才能监听到。如果是对象中的某个属性发生变化或者对象属性的属性发生变化，此时就需要使用deep属性来对对象进行深度监听，如示例代码10-3-9所示。

示例代码 10-3-9   watch 方法的 deep 属性

```
const vmWatch = Vue.createApp({
  data() {
    return {
      obj:{
        num:3
      }
    }
  },
  watch:{
    name: {
        handler: function(newV, oldV) {
        ...
        },
```

```
        deep: true
      }
    }
})).mount("#app")
```

在上面的代码中，修改this.obj.num的值会发现并不会触发watch监听的方法，当添加deep:true时，watch监听的方法便会触发。另外，这种直接监听obj对象的写法会给obj的所有属性都加上这个监听器，当对象属性较多时，每个属性值的变化都会执行handler方法。如果只需要监听对象中的一个属性值，则可以进行优化，使用字符串的形式监听对象属性，代码如下：

```
watch:{
  'obj.num': {
    handler: function(newNum, oldNum) {
      ...
    },
  }
}
```

此时，就无须设置deep:true选项了。在Vue 3中，如果需要监听data某个数组的变化，可以分为两种情况：

- 直接重新赋值数组。
- 调用数组的push()、pop()等方法。

代码如下：

```
const vmWatch = Vue.createApp({
  data() {
    return {
      names: ['Jack','Tom']
    }
  },
  watch:{
    names: {
      handler: function(newV, oldV) {
        console.log('watch')
      },
      deep: true
    }
  }
})).mount("#app")

vmWatch.names = ['John']
vmWatch.names.push('John') // 添加了deep才会触发
```

10.3.6　监听器和计算属性

虽然计算属性computed和监听属性watch都可以监听属性的变化，而后执行一些逻辑处理，但是它们都有各自适用的场合。例如有一个需求是要实时地改变fullName，我们采用监听器来实现，如示例代码10-3-10所示。

示例代码 10-3-10　watch 与 computed 对比（1）

```
<div id="app">{{ fullName }}</div>

const vm = Vue.createApp({
  data() {
```

```
      return {
        firstName: 'Foo',
        lastName: 'Bar',
        fullName: 'Foo Bar'
      }
    },
    watch: {
      firstName (val) {
        this.fullName = val + ' ' + this.lastName
      },
      lastName (val) {
        this.fullName = this.firstName + ' ' + val
      }
    }
})).mount("#app")
```

在上面的代码中，使用插值表达式在页面上渲染fullName的值，想要实现的效果是：当firstName的值或者lastName的值中有任何一个改变时，就动态地更新fullName的值。于是就利用监听属性watch来监听lastName和firstName。

然后运行下面的代码，测试一下是否生效：

```
vm.firstName = 'Petter';
vm.lastName = 'Jackson';
```

可以看到页面上的fullName动态改变了，表明监听属性watch可以满足要求。下面接着使用计算属性computed来完成这个需求，如示例代码10-3-11所示。

示例代码 10-3-11　watch 与 computed 对比（2）

```
<div id="app">{{ fullName }}</div>

const vm = Vue.createApp({
  data() {
    return {
      firstName: 'Foo',
      lastName: 'Bar'
    }
  },
  computed: {
    fullName () {
      return this.firstName + ' ' + this.lastName
    }
  }
})).mount("#app")
```

同样，在运行上面的代码之后，可以看到fullName也实时更新了。但是，比较这两段代码可以看到，后面的这段代码更加清晰，使用更加合理一些。

所以，对于计算属性computed和监听属性watch，它们在什么场合使用，以及使用时需要注意哪些地方，应当遵循的原则如下：

- 当只需要监听一个定义在data中的属性是否变化时，需要在watch中设置一个同样属性的key值，然后在watch对应的函数方法中执行响应逻辑，而不需要在computed中另外定义一个值，然后让这个值依赖在data中定义的这个属性，这样反倒绕了一圈，代码逻辑结构并不清晰。
- 如果需要监听一个属性的改变，并且在改变的回调方法中有一些异步的操作或者数据量比较大的操作，这时应当使用监听属性watch。而对于简单的同步操作，使用计算属性computed更加合适。

建议读者在编写相关代码时遵循这样的原则，切勿随意使用。

10.4　案例：Vue 3 留言板

掌握了基本的Vue.js语法基础后，可以将这些内容结合起来，开发一个简易的留言板程序，实现效果如图10-17所示。

10.4.1　功能描述

该项目主要由一个输入框和评论列表组成，在输入框内输入文字，单击"评论"按钮或者按回车键可以将评论内容渲染到页面中。评论主要由头像、内容、评论日期构成。

在代码方面，借助@keyup、@click指令完成用户交互事件的监听，利用v-for指令来渲染评论列表，借助计算属性computed实时获取最新的评论时间，使用methods来格式化时间展示和单击回调方法等。

图 10-17　Vue 3 留言板

10.4.2　案例完整代码

本案例完整源码可在本书配套资源中下载，具体位置：/案例源码/Vue.js基础。

10.5　小　　结

本章主要讲解了Vue.js的基础内容，其中包括：Vue.js实例和组件，Vue.js模板语法，Vue.js的data属性、方法、计算属性、监听器，这些部分涉及的知识点都是开启一个Vue项目必须掌握的。本章中的示例代码比较多，希望读者亲自编写并运行这些代码，以此来加深理解。

10.6　练　　习

（1）Vue.js中的实例和组件分别是什么，它们之间有什么区别？

（2）Vue.js中的单文件组件指的是什么？

（3）Vue.js中的插值表达式有哪些常见的使用方法？

（4）Vue.js中渲染一个列表最适合使用哪个指令？

（5）Vue.js中的计算属性和监听器的使用场景是什么，它们有什么区别？

第 11 章

Vue.js 组件

就像程序员有初级程序员和高级程序员之分，学习一个框架也要有一个循序渐进的过程，在学习了Vue.js的基础知识之后，本章开始学习Vue.js的核心——组件（Component）。

组件是Vue.js 最强大的功能之一，在之前的章节中，我们了解了一些基本的组件用法，包括组件注册、局部组件、全局组件、单文件组件等。我们知道每个Vue应用都是由若干个组件组成的，这些组件构成了Vue庞大的组件系统，抽象出来就是一棵组件树，有了组件系统，我们的代码才有了更加规范的组织结构，整体提升了项目的可维护性。

11.1　组件生命周期

在Vue中，每个组件都有自己的生命周期。所谓生命周期，指的是组件自身的一些方法（或者叫作钩子函数），这些方法在特殊的时间点或遇到一些特殊的框架事件时会自动被触发。Vue组件的生命周期如图11-1所示。

可以看到，在Vue组件的整个生命周期中会有很多钩子函数可供使用，在生命周期不同的时刻可以执行不同的操作。下面列出所有的钩子函数：

- beforeCreate
- created
- beforeMount
- mounted

- beforeUpdate
- updated
- beforeUnmount
- unmounted

- activated
- deactivated
- renderTriggered
- renderTracked

- errorCaptured

在学习组件的生命周期之前，建议读者先编写一个简单的页面，以实际体验每个钩子函数的触发顺序和时机。运行之后，可以在控制台中看到具体的触发时机，当然某些方法在特定的场景才会触发。以下是具体的示例：

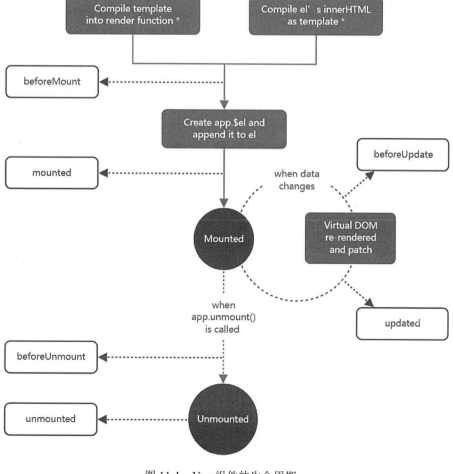

图 11-1　Vue 组件的生命周期

```
const vm = Vue.createApp({
  data(){
    return {
      message: 'Vue组件的生命周期'
    }
  },
  beforeCreate() {
    console.log('------beforeCreate------');
  },
  created() {
    console.log('------created------');
  },
  beforeMount() {
    console.log('------beforeMount------');
  },
  mounted() {
    console.log('------mounted------');
  },
  beforeUpdate () {
    console.log('------beforeUpdate------');
  },
  updated () {
    console.log('------updated------');
  },
  beforeUnmount () {
    console.log('------beforeUnmount------');
  },
  unmounted () {
    console.log('------unmounted------');
  },
  activated () {
      console.log('------activated------');
  },
  deactivated () {
    console.log('------deactivated------');
  },
  errorCaptured() {
    console.log('------errorCaptured------');
  },
})).mount("#app")
```

下面将详细介绍组件的生命周期内各个方法的含义和用法。

11.1.1　beforeCreate 和 created 方法

1. beforeCreate方法

这个阶段在实例初始化之后、数据观测（Data Observer）和event/watcher事件配置之前被调用。需要注意的是，这个阶段无法获取到Vue组件的data中定义的数据，官方也不推荐在这里操作data，如果确实需要获取data，可以从this.$options.data()中获取。

2. created方法

在beforeCreate执行完成之后，Vue会执行一些数据观测和event/watcher事件的初始化工作，将数据和data属性进行绑定以及对props、methods、watch等进行初始化，另外还要初始化一些inject和provide。

可以从图11-2来了解beforeCreate方法和created方法的主要流程与执行逻辑。

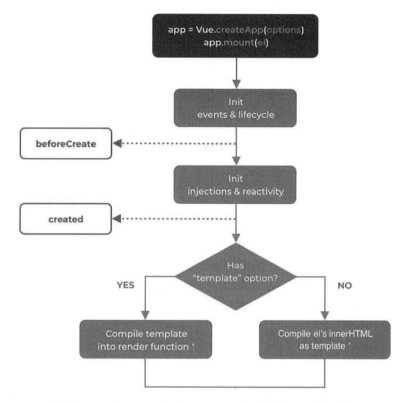

图 11-2　beforeCreate 方法和 created 方法的主要流程与执行逻辑

从图11-2中可以得知，在created方法执行时，template也是一个关键设置，如果当前Vue组件设置了template属性，则将它作为模板编译成render函数，即template中的HTML内容会被渲染到el节点内部；如果当前Vue组件没有设置template属性，则将当前el节点所在的HTML元素（即el.outerHTML）作为模板进行编译。因此，如果组件没有设置template属性，那就相当于设置了内容是el节点的template。需要注意的是，这个阶段并没有真正地把template或者el渲染到页面上，只是先将内容准备好（即把render函数准备好）。

在使用created钩子函数时，通常会执行一些组件的初始化操作或者定义一些变量，如果是一个表格组件，那么在created时就可以调用API接口，开始发送请求来获取表格数据等。

11.1.2　beforeMount 和 mounted 方法

1. beforeMount方法

上一小节提到了el、template属性以及render函数，render函数用于给当前Vue实例挂载DOM（Vue组件渲染HTML内容），这里的beforeMount就是渲染前要执行的程序逻辑。

2. mounted方法

这个阶段开始真正地执行render方法进行渲染，之前设置的el会被render函数执行的结果替换，也就是说将结果真正渲染到当前Vue实例的el节点上，这时就会调用mounted方法。beforeMount方法和mounted方法的主要流程与执行逻辑如图11-3所示。

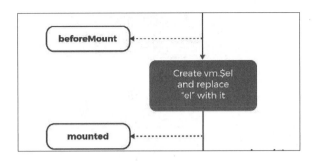

图 11-3　beforeMount 方法和 mounted 方法的主要流程与执行逻辑

mounted这个钩子函数的使用频率非常高，当触发这个函数时，就代表组件的用户界面已经渲染完成，可以在DOM中获取这个节点。通常用mounted方法去执行一些用户界面节点获取的操作，例如在Vue中使用了一个jQuery插件，通过mounted就可以获得插件所依赖的DOM，从而进行初始化。

但是需要注意的是，mounted不会保证所有的子组件也都一起被挂载。如果读者希望等到整个视图都渲染完毕，那么可以在mounted内部使用this.$nextTick，代码如下：

```
mounted() {
  this.$nextTick(function () {
    // 仅在渲染整个视图之后运行的代码
  })
}
```

11.1.3　beforeUpdate 和 updated 方法

前面讲解的生命周期函数在调用Vue.createApp({})和mount(el)方法时就会被触发，我们可以把它们归类成实例初始化时自动调用的钩子函数，而beforeUpdate和updated这两个方法若要触发，则需要特定的场景。

1. beforeUpdate方法

当Vue实例的data中的数据发生了改变，就会触发对应组件的重新渲染，这是双向绑定的特性之一，所以当数据改变时，就会触发beforeUpdate方法。

2. updated方法

当执行完beforeUpdate方法后，就会触发当前组件挂载DOM内容的修改，当前DOM修改完成后，便会触发updated方法，在updated方法中可以获取更新之后的DOM。

下面用代码来模拟beforeUpdate和updated的触发时机，如示例代码11-1-1所示。

示例代码 11-1-1　updated 方法和 beforeUpdate 方法（1）

```
<div id="app">
    {{message}}
    <button @click="clickCallback">点击</button>
</div>

const vm = Vue.createApp({
  data() {
    return {
      message: 'I am Tom'
    }
```

```
  },
  beforeCreate() {
    console.log('------beforeCreate------');
  },
  created() {
    console.log('------created------');
  },
  beforeMount() {
    console.log('------beforeMount------');
  },
  mounted() {
    console.log('------mounted------');
  },
  beforeUpdate () {
    console.log('------beforeUpdate------');
  },
  updated () {
    console.log('------updated------');
  },
  methods:{
    clickCallback: function(){
      this.message = 'I am Jack'
    }
  }
}).mount('#app')
```

运行这段代码后，会依次看到beforeCreate、created、beforeMount和mounted方法被打印在Chrome浏览器的控制台上；单击"点击"按钮，会看到文字由"I am Tom"变成了"I am Jack"；然后在控制台上可以看到依次打印了beforeUpdate和updated，如图11-4所示。

由此可知，这两个方法是可以触发或者执行多次的，所以在Vue组件的生命周期中，每当data中的值被修改时都会执行这两个方法。执行流程如图11-5所示。

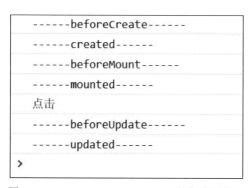

图 11-4　beforeUpdate 和 updated 的触发时机

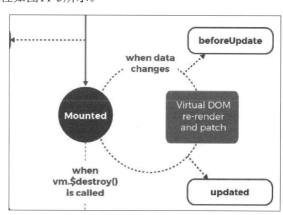

图 11-5　beforeUpdate 方法和 updated 方法的执行流程

前面讲解了双向绑定中Model影响DOM的具体体现（在MVVM模式中的Model，也就是Vue中的data），当data的值发生改变时，会触发beforeUpdate和updated这两个方法。下面就来演示双向绑定中DOM影响Model的具体体现，同样也会触发这两个方法，如示例代码11-1-2所示。

示例代码 11-1-2　updated 方法和 beforeUpdate 方法（2）

```
<div id="app">
  <input type="text" v-model="message">
</div>
```

```
const vm = Vue.createApp({
  data() {
    return {
      message: 'I am Tom'
    }
  },
  beforeUpdate () {
    console.log(this.message)
    console.log('------beforeUpdate------');
  },
  updated () {
    console.log(this.message)
    console.log('------updated------');
  }
}).mount('#app')
```

在上面的代码中，使用了<input>标签，并给<input>设置了v-model指令，表示与data中的message进行关联，这时修改<input>中的内容就是修改了DOM的内容，可以在控制台中看到触发了beforeUpdate和updated这两个方法，同时message的值也在实时变动，这就是双向绑定中DOM影响Model的具体体现。Chrome浏览器的控制台打印的日志如图11-6所示。

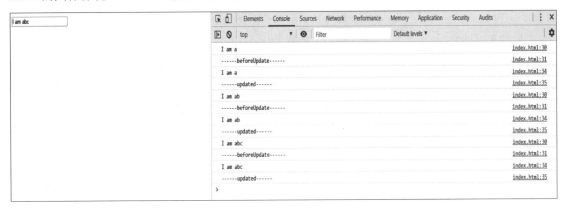

图 11-6　双向绑定中 beforeUpdate 方法和 updated 方法的触发时机

v-model指令不仅可以作用在<input>上，还可以作用在自定义组件上，我们会在后面讲解。

11.1.4　beforeUnmount 和 unmounted 方法

正如万物有生有灭一样，既然组件有创建，也就必然有消亡。如果频繁调用创建的代码，但是一直没有清除，就会造成内存飙升，而且一直不释放，还有可能导致"内存泄漏"问题，这就是卸载组件的意义。

1. beforeUnmount方法

beforeUnmount方法在组件卸载之前调用。在这一步，实例仍然完全可用。

2. unmounted方法

unmounted方法在Vue组件卸载后调用。调用后，Vue组件关联的所有事件监听器都会被移除，所有的当前组件的子组件也会被销毁。

在触发卸载操作之后，首先会将当前组件从其父组件中清除，然后清除当前组件的事件监听和数据绑定。清除一个Vue组件可以简单理解为将Vue对象关联的一些数据类型的变量清空或者置为null。

一般来说，卸载组件常发生在采用v-if指令进行逻辑判断时，如示例代码11-1-3所示。

示例代码 11-1-3　beforeUnmount 方法和 unmounted 方法

```html
<div id="app">
  <button @click="flag = 2">点我</button>
  <componenta v-if="flag == 1"></componenta>
  <componentb v-else></componentb>
</div>

const componenta = {
  template: '<h2>myComponent a</h2>',
  beforeUnmount(){
    console.log('------componenta:beforeUnmount------');
  },
  unmounted(){
    console.log('------componenta:unmounted------');
  }
}
const componentb = {
  template: '<h2>myComponent b</h2>',
  beforeMount(){
    console.log('------componentb:beforeMount------');
  },
  mounted(){
    console.log('------componentb:mounted------');
  }
}
const app = Vue.createApp({
  data(){
    return {
      flag: 1
    }
  },
  components: {
    componenta:componenta,
    componentb:componentb
  }
}).mount('#app')
```

当我们单击“点我”按钮时，flag值被设置为2，这就触发了v-if指令的逻辑，<componenta>组件被卸载，<componentb>组件被挂载，控制台打印的日志如图11-7所示。

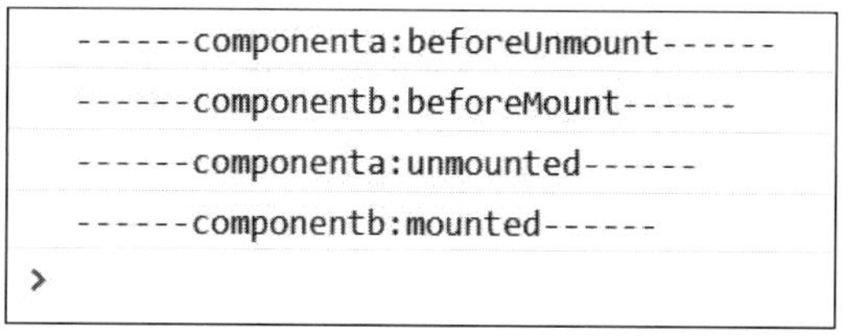

```
------componenta:beforeUnmount------

------componentb:beforeMount------

------componenta:unmounted------

------componentb:mounted------

>
```

图 11-7　beforeUnmount 和 unmounted 方法

可以看到<componenta>组件被卸载时，触发了beforeUnmount和unmounted，<componentb>组件被挂载时触发了beforeMount和mounted。如果想要主动触发对根组件的卸载，可以调用根实例的unmount()方法，调用之后就会清理与其他实例的联系，解绑它的全部指令及事件监听器。

11.1.5　errorCaptured

该方法在捕获一个来自当前子孙组件的错误时被触发，注意当前组件报错不会触发。这里的报错一般只会限制在当前Vue根实例下代码所抛出的DOMException或者异常Error对象（new Error()）等错误，如果是Vue之外的代码，是不会触发的。该方法会收到三个参数：错误对象、发生错误的组件实例以及一个包含错误来源信息的字符串。在某个子孙组件的errorCaptured返回false时，可以阻止该错误继续向上传播。

另外，也可以在全局配置errorCaptured，这样就可以监听到所有属于该根实例的报错信息，配置如示例代码11-1-4所示。

示例代码 11-1-4　errorCaptured 方法

```
const app = Vue.createApp({
  mounted(){
    throw new Error('err')
  }
})
app.config.errorHandler = (err, vm, info) => {
    console.error(err)
    console.log(vm)
    // 'info' 是 Vue 特定的错误信息，比如错误所在的生命周期钩子
    console.log(info)
}
app.mount('#app')
```

在浏览器控制台查看打印的报错信息，如图11-8所示。

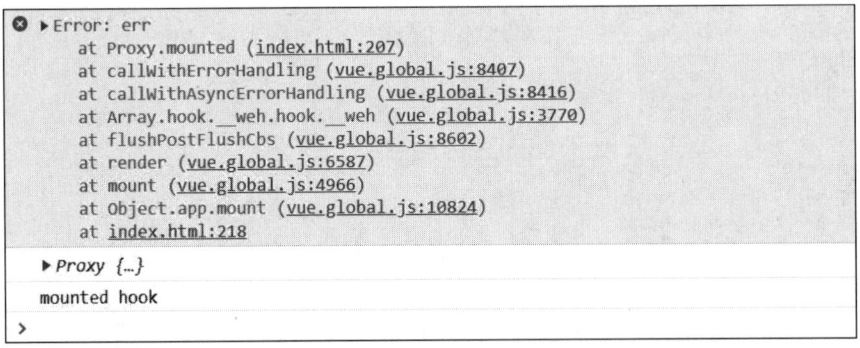

```
⊗ ▶Error: err
      at Proxy.mounted (index.html:207)
      at callWithErrorHandling (vue.global.js:8407)
      at callWithAsyncErrorHandling (vue.global.js:8416)
      at Array.hook.__weh.hook.__weh (vue.global.js:3770)
      at flushPostFlushCbs (vue.global.js:8602)
      at render (vue.global.js:6587)
      at mount (vue.global.js:4966)
      at Object.app.mount (vue.global.js:10824)
      at index.html:218
  ▶ Proxy {…}
  mounted hook
  >
```

图 11-8　errorCaptured 捕捉错误信息

如果某个子孙组件的errorCaptured方法返回false以阻止错误继续向上传播，那么它会阻止其他任何会被这个错误唤起的errorCaptured方法和全局的config.errorHandler的触发。

11.1.6　activated 和 deactivated

这两个方法并不是标准的Vue组件的生命周期方法，它们的触发时机需要结合vue-router及其属性keep-alive来使用。

在这里先简单讲解一下。activated在vue-router的页面被打开时触发。deactivated在vue-router的页面被关闭时触发。

11.1.7　renderTracked 和 renderTriggered

renderTracked方法主要在一个响应式依赖被组件的渲染作用追踪后调用，renderTriggered方法主要在一个响应式依赖被组件触发了重新渲染之后调用。由于这两个方法只在开发环境下才能使用，且仅供调试，在生产环境中并无任何效果，因此这里就不深入讲解了。

至此，与Vue组件的生命周期相关的内容都介绍完了。通过本节的学习，希望读者能对生命周期有一个比较清楚的认识，知道每个生命周期钩子函数触发的时机，并且知道使用这些钩子函数可以执行哪些操作。总之，掌握好这些知识是学习Vue的基础。

11.2　组件通信

在Vue.js基础内容的讲解中，我们知道了什么是Vue组件，了解了它的功能，那么在实际的项目开发中，实现的页面是如何和组件对应起来的呢？下面举一个例子来说明这个问题。

以常见的登录页面为例，一般由用户名输入框、密码输入框以及登录按钮组成。在用户输入完信息后，可以单击"登录"按钮进行登录，注意"登录"按钮一开始是不可单击的。

我们可以把输入框抽离成一个组件，"登录"按钮也抽离成一个组件，它们共同存在于登录页面这个父组件中。这样，这些组件就有了关联，当我们在输入框中输入登录信息之后，就可以告诉"登录"按钮组件去更新自己的不可单击状态；当我们单击"登录"按钮时，就需要拿到输入框的登录信息来进行登录。所以，我们会发现，组件之间并不是孤立的，它们之间是需要通信的，正是这种组件间的相互通信才构成了页面上的用户行为交互的过程。

11.2.1　组件通信概述

我们可以把所有页面都抽象成若干个组件，它们之间有父子关系的组件、兄弟关系的组件，组件之间的关系如图11-9所示。

所有Vue组件的关系如下：

- A组件和B组件、B组件和C组件、B组件和D组件形成了父子关系。
- C组件和D组件形成了兄弟关系。
- A组件和C组件、A组件和D组件形成了隔代关系（其中的层级可能是多级，即隔了多代）。

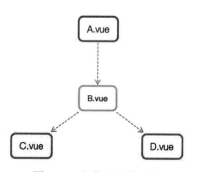

图 11-9　组件之间的关系

在明确了它们之间的关系之后，就需要理解它们之间如何通信，或者说是如何传值。下面就来逐一讲解。

先使用代码来实现上面的A、B、C、D 4组组件的关系，如示例代码11-2-1所示。

示例代码 11-2-1　组件通信

```
<!DOCTYPE html>
<html lang="en">
```

```html
<head>
  <meta charset="utf-8">
  <meta name="viewport" content="width=device-width, initial-scale=1.0,
   maximum-scale=1.0, user-scalable=no" />
  <title>组件通信</title>
  <script src="https://unpkg.com/vue@3.2.28/dist/vue.global.js"></script>
  <style type="text/css">
    #app {
      text-align: center;
      line-height: 2;
    }
  </style>
</head>

<body>
  <!-- 根实例挂载的DOM对象 app -->
  <div id="app">
    {{str}}
    <component-b />
  </div>
  <script type="text/javascript">
    // 定义一个名为componentC的局部子组件
    const componentC = {
      data() {
        return {
          str: 'I am C'
        }
      },
      template: '<span>{{str}}</span>'
    }
    // 定义一个名为componentD的局部子组件
    const componentD = {
      data() {
        return {
          str: 'I am D'
        }
      },
      template: '<span>{{str}}</span>'
    }
    // 定义一个名为componentB的父组件，也是一个局部组件
    const componentB = {
      data() {
        return {
          str: 'I am B'
        }
      },
      template: '<div>'+
                  '{{str}}'+
                  '<div>'+
                    '<component-c />,'+
                    '<component-d />'+
                  '</div>'+
                '</div>',
      // 利用components可以将之前定义的C、D组件挂载到B组件上，component-c和component-d
      //    是C、D组件的名称，对应template中的<component-c />和<component-d />
      components: {
        'component-c': componentC,
        'component-d': componentD
      }
    }
```

```
      // 定义一个根实例vmA
      const vmA = Vue.createApp({
          data(){
              return {str: "I am A"}
          },
          // 将父组件B挂载到实例A中component-b对应的#app内的<component-b />
          components: {
            'component-b': componentB
          }
      }).mount("#app")
    </script>
  </body>
</html>
```

为了便于理解，上面的代码为完整的index.html代码，读者
可以直接在浏览器中运行这段代码，运行结果如图11-10所示。

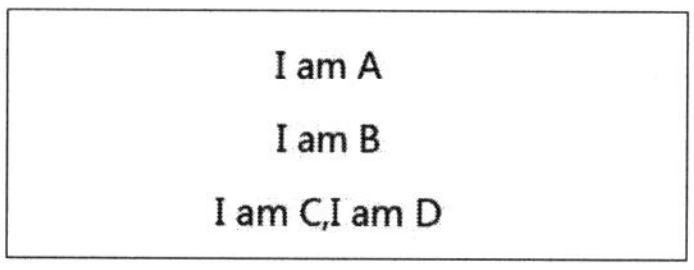

11.2.2　父组件向子组件通信

父组件向子组件通信可以理解成：

- 父组件向子组件传值。
- 父组件调用子组件的方法。

1. props

利用props属性可以实现父组件向子组件传值，如示例代码11-2-2所示。

```
┌─────────────────┐
│   I am A         │
│   I am B         │
│   I am C,I am D  │
└─────────────────┘
```

图 11-10　组件通信

示例代码 11-2-2　props 通信

```
const componentC = {
  props:['info'],// 在子组件中使用props接收
  data() {
    return {
      str: 'I am C'
    }
  },
  template: '<span>{{str}} :{{info}}</span>'
}
...
// 定义一个名为componentB的父组件，也是一个局部组件
const componentB = {
  data() {
    return {
      str: 'I am B',
      // 传给子组件的值
      info: 'data from B'
    }
  },
  template: '<div>'+
            '{{str}}'+
            '<div>'+
              '<component-c :info=\'info\'/>,'+
              '<component-d />'+
            '</div>'+
          '</div>',
  components: {
    'component-c': componentC,
```

```
      'component-d': componentD
   }
 }
```

在上面的代码中，B组件内的data中定义了info属性，准备好了数据，在template中使用C组件时，通过<component-c :info=\'info\'/>将值传给C组件。这里采用的是简写的v-bind指令，等号后面的info就是在data中定义的info，它被称为动态值，它是响应式的。当然，props也可以直接接收一个静态值，代码如下：

```
<component-c info='data from B' />
```

需要注意的是，如果静态值是一个字符串，则可以省去v-bind（即可以不用冒号），但是如果静态值是非字符串类型的值，则必须采用v-bind来绑定传入。

然后，在C组件中使用props接收info，props:['info']是一个由字符串组成的数组，表示可以接收多个props，数组中的每个值和传入时的值要对应。然后，在子组件中使用this.info得到这个值，无须在data中定义，最后就可以使用插值表达式{{info}}来显示。

props不仅可以传字符串类型的值，数组、对象、布尔值等也都可以传递，在传递时props也可以定义成数据校验的形式，以此来限制接收的数据类型，提升规范性，避免得到意想之外的值，代码如下：

```
props: {
  info: {
    type: String,          // 限制为字符串类型
    default: ''            // 默认值
  }
}
```

当props验证失败时，控制台将会产生一个警告，所以要么用props:['info']来接收，要么添加数据格式校验，以严格的数据格式来传值。

type可以是下列原生构造函数中的一个：

- String
- Number
- Boolean
- Array
- Object
- Date
- Function
- Symbol

另外，type还可以是一个自定义的构造函数，并且通过instanceof来进行检查确认，如示例代码11-2-3所示。

示例代码 11-2-3　props 类型

```
class Person (firstName, lastName) {
  constructor {
    this.firstName = firstName
    this.lastName = lastName
  }
}

// 在props接收时，这样设置
props: {
  author: Person
}
```

另外，需要说明的是，如果props传递的是一个动态值，那么每次父组件的info发生更新时，子组件中接收的props都将会刷新为最新的值。这意味着我们不应该在一个子组件内部改变props，如果这样做了，Vue会在浏览器的控制台中发出警告。例如，在子组件的mounted方法中调用：

```
this.info= 'abc'
```

可以看到控制台上的警告如图11-11所示。

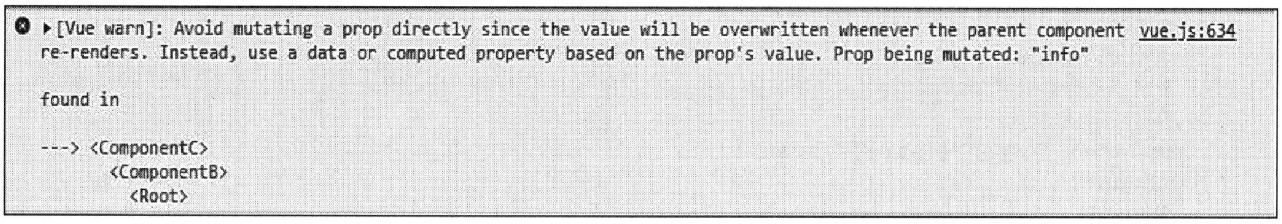

图 11-11 控制台上的警告信息

Vue中父传子的方式形成了一个单向下行绑定，叫作单向数据流。父级props的更新会向下流动到接收这个props的子组件中，触发对应的更新，但是反过来则不行。这样可以防止有多个子组件的父组件内的值被修改时，无法查找到是哪个子组件的修改的场景，从而避免了应用中的数据流向无法清晰地追溯。

如果需要在子组件中监听props的变化，那么可以直接在子组件中使用监听器watch，代码如下：

```
props: ['info'],
watch: {
  info(v) {
    console.log(v)
  }
}
```

如果遇到确实需要改变props值的应用场合，则可以采用下面的解决办法：

● 使用props来传递一个初始值，该子组件接下来希望将它作为一个本地的props数据来使用，在这种情况下，最好定义一个本地的data属性，并将这个props用作其初始值，代码如下：

```
props: ['info'],
data() {
  return {
    myInfo: this.info
  }
}
```

● 使用props时，把它当作初始值，使用的时候需要进行一下转换。在这种情况下，最好使用props的值来定义一个计算属性：

```
props: ['info'],
computed: {
  myInfo() {
    return this.info.trim().toLowerCase()
  }
}
```

props机制是在Vue中非常常用的传值方法，所以掌握好它是非常重要的，那么如何实现父组件调用子组件的方法呢？那就是使用$refs属性。

2. $refs

利用Vue实例的$refs属性可以实现父组件调用子组件的方法，修改示例代码11-2-1中的部分代码。如示例代码11-2-4所示。

示例代码 11-2-4 $refs 通信

```
const componentD = {
  data () {
    return {
      str: 'I am D'
    }
  },
  template: '<span>{{str}}</span>',
  methods:{
    dFunc(){
      console.log('D的方法')
    }
  }
}
const componentB = {
  data () {
    return {
      str: 'I am B',
      info: 'data from B'
    }
  },
  template: '<div>'+
              '{{str}}'+
              '<div>'+
                '<component-c :info=\'info\'/>,'+
                // 在调用component-d时，给其设置一个ref为componentD
                '<component-d ref=\'componentD\'/>'+
              '</div>'+
            '</div>',
  components: {
    'component-c': componentC,
    'component-d': componentD
  },
  mounted(){
    // 通过$refs找到在上面设置的componentD，就可以拿到D组件的实例，然后调用dFunc()方法
    this.$refs.componentD.dFunc()
  }
}
```

当运行这段代码时，若在控制台上看到"console.log('D的方法')"，则说明运行正常。当父组件想要调用子组件的方法时，首先需要给子组件绑定一个ref值（即componentD），然后就可以在父组件当前的实例中通过this.$refs.componentD得到子组件的实例，拿到子组件的实例之后，就可以调用子组件定义在methods中的方法了。

需要说明的是，在Vue中，也可以给原生的DOM元素绑定ref值，这样通过this.$refs拿到的就是原生的DOM对象。代码如下：

```
<button ref="btn"></button>
```

11.2.3　子组件向父组件通信

在11.2.2节我们尝试了直接修改父组件的props，但是会报错，所以需要有一个新的机制来实现子组件向父组件通信，可以理解为下面两点：

- 子组件向父组件传值。
- 子组件调用父组件的方法。

与父组件向子组件通信不同的是，子组件在调用父组件方法的同时就可以向父组件传值，这里可以使用$emit方法和自定义事件来实现。

1. $emit

$emit方法的主要作用是触发当前组件实例上的事件，所以子组件调用父组件方法就可以理解成子组件触发了绑定在父组件上的自定义事件。修改示例代码11-2-1中的部分代码，如示例代码11-2-5所示。

示例代码 11-2-5 $emit 通信

```
const componentC = {
  data () {
    return {
      str: 'I am C'
    }
  },
  template: '<span>{{str}} </span>',
  // 在子组件的mounted方法中调用this.$emit来触发自定义事件
  mounted(){
    this.$emit('myFunction','hi')
  }
}
const componentB = {
  template: '<div>'+
              '<div>'+
                // 将myFunction方法通过v-on传入子组件
                '<component-c @myFunction=\'myFunction\' />,'+
              '</div>'+
            '</div>',

  components: {
    'component-c': componentC
  },
  methods:{
    // 定义父组件需要被子组件调用的方法
    myFunction(data){
      console.log('来自子组件的调用',data)
    }
  }
}
```

首先需要在父组件的methods中定义myFunction方法，然后在template中使用<component-c/>组件时，将myFunction传入子组件，这里采用的是v-on指令（即@myFunction）。在前面的章节中，我们使用v-on来监听原生DOM绑定的事件，例如@click，这里的@myFunction实际上就是一个自定义事件。

然后，在子组件C中，通过this.$emit('myFunction','hi')就可以通知父组件对应的myFunction方法，第一个参数就是父组件中v-on指令的参数值（即@myFunction），第二个参数是需要传递给父组件的数据。如果在控制台中看到"console.log('来自子组件的调用','hi')"，就说明调用成功了。

这样，在完成子组件调用父组件方法的同时，也向父组件传递了数据，这里是使用$emit方法来实现的。子组件调用父组件还可以用其他方式来实现，接下来继续介绍。

2. $parent

这种方法比较直观，可以直接操作父子组件的实例：在子组件中通过this.$parent获取父组件的实例，从而调用父组件中定义的方法，类似于前文介绍的通过$refs获取子组件的实例。修改示例代码11-2-1中的部分代码，如示例代码11-2-6所示。

示例代码 11-2-6 $parent 方法的使用

```
const componentC = {
  data () {
    return {
      str: 'I am C'
    }
  },
  template: '<span>{{str}}</span>',
  mounted(){
    // 直接采用$parent方法进行调用
    this.$parent.myFunction('$parent方法调用')
  }
}

const componentB = {
  template: '<div>'+
              '<div>'+
                '<component-c />'+
              '</div>'+
            '</div>',
  components: {
    'component-c': componentC,
  },
  methods:{
    myFunction(data){
      console.log('来自子组件的调用',data)
    }
  }
}
```

需要注意的是，采用$parent方法，在父组件的template中使用 <component-c /> 时，无须采用 v-on 方法传入 myFunction，因为this.$parent可以获取父组件的实例，所以其内定义的方法都可以调用。

但是，Vue并不推荐以这种方法来实现子组件调用父组件，因为一个父组件可能会有多个子组件，所以这种方法对父组件中的状态维护是非常不利的，当父组件的某个属性被改变时，无法以循规溯源的方式去查找到底是哪个子组件改变了这个属性。因此，应有节制地使用$parent方法，它的主要目的是作为访问组件的应急方法，推荐使用$emit方法实现子组件向父组件的通信。

下面使用一张图来大致总结一下父子组件通信的方式，如图11-12所示。

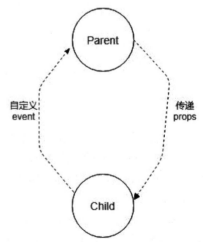

图 11-12　父子组件之间的通信

11.2.4　父子组件的双向数据绑定与自定义 v-model

在前面的章节中我们曾经讲过，父组件可以使用props给子组件传值，当父组件的props更新时也会同步传递给子组件，但是子组件无法直接修改父组件的props，这其实是一个单向的过程。但是在一些情况下，我们可能会需要对一个props进行"双向绑定"，即子组件的值更改后，父组件也同步进行更改。

在10.2.2节中，我们了解到v-model指令主要是结合一些原生的表单元素（例如<input>等）使用，对于我们自定义的组件，也可以用v-model来实现组件通信，修改示例代码11-2-1中的部分代码，如示例代码11-2-7所示。

示例代码 11-2-7　自定义组件 v-model

```javascript
// 子组件
const componentD = {
  props:['info'],

  template: '<span>'+
              '子组件的info:{{info}}'+
              '<button @click="clickCallback">点我换Tom</button>'+
            '</span>',
  methods:{
    clickCallback(){
      this.$emit('update:info','Tom')
    }
  }
}
// 父组件
const componentB = {
  data () {
    return {
      info: 'Jack'
    }
  },
  template: '<div>'+
              '父组件的info:{{info}}'+
              '<div>'+
                '<component-d v-model:info="info" />'+
              '</div>'+
            '</div>',
  components: {
    'component-d': componentD
  },
}
```

在父组件的data中定义了info属性，并且通过v-model的方式传递给了子组件，代码如下：

```
<component-d v-model:info="info" />
```

在子组件中，给按钮button绑定了一个单击事件，在事件回调函数clickCallback中采用如下代码：

```
this.$emit('update:info','Tom')
```

这样更新就会同步到父组件的props中，调用$emit方法实际上就是触发一个父组件的方法，这里的update是固定写法，代表更新，而:info表示更新info这个prop，第二个参数Tom表示更新的值。其中，v-model的配置含义如图11-13所示。

在单击按钮之后，可以看到父组件中的info被更新成了Tom，子组件的info也更新成了Tom，这就完成了父子组件的"双向绑定"。

图 11-13　v-model 的配置

11.2.5　非父子关系组件的通信

对于父子组件之间的通信，前面介绍的几种方式都是完全可以实现的，但是对于不是父子关系的两个组件，又该如何实现通信呢？非父子关系组件的通信分为两种方式：

- 拥有同一父组件的两个兄弟组件的通信。
- 没有任何关系的两个独立组件的通信。

1. 兄弟组件的通信

对于具有同一个父组件B的兄弟组件C和D而言，可以借助父组件B这个桥梁实现兄弟组件的通信。修改示例代码11-2-1中的部分代码，如示例代码11-2-8所示。

示例代码 11-2-8　兄弟组件的通信

```
// 子组件
const componentC = {
  props:['infoFromD'],
  template: '<span>收到来自D的消息: {{infoFromD}}</span>',
}

// 子组件
const componentD = {

  template: '<span><button @click="clickCallback">点我换通知C</button></span>',
  methods:{
    clickCallback(){
      // 先通知父元素
      this.$emit('saidToC','I am D')
    }
  }
}

// 父组件
const componentB = {
  data () {
    return {
      infoFromD: ''
    }
  },
  template: '<div>'+
        '<div>'+
          '<component-c :infoFromD="infoFromD"/>,'+
          '<component-d @saidToC="saidToC" />'+
        '</div>'+
      '</div>',
  components: {
```

```
      'component-c': componentC,
      'component-d': componentD
    },
    methods:{
      saidToC(data){
        console.log('来自D组件的调用',data)
        // 在父元素中通过props的更新来更新C组件的数据
        this.infoFromD = data;
      }
    }
  }
```

在D组件中通过$emit调用父组件的方法，在父组件中修改data中的infoFromD，同时也影响到了作为props传递给C组件的infoFromD，这就实现了兄弟组件的通信。

但是，这种方法总让人觉得比较绕，假如两个组件没有兄弟关系，那么又该采用什么方法来通信呢？

2. 事件总线EventBus和mitt

在Vue 2中，可以采用EventBus方法实现没有任何关系的两个独立组件的通信。实际上就是将沟通的桥梁换成自己。这种方法同样需要有桥梁作为通信中继，就像所有组件共用相同的事件中心，可以向该中心发送事件或接收事件，所有组件都可以上下平行地通知其他组件。修改示例代码11-2-1中的部分代码，并用Vue 2的语法来写，如示例代码11-2-9所示。

示例代码 11-2-9　EventBus 通信

```
// 子组件
var componentC = {
  data: function () {
    return {
      infoFromD: ''
    }
  },
  template: '<span>收到来自D的消息：{{infoFromD}}</span>',
  mounted:function(){
    this.$EventBus.$on('eventBusEvent',function(data){
      this.infoFromD = data;
    }.bind(this))
  }
}
...
// 子组件
var componentD = {
  template: '<span><button @click="clickCallback">点我换通知C</button></span>',
  methods:{
    clickCallback:function(){
      this.$EventBus.$emit('eventBusEvent','I am D')
    }
  }
}
// 父组件
var componentB = {

  template: '<div>'+
              '<component-c />'+
              '<component-d />'+
            '</div>',
  components: {
```

```
    'component-d': componentD,
    'component-c': componentC
  },
}
...
//定义中央事件总线
var EventBus = new Vue();

// 将中央事件总线赋值给Vue.prototype,这样所有组件就都能访问到了
Vue.prototype.$EventBus = EventBus;

// 定义一个根实例vmA
var vmA = new Vue({
  el: '#app',
  components: {
    'component-b': componentB
  }
})
```

在上面的代码中用到的C、D组件,它们之间没有任何关系,在C组件的mounted方法中通过this.$EventBus.$on('eventBusEvent',function(){...})实现了事件的监听,然后在D组件的单击回调事件中通过this.$EventBus.$emit('eventBusEvent')实现了事件的触发,eventBusEvent是一个全局的事件名。

接着,通过new Vue()实例化了一个Vue的实例,这个实例是一个没有任何方法和属性的空实例,称之为"中央事件总线(EventBus)",然后将它赋值给Vue.prototype.$EventBus,使得所有的组件都能够访问到。

$on方法和$emit方法其实都是Vue实例提供的方法,这里的关键点就是利用一个空的Vue实例来作为桥梁,实现事件分发,它的工作原理是发布/订阅方法,通常称为Pub/Sub,也就是发布和订阅的模式。

在Vue 3中,由于取消了Vue中全局变量Vue.prototype.$EventBus这种写法,因此已经无法采用EventBus这种事件总线来进行通信,取而代之的是采用第三方事件总线库mitt。

在页面中引入mitt的JavaScript文件或者在项目中采用import方式引入mitt,代码如下:

```
<script src="https://unpkg.com/mitt/dist/mitt.umd.js"></script>
```

或

```
import mitt from 'mitt'
```

mitt的使用方法和EventBus非常类似,同样是基于Pub/Sub模式,并且更加简单,可以在需要进行通信的地方直接使用,如示例代码11-2-10所示。

示例代码11-2-10　mitt 的使用

```
const emitter = mitt()

// 子组件
const componentC = {
  data () {
    return {
      infoFromD: ''
    }
  },
  template: '<span>收到来自D的消息: {{infoFromD}}</span>',
  mounted(){
    emitter.on('eventBusEvent',(data)=>{
      this.infoFromD = data;
```

```
    })
  }
}
// 子组件
const componentD = {

  template: '<span><button @click="clickCallback">点我换通知C</button></span>',
  methods:{
    clickCallback(){
      emitter.emit('eventBusEvent','I am D')
    }
  }
}
```

从上面的代码可以看到，与EventBus相比，mitt的方式无须创建全局变量，使用起来更加简单。

以事件总线的方式进行通信使用起来非常简单，可以实现任意组件之间的通信，其中没有多余的业务逻辑，只需要在组件状态变化时触发一个事件，随后在处理逻辑组件中监听该事件即可。这种方法非常适合小型的项目，但是对于一些大型的项目，要实现复杂的组件通信和状态管理，就需要使用Vuex了。

11.2.6　provide/inject

通常，当需要从父组件向子组件传递数据时，我们使用props。想象一下这样的结构：有一些深度嵌套的组件，深层的子组件只需要父组件的部分内容。在这种情况下，如果仍然将 props沿着组件链逐级传递下去，那么可能会很麻烦。

对于这种情况，我们可以使用一对provide（提供）和inject（注入）。无论组件层次结构有多深，父组件都可以作为其所有子组件的依赖提供者。这个特性有两个部分：父组件有一个provide选项来提供数据，子组件有一个inject选项来使用这些数据，如图11-14所示。

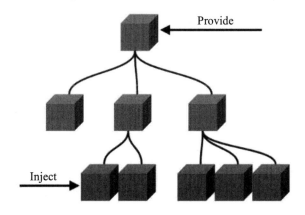

图 11-14　provide 和 inject

我们有以下的层次结构：

```
Root
└── TodoList
    ├── TodoItem
    └── TodoListFooter
        ├── ClearTodosButton
        └── TodoListStatistics
```

如果要将TodoList的长度直接传递给TodoListStatistics，则要将prop逐级传递下去：TodoList →
TodoListFooter → TodoListStatistics。通过provide/inject方法，我们可以直接执行以下操作，如示
例代码11-2-11所示。

示例代码 11-2-11　provide/inject 方法（1）

```
const app = Vue.createApp({})
app.component('todo-list', {
  data() {
    return {
      todos: ['Feed a cat', 'Buy tickets']
    }
  },
  provide: {
    user: 'John Doe'
  },
  template: `
    <div>
      {{ todos.length }}
      <!-- 模板的其余部分 -->
    </div>
  `
})
app.component('todo-list-statistics', {
  inject: ['user'],
  created() {
    console.log(this.user) // 注入 property: John Doe
  }
})
```

但是，如果我们在此处提供一些组件的实例data属性，将是不起作用的，代码如下：

```
app.component('todo-list', {
  data() {
    return {
      todos: ['Feed a cat', 'Buy tickets']
    }
  },
  provide: {
    todoLength: this.todos.length
    // 将会导致错误 `Cannot read property 'length' of undefined`
  },
  ...
})
```

要访问组件实例data中的属性，我们需要将 provide 转换为返回对象的函数，代码如下：

```
app.component('todo-list', {
  data() {
    return {
      todos: ['Feed a cat', 'Buy tickets']
    }
  },
  provide() {
    return {
      todoLength: this.todos.length
    }
  },
  ...
})
```

这使我们能够更安全地继续开发该组件，而不必担心可能会更改/删除子组件所依赖的某些内容。这些组件之间的接口仍然是明确定义的，就像props一样。

实际上，除了以下两种情况之外，可以将inject看作long range（跨组件）props：

- 父组件不需要知道哪些子组件使用它提供的data属性。
- 子组件不需要知道注入的data属性来自哪里。

在上面的例子中，如果我们更改了todos的列表，那么这个变化并不会反映在注入todoLength 属性中。这是因为在默认情况下，provide/inject绑定并不是响应式的。我们可以通过传递一个ref属性或reactive对象给provide来改变这种行为。如果想对祖先组件中的更改做出响应，则需要为提供的todoLength分配一个组合式 API computed 属性，如示例代码11-2-12所示。

示例代码 11-2-12　provide/inject 方法（2）

```
app.component('todo-list', {
  ...
  provide() {
    return {
      todoLength: Vue.computed(() => this.todos.length)
    }
  }
})

app.component('todo-list-statistics', {
  inject: ['todoLength'],
  created() {
    console.log(this.todoLength.value) // Injected property: 5
  }
})
```

在这种情况下，任何对todos.length的改变都会被正确地反映在注入todoLength的组件中，我们会在第12章详细介绍组合式 API的使用。

11.3　组 件 插 槽

在使用Vue.js的过程中，有时需要在组件中预先设置一部分内容，但是这部分内容并不确定，而是依赖于父组件的设置，这种情况俗称为"占坑"。在Vue.js中有一个专有名词slot，或者是组件<slot>，翻译成中文叫作"插槽"。如果用生活中的物体形容插槽，它就是一个可以插入插销的槽口，比如插座的插孔。如果用专用术语来理解，那么插槽是组件的一块HTML模板，这块模板是否显示以及怎样显示由父组件来决定。插槽主要分为默认插槽、具名插槽、动态插槽名、插槽后备、作用域插槽。

11.3.1　默认插槽

先来看一个简单的例子，如示例代码11-3-1所示。

示例代码 11-3-1　默认插槽的示例

```
<!DOCTYPE html>
```

```html
<html lang="en">
<head>
  <meta charset="utf-8">
  <meta name="viewport" content="width=device-width, initial-scale=1.0,
     maximum-scale=1.0, user-scalable=no" />
  <title>vue插槽</title>
  <script src="https://unpkg.com/vue@3.2.28/dist/vue.global.js"></script>
</head>
<body>
  <div id="app">
    <children>
      <span>abc</span>
    </children>
  </div>
  <script>
  Vue.createApp({
      components: {
     children: {
     template:
      "<div id='children'>"+
         "<slot></slot>"+
       "</div>"
     }
    }
  }).mount("#app")
  </script>
</body>
</html>
```

上面的代码是完整的HTML代码，可以直接在浏览器中运行，本节后面的代码都会以此为基础。下面定义一个子组件children，children的template设置了插槽，同时在根实例中使用了children组件，当程序运行时，#app的HTML内容会被替换成：

```html
<div id="app">
  <div id="children">
    <span>abc</span>
  </div>
</div>
```

插槽理解起来很简单，<slot></slot>预先占了"坑"，未被父元素导入时，并不确定这里要显示什么。当这段代码运行时，这里的内容就被替换成了abc，这就是一个简单的默认插槽。

11.3.2 具名插槽

当需要多个插槽时，需要标识出每个插槽替换哪部分内容，给每个插槽指定名字（name），这就是具名插槽，如示例代码11-3-2所示。

示例代码 11-3-2 具名插槽的声明

```
Vue.createApp({
  components: {
    children: {
      template:
      "<div id='children'>"+
        "<slot name='one'></slot>"+
        "<slot name='two'></slot>"+
      "</div>"
```

```
    }
  }
});
```

在向具名插槽提供内容时，可以在一个<template>元素上使用v-slot指令，并以v-slot的参数的形式提供名称，如示例代码11-3-3所示。

示例代码 11-3-3　具名插槽的使用

```
<div id="app">
  <children>
    <template v-slot:one><p>Hello One Slot!</p></template>
    <template v-slot:two><p>Hello Two Slot!</p></template>
  </children>
</div>
```

当然，具名插槽和默认插槽也可以一起使用，如果有些内容没有被包裹在带有v-slot的<template>中，那么这些内容就会被视为默认插槽的内容，如示例代码11-3-4所示。

示例代码 11-3-4　具名插槽和默认插槽的混合使用

```
<div id="app">
  <children>
    <template v-slot:one><p>Hello One Slot!</p></template>
    <template v-slot:two><p>Hello Two Slot!</p></template>
    <p>Hello Default Slot!</p>
  </children>
</div>
Vue.createApp({
  components: {
    children: {
      template:
      "<div id='children'>"+
        "<slot name='one'></slot>"+
        "<slot name='two'></slot>"+
        "<slot></slot>"+
      "</div>"
    }
  }
    }).mount("#app");
```

<slot></slot>会被替换成<p>Hello Default Slot!</p>，当然也可以明确地给<template>指定default名字来显示默认插槽，代码如下：

```
<template v-slot:default>
  <p>Hello Default Slot!</p>
</template>
```

与v-on和v-bind一样，v-slot也有缩写，即把参数之前的所有内容（v-slot:）替换为字符"#"。例如v-slot:one可以被重写为#one，代码如下：

```
<template #one><p>Hello One Slot!</p></template>
<template #two><p>Hello Two Slot!</p></template>
```

这样看起来更加简单便捷。

11.3.3　动态插槽名

在10.2.2节中讲解过指令的动态参数，也就是用方括号括起来的JavaScript表达式作为一个

v-slot指令的参数,因此我们可以把需要导入的插值名称通过写在组件的data属性中来动态设置插槽名，如示例代码11-3-5所示。

```
示例代码 11-3-5    动态插槽名
<div id="app">
  <children>
    <template v-slot:[slotname]><p>Hello One Slot!</p></template>
  </children>
</div>
Vue.createApp({
  data(){
    return {
      slotname:'one'
    }
  },
  components: {
    children: {
      template:
      "<div id='children'>"+
        "<slot name='one'></slot>"+
      "</div>"
    }
  }
}).mount("#app")
```

需要注意的是，在指定动态参数时，slotname要保持全部小写。

11.3.4   插槽后备

有时为一个插槽设置具体的后备（也就是默认的）内容是很有用的，它只会在没有提供内容的时候被渲染。可以把后备理解成写在<slot></slot>中的内容，例如在一个自定义的text组件中写如下代码：

```
const text = {
  template: '<p><slot></slot></p>',
}
```

若希望这个text组件在绝大多数情况下都渲染文本"default content"，则可以将"default content"作为后备内容，将它放在<slot>标签中：

```
const text = {
  template: '<p><slot>default content</slot></p>',
}
```

倘若在一个父级组件中使用text组件，并且不提供任何插槽内容，则后备内容"default content"将会被渲染，代码如下：

```
<text></text>
// 渲染为
<p>
  default content
</p>
```

如果我们提供了内容，则提供的内容将会被渲染从而取代后备内容，代码如下：

```
<text>Hello Text! </text>
```

```
// 渲染为:
<p>
  Hello Text!
</p>
```

在大多数场合下，插槽后备要结合作用域插槽来使用。下面来讲解一下作用域插槽。

11.3.5　作用域插槽

作用域插槽比之前两个插槽要复杂一些。虽然Vue官方称它为作用域插槽，实际上我们可以把它理解成"带数据的插槽"。让插槽能够访问当前子组件中才有的数据有时是很有用的，可以以此来定义自己的渲染逻辑。例如11.3.4节的text组件，我们将person.name作为后备，代码如下：

```
const text = {
  data(){
    return {
      person: {
        age: 20,
        name: 'Jack'
      }
    }
  },
  template: '<p><slot>{{person.name}}</slot></p>',
}
```

插槽在当前的text组件中是可以正常使用的，但是有时我们需要将person数据带给使用text组件的父组件，以便让父组件也可以使用person，可以进行如示例代码如11-3-6所示的设置。

示例代码 11-3-6　作用域插槽的设置

```
<div id="app">
  <children>
    <template v-slot:default="slotProps">
      {{ slotProps.person.age }}
    </template>
  </children>
</div>
const text = {
  data(){
    return {
      person: {
        age: 20,
        name: 'Jack'
      }
    }
  },
  template: '<p><slot v-bind:person="person"></slot></p>',
}

Vue.createApp({
  components: {
    children: text
  }
}).mount("#app")
```

首先，在<slot>中使用v-bind来绑定person的值，我们称这个值为插槽的props，就是标识出这个插槽想要将person带给外部父组件使用。同时，在父组件上，可以给<template>设置v-slot:default="slotProps",其中冒号后面的是参数，因为是默认插槽，没有指定名字，所以使用default，而等号后面的值"slotProps"用于定义我们提供的插槽props的名字。运行上面的代码段后，将会显示出person.age的值20。另外，对于默认插槽还可以采用更简单的方法，即直接省略:default，代码如下：

```
<template v-slot="slotProps"></template>
```

上面我们采用的是没有名字的默认插槽，当然也可以使用多个作用域插槽来设置作用域，如示例代码11-3-7所示。

示例代码 11-3-7　多个作用域插槽

```
<p><slot :person="person">{{person.name}}</slot></p>
<p><slot name="one" :person="person">{{person.name}}</slot></p>
<p><slot name="two" :person="person">{{person.name}}</slot></p>
...
<template v-slot:default="slotProps">
  {{ slotProps.person.age }}
</template>
<template v-slot:one="oneProps">
  {{ oneProps.person.age }}
</template>
<template v-slot:two="twoProps">
  {{ twoProps.person.age }}
</template>
```

注意，在多个具名插槽的作用域下，就不能使用极简的v-slot="slotProps"写法了，因为这样写会导致作用域不明确。

11.3.6　解构插槽 props

在ES 6中，解构是对赋值运算符的扩展，针对数组或者对象进行模式匹配，然后对其中的变量进行赋值，而插槽props也支持解构。作用域插槽的内部工作原理是将用户的插槽内容包括在一个传入单个参数的函数中，代码如下：

```
function (slotProps) {
  ...// 插槽内容
}
```

这意味着v-slot的值实际上可以是任何能够作为函数定义中的参数的JavaScript表达式，可以使用ES 6解构来传入具体的插槽prop，如示例代码11-3-8所示。

示例代码 11-3-8　解构插槽 props（1）

```
<div id="app">
  <children>
    <template v-slot:default="{ person }">
      {{ person.age }}
    </template>
  </children>
</div>
const text = {
  data(){
    return {
      person: {
```

```
      age: 20,
      name: 'Jack'
    }
  }
},
template: '<p><slot :person="person"></slot></p>',
}

Vue.createApp({
  components: {
    children: text
  }
}).mount("#app")
```

这样就可以省略掉slotProps，直接获取到person。另外，如果传递多个props，也可以用一个v-slot
来接收，如示例代码11-3-9所示。

示例代码 11-3-9　解构插槽 props（2）

```
<div id="app">
  <children>
      <template v-slot:default="{ person,info }">
          {{ person.age }}
          {{ info.title }}
      </template>
  </children>
</div>
const text = {
  data(){
    return {
      person: {
        age: 20,
        name: 'Jack'
      },
      info:{
        title:'title'
      }
    }
  },
  template: '<p><slot :person="person" :info="info"></slot></p>',
}
```

至此，关于插槽相关的知识已经基本讲解完毕了。总结一下，就是把插槽理解成一个用来"占
坑"的特殊组件，这样比较容易理解。

11.4　动 态 组 件

Vue.js提供了一个特殊的内置组件<component>来动态地挂载不同的组件，主要利用is属性，同
时可以结合v-bind来动态绑定。关于动态组件的使用如示例代码11-4-1所示。

示例代码 11-4-1　动态组件的运用

```
<div id="app">
  <span>点击切换：</span>
  <button @click="name = 'one'">组件1</button>
  <button @click="name = 'two'">组件2</button>
```

```
  <button @click="name = 'three'">组件3</button>
  <component :is="name"></component>
</div>
Vue.createApp({
    data(){
      return {
        name: 'one'
      }
    },
    components: {
      one: {template: '<div>我是组件一:<input></input></div>'},
      two: {template: '<div>我是组件二:<input></input></div>'},
      three: {template: '<div>我是组件三:<input></input></div>'}
    }
}).mount("#app")
```

在上面的代码中,将data的name属性进行了动态绑定,当分别修改name的值时(one、two、three),
<component>便会分别替换成对应的组件。动态组件的特点总结如下:

- 动态组件就是把几个组件放在一个挂载点下,然后根据父组件的某个变量来决定显示哪个,
  或者都不显示。
- 在挂载点使用<component>标签,然后使用is = "组件名",同时可以结合v-bind来动态绑定,
  它会自动去找匹配的组件名。

<component>默认不会保存上一次的组件状态,例如运行示例代码11-4-1中的代码时,如果我
们在<input>中输入一些值,那么当组件被替换时,这些内容就消失了;如果需要保留组件状态,
可以使用内置组件<keep-alive>,如示例代码11-4-2所示。

示例代码 11-4-2　动态组件的运用<keep-alive>

```
<div id="app">
  <span>点击切换: </span>
  <button @click="name = 'one'">组件1</button>
  <button @click="name = 'two'">组件2</button>
  <button @click="name = 'three'">组件3</button>
  <keep-alive>
    <component :is="name"></component>
  </keep-alive>
</div>
Vue.createApp({
    data(){
      return {
        name: 'one'
      }
    },
    components: {
      one: {template: '<div>我是组件一:<input /></div>'},
      two: {template: '<div>我是组件二:<input /></div>'},
      three: {template: '<div>我是组件三:<input /></div>'}
    }
}).mount("#app")
```

使用<keep-alive>之后,我们再次切换组件,这时组件的状态就得到保留,在第15章中会讲到
Vue Router,其中的<router-view>就是动态组件的一种形式。

11.5　异步组件和<suspense>

在大型应用的Vue中，可能会有成百上千个组件，但是对于单个用户来说，所访问的页面不需要用到所有组件的代码，可能只需要其中一部分，或者说在当前页面不需要，而在下一个页面需要，所以我们需要有一种机制能够做到只在需要的时候才去加载一个组件。这些组件需要在一些异步的逻辑判断之后才能加载，称这些组件为异步组件。Vue有一个 defineAsyncComponent方法可以创建异步组件，如示例代码11-5-1所示。

示例代码 11-5-1　异步组件

```
<div id="app">
  <async-example />
</div>
const app = Vue.createApp({})
const AsyncComp = Vue.defineAsyncComponent(
  () =>
    new Promise((resolve, reject) => {
      setTimeout(()=>{
        resolve({
          template: '<div>I am async!</div>'
        })
      },3000)
    })
)
app.component('async-example', AsyncComp)
app.mount("#app")
```

运行上面的代码，3s后在页面中会出现<async-example>组件的内容，模拟了需要异步操作的场景。defineAsyncComponent方法也可以接收一个对象，提供更加丰富的配置，代码如下：

```
const AsyncComp = defineAsyncComponent({
  // 工厂函数
  loader: () => import('./Foo.vue'),
  // 加载异步组件时要使用的组件
  loadingComponent: LoadingComponent,
  // 加载失败时要使用的组件
  errorComponent: ErrorComponent,
  // 在显示 loadingComponent 之前的延迟 | 默认值: 200（单位为 ms）
  delay: 200,
  // 如果提供了timeout，并且加载组件的时间超过了设定值，那么将显示错误组件
  // 默认值: Infinity（即永不超时，单位为 ms）
  timeout: 3000,
  // 定义组件是否可挂起 | 默认值: true
  suspensible: false,
  /**
   *
   * @param {*} error 错误信息对象
   * @param {*} retry 一个函数，用于指示当 promise 加载器 reject 时，加载器是否应该重试
   * @param {*} fail  一个函数，指示加载程序结束退出
   * @param {*} attempts 允许的最大重试次数
   */
  onError(error, retry, fail, attempts) {
    if (error.message.match(/fetch/) && attempts <= 3) {
      // 请求发生错误时重试，最多可尝试 3 次
```

```
      retry()
    } else {
      // 注意，retry/fail 就像 promise 的 resolve/reject 一样
      // 必须调用其中一个才能继续进行错误处理
      fail()
    }
  }
})
```

在等待异步结果时，页面空白展示的话用户体验会不太好，这时就可以借助Vue 3中的
<suspense>，如示例代码11-5-2所示。

示例代码 11-5-2　异步组件和<suspense>

```
<div id="app">
  <suspense>
    <template #default>
      <async-example />
    </template>
    <template #fallback>
      <div>
        Loading...
      </div>
    </template>
  </suspense>
</div>
const app = Vue.createApp({})
const AsyncComp = Vue.defineAsyncComponent(
  () =>
    new Promise((resolve, reject) => {
      setTimeout(()=>{
        resolve({
          template: '<div>I am async!</div>'
        })
      },3000)
    })
)
app.component('async-example', AsyncComp)
app.mount("#app")
```

上面的代码中，在<async-example>组件加载之前，页面会首先展示Loading...，以此来提升等
待时的用户体验。

<suspense>组件有两个插槽，它们都只接收一个子组件。default插槽里的内容会优先展示，前
提是里面的内容被全部解析；而如果是异步组件，则需要异步逻辑执行完成之后才能解析，这时先
展示fallback插槽里的内容。

需要说明的是，default插槽里的<async-example>可以是异步组件，也可以本身不是异步组件，
但是其子组件是异步组件，这种情况下也需要所有子组件的异步逻辑全部执行完之后才会完成解析。

<suspense>也可以和动态组件结合使用，例如Vue Router中的<router-view>和动画组件
<transition>等，如示例代码11-5-3所示。

示例代码 11-5-3　异步组件和<router-view>、<transition>

```
<router-view v-slot="{ Component }">
  <template v-if="Component">
    <transition mode="out-in">
      <keep-alive>
        <suspense>
```

```
      <component :is="Component"></component>
      <template #fallback>
        <div>
          Loading...
        </div>
      </template>
    </suspense>
  </keep-alive>
</transition>
  </template>
</router-view>
```

上面代码中的场景是，采用Vue Router切换页面时添加过渡动画，在动画的间隙展示Loading...，以此来提升用户体验，我们会在后面的章节详细讲解Vue Router和动画的使用。

11.6　<teleport>组件

<teleport>是Vue 3引入的新内置组件，主要功能是可以自由定制组件内容将要渲染在页面DOM中的位置。举一个常见的例子，当我们需要在某段逻辑中添加一个弹窗modal组件，并且这个modal组件只有个别组件会用到时，可以自己设计这个弹窗组件，一般如示例代码11-6-1所示。

示例代码 11-6-1　弹窗

```
<body>
  <div id="app">
    <!--main page content here-->
  </div>
  <!--modal here-->
</body>
```

按照传统思路，需要将弹窗的UI代码放在body底部，然后通过原生JavaScript和CSS来修改UI，这并不是很规范，并且弹窗组件的父组件没法放在使用该弹窗的组件内部，而是必须放在根组件#app同级（受限于弹窗一般需要模态遮罩，且该遮罩需要覆盖在完整的body上面并通过CSS样式进行设置）。

使用<teleport>则可以在当前使用者组件的代码中引入弹窗组件相关的逻辑，只需要指定渲染到哪个DOM节点即可，如示例代码11-6-2所示。

示例代码 11-6-2　<teleport>组件

```
// modal.vue
<template>
  <teleport to="body">
    <div class="modal  mask">
      <div class="modal  main">
        ...// 弹窗内容
      </div>
    </div>
  </teleport>
</template>

// user.vue
<template>
  <div>子组件User</div>
  <modal />
</template>
```

上面的代码将弹窗内容放入<teleport>内,并设置to属性为body,表示弹窗组件每次渲染都会作为body的子级,这样之前的问题就能得到解决。

<teleport>组件接收两个props,第一个to是字符串类型,表示将要渲染的节点选择器,支持常用的CSS选择器,代码如下:

```
<!-- 正确 -->
<teleport to="#some-id" />
<teleport to=".some-class" />
<teleport to="[data-teleport]" />

<!-- 错误 -->
<teleport to="h1" />
<teleport to="some-string" />
```

第二个props是disabled,布尔类型,表示禁用<teleport>的功能,这意味着<teleport>的内容将不会渲染到任何位置,而是用户在周围父组件中指定了<teleport>的位置渲染。

多个<teleport>可以指定同一个DOM节点,顺序是简单的追加,后面渲染的内容将会在之前渲染的内容之后,代码如下:

```
<teleport to="#modals">
  <div>A</div>
</teleport>
<teleport to="#modals">
  <div>B</div>
</teleport>

<!-- 结果-->
<div id="modals">
  <div>A</div>
  <div>B</div>
</div>
```

总之,<teleport>内置组件在代码层面提供了一种很便捷的方法,允许我们控制在DOM中的哪个父节点下渲染HTML,而不必使用求助于全局状态或原生JavaScript来设置内容这种蹩脚的写法。

11.7 Mixin 对象

在日常的项目开发中,有一个很常见的场景:有两个非常相似的组件,它们的基本功能是一样的,但它们之间又存在着足够的差异性,此时用户就像是来到了一个岔路口——是把它拆分成两个不同的组件呢,还是保留为一个组件,然后通过props传值来创造差异性从而进行区分呢?

两种解决方案都不够完美:如果拆分成两个组件,用户就不得不冒着一旦功能变动就要在两个文件中更新代码的风险;反之,太多的props传值会很快变得混乱不堪,从而提升维护成本。

Vue中提供了Mixin(混入)对象,它可以将这些公共的组件逻辑抽离出来,从而使这些功能类似的组件可以公用这部分逻辑而不会影响公用之外的逻辑。

Mixin对象是一个类似Vue组件但又不是组件的对象,当组件使用Mixin对象时,所有Mixin对象的选项将被"混合"进入该组件本身的选项,如示例代码11-7-1所示。

示例代码 11-7-1 Mixin 的使用

```
const myMixin = {
  created() {
```

```
    this.hello()
  },
  methods: {
    hello() {
      console.log('hello from mixin!')
    }
  }
}
// 组件引入Mixin
const componentC = {
  mixins:[myMixin],
  data() {
    return {
      str: 'I am C'
    }
  },
  template: '<span>{{str}}</span>'
}
const componentD = {
  mixins:[myMixin],
  data() {
    return {
      str: 'I am D'
    }
  },
  template: '<span>{{str}}</span>'
}
```

上面的代码中，组件componentC和组件componentD公用了myMixin中的逻辑，在控制台可以看到打印出"console.log('hello from mixin!')"。

11.7.1　Mixin 合并

由于Mixin和组件有着类似的选项，因此当遇到同名的选项时，需要针对这些选项进行合并，主要分为：

- data函数中属性的合并。
- 生命周期钩子的合并。
- methods、components和directive等值为对象的合并。
- 自定义选项的合并。

每个Mixin都可以拥有自己的data函数，每个data函数都会被调用，并将返回结果合并。在数据的property发生冲突时，会以组件自身的数据为优先，如示例代码11-7-2所示。

示例代码 11-7-2　Mixin data 合并

```
const myMixin = {
  data() {
    return {
      message: 'hello',
      foo: 'abc'
    }
  }
}

const vm = Vue.createApp({
```

```
  mixins: [myMixin],
  data() {
    return {
      message: 'goodbye',
      bar: 'def'
    }
  },
  created() {
    console.log(this.message) // => goodbye
  }
}).mount("#app")
```

上面的代码中，data函数中相同的message属性会优先合并自身组件的message，覆盖掉Mixin，从而打印出goodbye。

当Mixin的生命周期钩子和组件自身的生命周期钩子同名时，将会依次调用，先调用Mixin，再调用组件自身的钩子，如示例代码11-7-3所示。

示例代码 11-7-3 Mixin 生命周期钩子合并

```
const myMixin = {
  created() {
    console.log('mixin 对象的钩子被调用')
  }
}

const vm = Vue.createApp({
  mixins: [myMixin],
  created() {
    console.log('组件钩子被调用')
  }
}).mount("#app")
```

上面的代码中，会优先打印出"console.log('mixin对象的钩子被调用')"，然后打印出"console.log('组件钩子被调用')"。

当methods、components和directive等值为对象进行合并时，若两个对象的键名不一样，则合并为同一个对象，若键名一样，则取组件自身的键值对，如示例代码11-7-4所示。

示例代码 11-7-4 Mixin 其他合并（1）

```
const myMixin = {
  methods: {
    foo() {
      console.log('foo')
    },
    conflicting() {
      console.log('from mixin')
    }
  }
}

const vm = Vue.createApp({
  mixins: [myMixin],
  methods: {
    bar() {
      console.log('bar')
    },
    conflicting() {
      console.log('from self')
    }
  }
```

```
}).mount("#app")
vm.foo() // => 打印"foo"
vm.bar() // => 打印"bar"
vm.conflicting() // => 打印"from self"
```

最后，对于自定义选项，是指在组件的第一层级中添加的自定义选项，当然Mixin也可以有自己的自定义选项，虽然自定义选项使用得并不多，但是当选项同名时，也可以定义合并策略，如示例代码11-7-5所示。

示例代码 11-7-5　Mixin 其他合并（2）

```
const myMixin = {
  custom: 'hello!'
}

const app = Vue.createApp({
  mixins: [myMixin],
  custom: 'goodbye!',
  created(){
    console.log(this.$options.custom)
  }
})
app.config.optionMergeStrategies.custom = (toVal, fromVal) => {
  // 优先组件自身
  // return fromVal || toVal
  // 优先Mixin
  return toVal || fromVal
}

app.mount("#app")
```

自定义选项在合并时，默认策略为简单地覆盖已有值，也可以采用optionMergeStrategies配置自定义属性的合并方案，fromVal表示自身，toVal表示Mixin，如上面的代码所示，可以通过设置不同的返回值来定义合并策略。

11.7.2　全局 Mixin

Mixin也可以进行全局注册。使用时要格外小心，一旦使用全局Mixin，那么它将影响每个之后创建的组件，例如每个子组件，如示例代码11-7-6所示。

示例代码 11-7-6　全局 Mixin

```
<div id="app">
  <test-component />
</div>
const app = Vue.createApp({
  myOption: 'hello!'
})

// 为自定义的选项 'myOption' 注入一个处理器
app.mixin({
  created() {
    const myOption = this.$options.myOption
    if (myOption) {
      console.log(myOption)
    }
  }
})
```

```
// 将myOption也添加到子组件
app.component('test-component', {
  myOption: 'hello from component!',
  template:'<div></div>'
})
app.mount('#app')
```

上面的代码中，子组件<test-component>会打印出"hello!"。

11.7.3 Mixin 的取舍

在 Vue 2中，Mixin是将部分组件逻辑抽象成可重用块的主要工具，在一定程度上解决了多个组件的逻辑公用问题，但是也有以下几个问题：

- Mixin很容易发生冲突：因为每个Mixin的属性都被合并到同一个组件中，所以相同的property名会冲突。
- 可重用性是有限的：我们不能向Mixin传递任何参数来改变它的逻辑，这降低了它在抽象逻辑方面的灵活性。

为了解决这些问题，Vue 3提供了组合式API，添加了一种通过逻辑关注点组织代码的新方法，从而达到更加极致的逻辑共享和复用，让组件化更加完美，对此我们会在第12章进行深入讲解。

11.8 案例：Vue 3 待办事项

学习完本章的Vue.js组件内容之后，读者基本上可以掌握Vue的大部分理论知识，可以做一些较为复杂的项目。本节将同时结合组件化和工程化，开发一个待办事项程序，界面如图11-15所示。

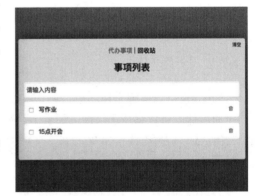

图 11-15 Vue 3 待办事项

11.8.1 功能描述

该项目是一个响应式的单页面管理系统，结合Vite工具来生成项目脚手架，主要有以下几个功能：

- 创建一个事项。
- 将事项标记为已完成。
- 将事项标记为未完成。
- 删除一个事项。
- 恢复一个删除的事项。

该项目主要使用的是Vue.js的基础知识和Vue的组件知识，比较适合初学者，主要知识包括：

- Vue.js单文件组件的使用。
- Vue.js常用指令的使用。

- Vue.js组件的通信方式。
- Vue.js的生命周期方法和事件方法的使用。
- Vue.js监听属性。
- mitt跨组件通信。

同时也包括移动端布局以及离线存储等相关知识，其中用到了Vite工具，这部分内容读者可以先跳过，我们将在第16章进行讲解。

11.8.2　案例完整代码

和之前案例不同的是，本项目采用前端工程化构建，使用Vite生成基本的目录结构，并采用单文件组件构成整体的业务逻辑，基本目录结构如图11-16所示（有些目录结构不在本章使用）。

```
├── public              // 静态文件目录
├── dist                // 打包输出目录（首次打包之后生成）
├── src                 // 项目源码目录
│   ├── assets          // 图片等第三方资源
│   ├── components      // 公共组件
│   ├── App.vue
│   ├── main.js
├── vite.config.js      // 项目配置文件，用来配置或者覆盖默认的配置
├── index.html          // 项目入口文件
└── package.json        // package.json
```

图 11-16　代码目录结构

（1）在src目录下创建views文件夹和components文件夹，在views文件夹下创建todo.vue组件和recycle.vue组件，分别表示待办事项页面和回收站页面，这两个组件的初始化代码如下：

① todo.vue组件：

```
<template>
  <div class="todo"></div>
</template>
<script>
  /**
   * 待办事项页面组件
   */
  module.exports = {
    name: 'todo',              // 组件的名称尽量和文件名一致
    components: {},            // 子组件的设置
    data() {},                 // 组件的数据
    mounted() {},              // 组件的生命周期方法
    methods: {}                // 组件的方法
  }
</script>
<style>
...
</style>
```

② recycle.vue组件：

```
<template>
  <div class="recycle"></div>
</template>
<script>
```

```
  /**
   * 回收站页面组件
   */
  module.exports = {
    name: 'recycle',            // 组件的名称尽量和文件名一致
    components: {},             // 子组件的设置
    data() {},                  // 组件的数据
    mounted() {},               // 组件的生命周期方法
    methods: {}                 // 组件的方法
  }
</script>
<style>
...
</style>
```

（2）在components目录创建navheader.vue文件作为标题按钮组件，初始化代码如下：

navheader.vue组件：

```
<template>
  <div class="nav-header">

  </div>
</template>
<script>
  /**
   * 标题按钮组件
   */
  module.exports = {
    name: 'navheader',
    props: {
      page: {// 接收父组件传递的页面名称
        type: String
      }
    }
  }
</script>
<style>

</style>
```

（3）在components目录创建titem.vue文件作为单条事项组件，初始化代码如下：

titem.vue组件：

```
<template>
  <div class="todo-item">

  </div>
</template>
<script>
  /**
   * 单条事项组件
   */
  module.exports = {
    name: 'titem',
    props: {
      item: { // 接收父组件传递的事项数据
        type: Object,
      }
    },
  }
</script>
<style>
```

```
</style>
```

（4）在components目录创建ritem.vue文件作为单条已删除事项组件，初始化代码如下：
ritem.vue组件：

```
<template>
  <div class="recycle-item">

  </div>
</template>
<script>
  /**
   * 单条已删除事项组件
   */
  module.exports = {
    name: 'ritem',
    props: {
      item: { // 接收父组件传递的事项数据
        type: Object,
      }
    },
  }
</script>
<style>

</style>
```

（5）本项目的数据持久化采用LocalStorage方案。创建utils文件夹，同时新建dataUtils.js文件，该文件作为对LocalStorage的封装，完整代码如下：

```
/**
 * 创建存储器，基于LocalStorage的封装
 * 允许存储基于JSON格式的数据
 */
export default {
  /**
   * 通过key获取值
   * @param {String} key - key值
   */
  getItem(key) {
    let item = window.localStorage.getItem(key)
    // 获取数据后，直接转换成JSON对象
    return item ? window.JSON.parse(item) : null
  },
  /**
   * 通过key存储数据
   * @param {String} key - key值
   * @param {*} value - 需要存储的数据将会转换成字符串
   */
  setItem(key, value) {
    window.localStorage.setItem(key, window.JSON.stringify(value))
  },
  /**
   * 删除指定key的数据
   * @param {string} key
   */
  removeItem(key) {
    window.localStorage.removeItem(key)
  },
  /**
   * 清空当前系统的存储
```

```
    */
  clearAllItems() {
    window.localStorage.clear()
  }
}
```

以上只是项目的基本框架和组件初始代码，具体的业务逻辑代码不再列举，读者可参考完整源码，执行npm run serve命令即可启动完整源码程序。

本案例完整源码可在本书配套资源中下载，具体位置：/案例源码/Vue.js组件。

11.9　小　　结

本章讲解了Vue.js更深入的组件知识，主要内容包括：组件生命周期、组件通信、组件插槽、动态组件、异步组件和组件Mixin。其中组件生命周期赋予了代码逻辑更多的切入点，组件通信是Vue.js应用中众多组件沟通的桥梁，组件插槽提供了父子组件更加多样化的调用方式，动态组件、异步组件和组件Mixin让组件功能更加多样化。这些更深入的知识能让开发者充分利用Vue.js的功能实现更加复杂、用户交互更加丰富的应用。

与之前的Vue.js基础知识一样，建议读者自行运行一下本章提供的示例代码，以便加深对本章知识的理解。

11.10　练　　习

（1）Vue.js中组件有哪些生命周期钩子函数，它们的区别是什么？

（2）Vue.js中父子组件如何通信？

（3）Vue.js中非父子组件如何通信？

（4）Vue.js中的插槽有哪些类型，它们的区别和使用场景是什么？

（5）请用通俗易懂的话来解释什么是Vue.js插槽。

（6）Mixin的使用场景是什么？

第 12 章

Vue.js 组合式 API

所谓组合式，就是我们可以自由地组合逻辑，即剥离公共逻辑，差异化个性逻辑，维护整体逻辑。我们知道一个大型的Vue应用就是业务逻辑的综合体，而Vue组件就是组成这个综合体的个体。通过创建Vue组件，我们可以将界面中重复的部分连同其功能一起提取为可重用的代码段。仅此一项就可以使我们的应用在可维护性和灵活性方面走得相当远。然而，经验证明，只靠这一点可能并不够，尤其是当用户的应用变得非常大的时候，例如几百个组件。处理这样的大型应用时，共享和重用代码变得尤为重要。

组合式API给我们提供了更加高效的代码逻辑组合能力，可整体提升项目的可维护性，这也是函数式编程的重要体现。

12.1 组合式 API 基础

通常，一个Vue组件对象大概包括一些data属性、生命周期钩子函数、methods、components、props等配置项的对象，如示例代码12-1-1所示。

示例代码 12-1-1   配置式 API

```
export default {
  name: 'test',
  components: {},
  props: {},
  data () {
    return {}
  },
  created(){},
  mounted () {},
  watch:{},
  methods: {}
}
```

这种通过选项来配置Vue组件的方式称作配置式API，大部分的业务逻辑都是写在这些配置对应的方法或者配置里，这种方式使得每个配置各司其职，data、computed、methods、watch等每个组件选项都有自己的业务逻辑。然而，当我们的组件开始变得更大时,逻辑关注点的列表也会增长，尤其对于那些一开始没有编写这些组件的人来说，组件会变得难以阅读和理解。

比如一个逻辑很复杂的大型组件，当我们想要注入一条流程逻辑时，可能需要来回地在data、

computed、methods、watch之间切换滚动这些代码块，这种碎片化使得理解和维护复杂组件变得困难，虽然在第11章中讲过Mixin在一定程度上可以抽离出一些组件中的代码，但始终不是最高效的。

为了能够将同一个逻辑关注点的相关代码更好地收集在一起，Vue 3引入了与配置式API相对应的组合式API，将上面的配置式API代码转换成组合式API代码，如示例代码12-1-2所示。

示例代码 12-1-2　组合式 API

```
import {onMounted,reactive,watch} from 'vue'
export default {
  props: {
    name: String,
  },
  name: 'test',
  components: {},
  setup(props,ctx) {
    console.log(props.name)
    console.log('created')
    const data = reactive({
      a: 1
    })
    watch(
      () => data.a,
      (val, oldVal) => {
        console.log(val)
      }
    )
    onMounted(()=>{

    })
    const myMethod = (obj) =>{

    }

    retrun {
      data,
      myMethod
    }
  }
}
```

可以看到，组合式API的代码逻辑都可以写在setup方法中，这使得逻辑更加集中、更加原子化，从而提升了代码的可维护性。

12.2　setup 方法

要使用组合式API，我们首先需要一个可以实际使用它的地方。在Vue 3的组件中，此位置位于setup方法中，如示例代码12-2-1所示。

示例代码 12-2-1　setup 方法

```
<div id="app">
  <component-b user="John" />
</div>
const componentB = {
  props: {
```

```
      user: {
        type: String,
        required: true
      }
    },
    template:'<div></div>',
    setup(props,context) {
      console.log(props.user) // 打印'John'
      return {} // 这里返回的任何内容都可以用于组件的其余部分
    }
}
Vue.createApp({
  components: {
    'component-b': componentB
  }
}).mount("#app")
```

12.2.1　setup 方法的参数

　　setup方法接收两个参数,一个参数是props,它和之前讲解的组件通信中的props一样,可以接收父组件传递的数据。同样,如果props是一个动态值,那么它就是响应式的,会随着父组件的改变而更新。

　　但是,因为props是响应式的,所以用户不能使用ES 6解构,它会消除props的响应性。如果需要解构props,那么可以在setup方法中使用toRefs函数来完成此操作,代码如下:

```
setup(props,context) {
    const { user } = Vue.toRefs(props)
    console.log(user.value) // 打印'John'
}
```

　　注意,如果采用NPM来管理项目,那么可以采用如下import方式引入toRefs,包括后续的组合式API相关的方法:

```
import { toRefs } from 'vue'
```

　　如果user是可选的props,则传入的props中可能没有user,在这种情况下,需要使用toRef替代它,代码如下:

```
setup(props,context) {
    const { user } = Vue.toRef(props,'user')
    console.log(user.value) // 打印'John'
}
```

　　setup方法的另一个参数是context对象,context是一个普通的JavaScript对象,它暴露组件的三个属性,分别是attrs、slots和emit,并且由于是普通的JavaScript对象,因此可以使用ES 6解构,如示例代码12-2-2所示。

示例代码 12-2-2　setup 方法

```
<div id="app">
 <component-b attrone="one" @emitcallback="emitcallback">
   <template v-slot:slotone>
     <span>slot</span>
   </template>
 </component>
</div>
const componentB = {
```

```
    template:'<div></div>',
  setup(props, { attrs, slots, emit }) {

    // Attribute (非响式对象)
    console.log(attrs) // 打印 { attrone: 'one' } 相当于this.$attrs

    // 插槽 (非响式对象)
    console.log(slots.slotone) // 打印{ slotone: function(){} },相当于this.$slots

    // 触发事件 (方法)
    console.log(emit) // 可调用emit('emitcallback')相当于this.$emit
  },
}
const vm = Vue.createApp({
  components: {
    'component-b': componentB
  },
  methods:{
    emitcallback(){
      console.log('emitcallback')
    }
  }
}).mount("#app")
```

其中，attrs对象是父组件传递给子组件且不在props中定义的静态数据，它是非响应式的，相当于在没有使用setup方法时调用this.$attrs的效果。

slots对象主要是父组件传递的插槽内容，注意v-slot:slotone需要配置插槽名字，这样slots才能接收到，它是非响应式的，相当于在没有使用setup方法时调用this.$slots的效果。

emit对象主要用来和父组件通信，相当于在没有使用setup方法时调用this.$emit的效果。

12.2.2　setup 方法结合模板使用

如果setup方法返回一个对象，那么该对象的属性以及传递给setup的props参数中的属性都可以在模板中访问，如示例代码12-2-3所示。

示例代码 12-2-3　setup 返回对象

```
<div id="app">
 <component-b user="John" />
</div>
const componentB = {
  props: {
    user: {
      type: String,
      required: true
    }
  },
  template:'<div>{{user}} {{person.name}}</div>',
  setup(props) {

    const person = Vue.reactive({ name: 'Son' })
    // 暴露给 template
    return {
        person
    }
  },
}
Vue.createApp({
```

```
  components: {
    'component-b': componentB
  }
}).mount("#app")
```

注意，props中的数据不必在setup中返回，Vue会自动暴露给模板使用。

12.2.3　setup 方法的执行时机和 getCurrentInstance 方法

setup方法在组件的beforeCreate之前执行，此时由于组件还没有实例化，无法像配置式API一样直接使用this.xx来访问当前实例的上下文对象，例如data、computed和methods都没法访问，因此setup在和其他配置式API一起使用时可能会导致混淆，需要格外注意。

但是，Vue还是在组合式API中提供了getCurrentInstance方法来访问组件实例的上下文对象，如示例代码12-2-4所示。

示例代码 12-2-4　getCurrentInstance 方法

```
Vue.createApp({
  setup() {
    Vue.onMounted(()=>{
      const internalInstance = Vue.getCurrentInstance()
      internalInstance.ctx.add()// 打印'methods add'
    })
  },
  methods:{
    add(){
      console.log('methods add')
    }
  }
}).mount("#app")
```

需要注意的是，不要把getCurrentInstance当作配置式API中的this的替代方案来随意使用，另外getCurrentInstance方法只能在setup或生命周期钩子中调用，并且不建议在业务逻辑中使用该方法，可以在开发一些第三方库时使用。

12.3　响应式类方法

在配置式API中，我们一般将响应式变量定义在data选项的属性里面，而在Vue 3的组合式API的setup方法中，我们还无法访问data属性，但是也可以定义响应式变量，主要用到ref、reactive、toRef、toRefs和一些其他方法。其中有一些在之前的代码中已经用过了，下面就来详细介绍一下它们的用法和区别。

12.3.1　ref 和 reactive

1. ref方法

ref方法用于为数据添加响应式状态，既可以支持基本的数据类型，也可以支持复杂的对象数据类型，是Vue 3中推荐的定义响应式数据的方法，也是基本的响应式方法。需要注意的是：

- 获取数据值的时候需要加.value。
- ref的本质是原始数据的复制，改变简单类型数据的值不会同时改变原始数据。

使用方法如示例代码12-3-1所示。

示例代码 12-3-1　ref 方法

```
<div id="app">
  <component-b />
</div>
const componentB = {
  template:'<div>{{name}}</div>',
  setup(props) {

    // 为基本数据类型添加响应式状态
    const name = Vue.ref('John')

    let obj = {count : 0};

    // 为复杂数据类型添加响应式状态
    const state = Vue.ref(obj)

    console.log(name.value) // 打印John

    console.log(state.value.count)// 打印0

    let newobj = Vue.ref(obj.count)

    // 修改响应式数据不会影响原始数据
    newobj.value = 1

    console.log(obj.count)// 打印0

    return {
      name
    }
  }
}
Vue.createApp({
  components: {
    'component-b': componentB
  }
}).mount("#app")
```

需要注意的是，改变的这个数据必须是简单数据类型，即一个具体的值，这样才不会影响原始数据，如上面代码中的obj.count。

2. reactive方法

reactive方法用于为复杂数据添加响应式状态，只支持对象数据类型，需要注意的是：

- 获取数据值的时候不需要加.value。
- reactive的参数必须是一个对象，JSON数据和数组都可以，否则不具有响应式。
- 和ref一样，reactive的本质也是原始数据的复制。

ref本质上也是reactive，ref(obj)等价于reactive({value: obj})，reactive的使用方法如示例代码12-3-2所示。

示例代码 12-3-2　reactive 方法

```
<div id="app">
  <component-b />
```

```
</div>
const componentB = {
  template:'<div>{{state.count}}</div>',
  setup(props) {

    // 为复杂数据类型添加响应式状态
    const state = Vue.reactive({count : 0})

    console.log(state.count)// 打印0

    return {
      state
    }
  }
}
Vue.createApp({
  components: {
    'component-b': componentB
  }
}).mount("#app")
```

reactive和ref都是用来定义响应式数据的。reactive更推荐定义复杂的数据类型，不能直接解构；ref更推荐定义基本类型。ref可以简单地理解为是对reactive的二次包装，ref定义数据访问的时候要多加一个.value。

12.3.2　toRef 和 toRefs

1. toRef方法

在之前的setup方法中对props进行操作时已经使用过toRef方法了。toRef方法其中一种使用场景是为原响应式对象上的属性新建单个响应式ref，从而保持对其源对象属性的响应式连接。toRef方法接收两个参数，即原响应式对象和属性名，返回一个ref数据。例如，当使用父组件传递props数据，要引用props的某个属性且要保持响应式连接时就很有用。toRef方法另一种使用场景是接收两个参数，即原普通对象和属性名，此时可以对单个属性添加响应式ref，但是这个响应式ref的改变不会更新界面。需要注意的是：

- 获取数据值的时候需要加.value。
- toRef后的ref数据不是原始数据的复制，而是引用，改变结果数据的值也会同时改变原始数据。
- 对于原始普通数据来说，新增加的单个ref改变时，数据会更新，但是界面不会自动更新。

使用方法如示例代码12-3-3所示。

示例代码 12-3-3　toRef 方法

```
<div id="app">
  <component-b user="John" />
</div>
const componentB = {

  template:'<div>{{statecount.count}}</div>',
  setup(props) {

    const state = Vue.reactive({
      foo: 1,
      bar: 2
    })
```

```
    const fooRef = Vue.toRef(state, 'foo')

    fooRef.value++
    console.log(state.foo) // 打印2会影响原始数据

    state.foo++
    console.log(fooRef.value) // 打印3会影响fooRef数据

    const statecount = {// 普通数据
      count: 0,
    }

    const stateRef = Vue.toRef(statecount,'count')

    setTimeout(()=>{
      stateRef.value = 1 // 界面不会更新
      console.log(statecount.count) // 打印1 会影响原始数据
    },1000)

    return {
      statecount,
    }
  }
}
Vue.createApp({
  components: {
    'component-b': componentB
  }
}).mount("#app")
```

toRef更多的使用场景是为对象添加单个响应式属性，而toRefs则是对完整的响应式对象进行转换。

2. toRefs方法

toRefs方法将原响应式对象转换为普通对象（可解构，但不丢失响应式），其中结果对象的每个属性都指向原始对象相应属性的ref，同时可以将reactive方法返回的复杂响应式数据进行ES 6解构。需要注意的是：

- 获取数据值的时候需要加.value。
- toRefs后的ref数据不是原始数据的复制，而是引用，改变结果数据的值也会同时改变原始数据。
- 如果我们直接对reactive返回的数据进行解构，那就会丢失响应式机制，采用toRefs包装并返回则会避免这个问题。
- toRefs只接收响应式对象参数，不可接收普通对象参数，否则会发出警告。

使用方法如示例代码12-3-4所示。

示例代码 12-3-4 toRefs 方法

```
<div id="app">
  <component-b />
</div>
const componentB = {
  template:'<div>{{max}},{{count}}</div>',
  setup(props) {

    let obj = {
      count: 0,
```

```
      max: 100
    }
    const statecount = Vue.reactive(obj)

    const {count,max} = Vue.toRefs(statecount)  // 方便解构

    setTimeout(()=>{

      statecount.max++
      console.log(obj.max)  // 打印101 会影响原始数据，同时界面更新
    },1000)

    return {
      count,
      max
    }
  }
}
Vue.createApp({
  components: {
    'component-b': componentB
  }
}).mount("#app")
```

目前用得最多的还是使用ref和reactive来创建响应式对象，使用toRefs来转换成可以方便使用的解构的对象。

12.3.3　其他响应式类方法

1. shallowRef方法、shallowReactive方法和triggerRef方法

对于复杂对象而言，ref和reactive都属于递归嵌套监听，也就是数据的每一层都是响应式的，如果数据量比较大，则非常消耗性能；而shallowRef和shallowReactive是非递归监听，只会监听数据的第一层，如示例代码12-3-5所示。

示例代码 12-3-5　shallowRef 方法、shallowReactive 方法和 triggerRef 方法

```
<div id="app">
  <component-b />
</div>
const componentB = {
  template:'<div>{{shallow1.person.name}}{{shallow2.person.name}}
{{shallow2.greet}}</div>',
  setup(props) {

    const shallow1 = Vue.shallowReactive({
      greet: 'Hello, world',
      person:{
        name:'John'
      }
    })
    const shallow2 = Vue.shallowRef({
      greet: 'Hello, world',
      person:{
        name:'John'
      }
    })

    setTimeout(()=>{
      // 这不会触发更新，因为shallowReactive是浅层的，只关注第一层数据
```

```
      shallow1.person.name = 'Ted'
    },2000)

    setTimeout(()=>{
      // 这不会触发更新
      shallow2.value.person.name = 'Ted'
       // 这也不会触发更新
      shallow2.value.greet = 'Hi'
       // 只有当调用triggerRef会强制更新
      Vue.triggerRef(shallow2)
    },1000)

    return {shallow1,shallow2}
  }
}
Vue.createApp({
  components: {
    'component-b': componentB
  }
}).mount("#app")
```

> **注意** 如果是通过shallowRef创建的数据，那么Vue监听的是.value变化，并不是第一层的数据的变化。因此如果要更改shallowRef创建的数据可以调用xxx.value = {}，也可以使用triggerRef可以强制触发之前没有被监听到的更新。另外Vue 3中没有提供triggerReactive，所以triggerRef 不可以去触发shallowReactive创建的数据更新。

2. readonly方法、shallowReadonly方法和isReadonly方法

从字面意思上来理解，readonly表示只读，它可以将响应式对象标识成只读，当尝试修改时会抛出警告；shallowReadonly方法设置第一层只读；isReadonly方法判断是否为只读对象，如示例代码12-3-6所示。

示例代码 12-3-6　readonly 方法、shallowReadonly 方法和 isReadonly 方法

```
<div id="app">
  <component-b />
</div>
const componentB = {
  template:'<div></div>',
  setup(props) {

    const obj = Vue.readonly({ foo: { bar: 1 } })

    console.log(Vue.isReadonly(obj)) // true

    obj.foo.bar = 2 // 失败警告: Set operation on key "bar" failed: target is readonly.
    const sobj = Vue.shallowReadonly({ foo: { bar: 1 } })

    sobj.foo.bar = 2 // 第二层可以修改

    return {}

  }
}
Vue.createApp({
  components: {
    'component-b': componentB
  }
}).mount("#app")
```

3. isRef方法、isReactive方法和isProxy方法

isRef方法用于判断是否是ref方法返回的对象，isReactive方法用于判断是否是reactive方法返回的对象，isProxy方法用于判断是否是reactive方法或者ref方法返回的对象。

4. toRaw方法和makeRaw方法

toRaw方法可以返回一个响应式对象的原始普通对象，可用于临时读取数据而无须承担代理访问/跟踪的开销，也可用于写入数据而避免触发更改。makeRaw方法可以标记并返回一个对象，使其永远不会成为响应式对象。toRaw方法和makeRaw方法的使用如示例代码12-3-7所示。

示例代码 12-3-7　toRaw 方法和 makeRaw 方法

```
<div id="app">
  <component-b />
</div>
const componentB = {
 template:'<div>{{reactivecobj.bar}}</div>',
 setup(props) {
   const obj = { foo : 1 }
   const reactivecobj = Vue.reactive(obj)
   const rawobj = Vue.toRaw(reactivecobj)

   console.log(obj === rawobj) // true

   setTimeout(()=>{
     rawobj.bar = 2 // 不会触发响应式更新
   },1000)

   const foo = {a:1} // foo无法通过reactive成为响应式对象

   console.log(isReactive(reactive(foo))) // false

   return {reactivecobj}
 }
}
Vue.createApp({
 components: {
   'component-b': componentB
 }
}).mount("#app")
```

12.4　监听类方法

监听类方法类似于配置式API中使用的watch方法、computed方法等。监听类方法的主要作用是提供对于响应式数据改变的追踪和影响，并提供一些钩子函数。本节主要介绍组合式API中的监听类方法：computed方法、watchEffect方法和watch方法。

12.4.1　computed 方法

在配置式API中，computed是指计算属性，在计算属性中可以完成各种复杂的逻辑，包括运算、函数调用等，只要最终返回一个结果就可以了。计算属性是基于它们的响应式依赖进行缓存的，只在相关响应式依赖发生改变时它们才会重新求值。组合式API中的computed也是这样的，使用方法如示例代码12-4-1所示。

示例代码 12-4-1 computed 方法

```
<div id="app">
  {{info}}
</div>
Vue.createApp({
  setup() {
    const state = Vue.reactive({
      name: "John",
      age: 18
    });
    const info = Vue.computed(() => {    // 创建一个计算属性，依赖name和age
      console.log('computed')
      return state.name + ',' + state.age
    });

    info.value = 1                        // 抛出警告
    setTimeout(()=>{
      state.age = 20                      // info动态修改
    },1000)

    setTimeout(()=>{
      state.age = 20                      // 取上一次修改后的数据，即缓存的数据
    },2000)

    return {info}

  }
}).mount("#app")
```

上面的代码中，计算属性info依赖state中的age和name，当它们发生变化时，info也会变化；如果每次变化的值相同，则取上次修改后的缓存数据，不会再次执行computed中的方法，这和配置式API中的computed是一致的。同时，info也是一个不可变的响应式对象，尝试修改则会抛出警告。

computed方法也可以接收一个对象，该对象包含get和set方法，get方法对应读操作，set方法对应写操作，代码如下：

```
const info = Vue.computed({
  get: () => state.name + ',' + state.age,
  set: val => {
    state.age = val - 1
  }
});
info.value = 21
```

12.4.2 watchEffect 方法

watchEffect方法可以监听响应式对象的改变，参数是一个函数，这个函数所依赖的响应式对象如果发生变化，就会触发watchEffect方法，如示例代码12-4-2所示。

示例代码 12-4-2 watchEffec 方法

```
<div id="app">
  {{info}}
</div>
Vue.createApp({
  setup() {
    const state = Vue.reactive({
      name: "John",
      age: 18
    });
```

```
const count = Vue.ref(0)
const countNo = Vue.ref(0)
const info = Vue.computed(() => { // 创建一个计算属性，依赖name和age
  return state.name + ',' + state.age
});
Vue.watchEffect(()=>{
  console.log('watchEffect')
  console.log(info.value) // 依赖了info
  console.log(count.value) // 依赖了count

})
setTimeout(()=>{
  state.age = 20 // 触发watchEffect
},1000)
setTimeout(()=>{
  count.value = 3 // 触发watchEffect
},2000)
setTimeout(()=>{
  countNo.value = 5 // 不触发watchEffect
},3000)

return {info}
  }
}).mount("#app")
```

当watchEffect在组件的setup方法或生命周期钩子中被调用时，监听器会被链接到该组件的生命周期，并在组件卸载时自动停止。在一些情况下，也可以显式地调用返回值以停止监听，代码如下：

```
const stop = watchEffect(() => {
  /* ... */
})

...
stop()
```

12.4.3　watch 方法

在配置式API中，watch是指监听器，组合式API中同样提供了watch方法，其使用场景和用法与配置式API中的是一致的，主要是对响应式对象的变化进行监听。watch和watchEffect类似，但也有一些区别，主要区别如下：

- watch需要监听特定的数据源，并执行对应回调函数，而watchEffect不需要指定监听属性，它会自动收集依赖，只要回调函数中使用了响应式的属性，那么当这些属性变更的时候，这个回调都会执行。
- watch在默认情况下是惰性的，即只有当被监听的源发生变化时才执行回调。
- watch可以访问监听状态变化前后的新旧值。

watch监听单个数据源时，第一个参数可以是返回值的getter函数，也可以是一个响应式对象，第二个参数是触发变化的回调函数，如示例代码12-4-3所示。

示例代码 12-4-3　watch 监听单个数据源

```
Vue.createApp({
  setup() {
    // 监听一个 getter
    const state = Vue.reactive({ count: 0 })
```

```
    Vue.watch(() => state.count,
      (count, prevCount) => {
        console.log(count, prevCount)
      }
    )
    // 直接监听ref
    const count = Vue.ref(0)
    Vue.watch(count, (count, prevCount) => {
      console.log(count, prevCount)
    })

    setTimeout(()=>{
      state.count = 1
      count.value = 2
    })

    return {}
  }
}).mount("#app")
```

watch监听多个数据源时，第一个参数是多个响应式对象的数组，第二个参数是触发变化的回调函数，如示例代码12-4-4所示。

示例代码 12-4-4　watch 监听多个响应式对象

```
Vue.createApp({
  setup() {
    const state = Vue.reactive({ name: 'John' })
    const count = Vue.ref(0)
    Vue.watch([count,state], (count, prevCount) => {
      console.log(count, prevCount)
      // [2,{name:"Ted"}]    [0,{name:"John"}]
    })
    setTimeout(()=>{
      state.name = 'Ted'
      count.value = 2
    })
    return {}
  }
}).mount("#app")
```

watch监听复杂响应式对象时，如果要完全深度监听，则需要添加deep:true配置，同时第一个参数需要为一个 getter方法，并采用深度复制，如示例代码12-4-5所示。

示例代码 12-4-5　watch 监听复杂响应式对象

```
Vue.createApp({
  setup() {
    const state = Vue.reactive({
      name: "John",
      age: 18,
      attributes: {
        attr: 'efg',
      }
    });
Vue.watch(()=>JSON.parse(JSON.stringify(state)),// 利用深度复制
(currentState, prevState) => {
      console.log(currentState.attributes.attr)// abc
      console.log(prevState.attributes.attr)// efg
    },{ deep: true })
```

```
    setTimeout(()=>{
        state.attributes.attr = 'abc'
    },1000)
    return {}
  }
}).mount("#app")
```

注意，深度监听需要对原始state进行深度复制并返回，可以采用JSON.parse()、JSON.stringify()等方法进行复制，也可以采用第三方库，例如lodash.cloneDeep方法。

12.5　生命周期类方法

生命周期方法通常叫作生命周期钩子，在配置式API中我们已经了解了具体的生命周期方法，在组合式API的setup方法中同样有对应的生命周期方法，它们的对应关系如下：

```
beforeCreate -> 使用 setup()替代

created -> 使用 setup()替代

beforeMount -> onBeforeMount

mounted -> onMounted

beforeUpdate -> onBeforeUpdate

updated -> onUpdated

beforeUnmount -> onBeforeUnmount

unmounted -> onUnmounted

errorCaptured -> onErrorCaptured

renderTracked -> onRenderTracked

renderTriggered -> onRenderTriggered

activated -> onActivated

deactivated -> onDeactivated
```

由于setup方法在组件的beforeCreate和created之前执行，因此不再提供beforeCreate和created对应的钩子方法。上面这些生命周期钩子注册函数只能在setup方法内同步使用，因为它们依赖于内部的全局状态来定位当前活动的实例（此时正在调用其setup的组件实例），在没有当前活动实例的情况下，调用它们将会出错。同时，在这些生命周期钩子内同步创建的监听器和计算属性也会在组件卸载时自动删除，这点和配置式API是一致的，如示例代码12-5-1所示。

示例代码 12-5-1　生命周期类方法

```
const MyComponent = {
  setup() {
    Vue.onMounted(() => {
      console.log('mounted!')
    })
    Vue.onUpdated(() => {
      console.log('updated!')
    })
    Vue.onUnmounted(() => {
```

```
        console.log('unmounted!')
    })
  }
}
```

12.6　methods 方法

除了前面所讲解的方法之外，使用最多的还有对应配置式API中的methods类方法，这类方法主要结合模板中的一些回调事件使用，如示例代码12-6-1所示。

示例代码 12-6-1　methods 方法

```
<div id="app">
  {{count}}
  <button @click="add">点我+1</button>
</div>
Vue.createApp({
  setup() {
    const count = Vue.ref(0)

    const add = ()=>{
      count.value++
    }

    return { count,add }
  }
}).mount("#app")
```

上面的代码在setup方法中返回了add方法，这样在模板中就可以进行绑定，当click事件触发时，会进入add方法。

当结合配置式API使用时，如果在组件的methods中也配置了同名的方法，那么会优先执行setup中定义的，methods中定义的方法将不会执行，代码如下：

```
Vue.createApp({
  setup() {
    const count = Vue.ref(0)

    const add = ()=>{
      count.value++
    }

    return { count,add }
  },
  methods:{
    add(){} // 不会触发
  }
}).mount("#app")
```

同样，在进行组件通信时，如果遇到同名的方法，则优先以setup中定义并返回的方法为主，如示例代码12-6-2所示。

示例代码 12-6-2　同名 methods

```
<div id="app">
  <component-b @add="add"/>
</div>
const componentB = {
```

```
      template:'<div></div>',
      setup(props,{emit}) {
        emit('add') // 通知父组件
      }
    }
    Vue.createApp({
      components: {
        'component-b': componentB
      },
      setup() {
        const add = ()=>{
          console.log('setup add')
        }
        return { add }
      },
      methods:{
        add(){
          console.log('methods add') // 不会触发
        }
      }
    }).mount("#app")
```

在上面的代码中，当子组件调用emit通知父组件时，会调用父组件setup方法中的add方法，而不会调用methods中定义的add方法。

12.7　provide/inject

provide和inject也可以在组合式API的setup方法中使用，以实现跨越层级的组件通信。

provide方法接收两个参数，一个是提供数据的键；另一个是值，也可以是对象、方法等，如示例代码12-7-1所示。

示例代码 12-7-1　provide 方法

```
<div id="app">
  <component-b />
</div>
Vue.createApp({
  components: {
    'component-b': componentB
  },
  setup() {
    Vue.provide('location', 'North Pole')
    Vue.provide('geolocation', {
      longitude: 90,
      latitude: 135
    })
  }
}).mount("#app")
```

inject方法接收两个参数，一个是需要注入的数据的键，另一个是默认值（可选），如示例代码12-7-2所示。

示例代码 12-7-2　inject 方法

```
const componentB = {
  template:'<div>{{userLocation}}</div>',
```

```
    setup() {
      const userLocation = Vue.inject('location', 'The Universe')
      const userGeolocation = Vue.inject('geolocation')

      console.log(userGeolocation)
      return {
        userLocation,
        userGeolocation
      }
    },
  }
```

和之前的配置式API不同的是，我们可以在使用provide时调用ref或reactive方法，以此来增加provide和inject之间的响应性，这样，当provide的数据发生变化时，inject也能实时接收到，如示例代码12-7-3所示。

示例代码 12-7-3   响应式 provide 数据

```
const componentB = {
  template:'<div>{{userLocation}}</div>',
  setup() {
    const userLocation = Vue.inject('location', 'The Universe')
    const userGeolocation = Vue.inject('geolocation')

    console.log(userGeolocation)

    return {
      userLocation,
      userGeolocation
    }
  },
}
Vue.createApp({
  components: {
    'component-b': componentB
  },
  setup() {
    const location = Vue.ref('North Pole')
    const geolocation = Vue.reactive({
      longitude: 90,
      latitude: 135
    })

    Vue.provide('location', location)
    Vue.provide('geolocation', geolocation)

    setTimeout(()=>{
      location.value = 'China'
    },1000)
  }
}).mount("#app")
```

通常情况下，只允许在provide的组件内去修改响应式的provide数据，但是如果需要在inject的组件里面修改provide的值，则需要提供一个回调方法，然后在inject的组件内调用，如示例代码12-7-4所示。

示例代码 12-7-4   响应式 provide 数据

```
const componentB - {
  template:'<div>{{userLocation}}</div>',
  setup() {
```

```
      const userLocation = Vue.inject('location', 'The Universe')
      const updateLocation = Vue.inject('updateLocation')

      setTimeout(()=>{
        updateLocation('China')
      },1000)

      return {
        userLocation,
      }
    },
  }
Vue.createApp({
  components: {
    'component-b': componentB
  },
  setup() {
    const location = Vue.ref('North Pole')

    const updateLocation = (v) => {
      location.value = v
    }

    Vue.provide('location', location)
    Vue.provide('updateLocation', updateLocation)

  }
}).mount("#app")
```

最后，如果要确保通过provide传递的数据不会被inject的组件更改，则可以使用readonly方法，代码如下：

```
const location = Vue.ref('North Pole')

Vue.provide('location', Vue.readonly(location))
```

12.8　单文件组件<script setup>

单文件组件主要是指以.vue结尾的文件，其内容主要由<template>标签、<script>标签、<style>标签等构成，在使用<script>标签时可以直接配置setup属性来标识使用组合式API，相比于普通的<script>语法，它具有更多优势：

- 更少的样板内容，更简洁的代码。
- 能够使用纯TypeScript声明props和抛出事件。
- 更好的运行时性能（其模板会被编译成与其同一作用域的渲染函数，没有任何的中间代理）。
- 更好的IDE类型推断性能（减少语言服务器从代码中抽离类型的工作）。

使用<script setup>方法的基本语法如示例代码12-8-1所示。

示例代码 12-8-1　<script setup>基本用法（1）

```
<script setup>
console.log('hello script setup')
</script>
```

<script setup>中的代码会被编译成组件setup()方法中的内容，这意味着与普通的<script>只在组件被首次引入的时候执行一次不同，<script setup>中的代码会在每次组件实例被创建的时候执行。

在<script setup>顶层的声明（包括变量、函数以及import引入的方法或者组件）都能在模板
<template>中直接使用，相当于自动返回了这些内容，如示例代码12-8-2所示。

示例代码 12-8-2   <script setup>基本用法（2）

```
<script setup>
// import导入方法
import { capitalize } from './helpers'
// 组件
import MyComponent from './MyComponent.vue'
// 变量
const msg = 'Hello!'
// 响应式变量
const count = ref(0)

// 函数
function add() {
  count.value++
}
</script>

<template>
  <div @click="add">{{ msg }}</div>
  <div>{{ capitalize('hello') }}</div>
  <MyComponent />
</template>
```

从上面的代码中可以看出，使用<script setup>这种方式使代码更加简洁了，但是注意不需要的
变量或者组件，以及不需要的响应式逻辑就不要有这部分代码了。

如果不想默认全部变量都直接暴露给<template>使用，而是控制需要返回哪些数据给<template>
使用，那么可以使用defineExpose方法来明确要暴露的属性，其用法如示例代码12-8-3所示。

示例代码 12-8-3   <script setup>基本用法（3）

```
<script setup>
import { ref } from 'vue'
const a = 1
const b = ref(2)
// defineExpose不需要导入，可以直接使用
defineExpose({a,b})
</script>

<template>
  <h1>{{a}}, {{b}}</h1>
</template>
```

注意 defineExpose方法不需要导入，可以直接使用。

setup方法接收两个参数，一个是props，可以接收父组件传递的数据；另一个是context对象，
它暴露组件的三个属性，分别是attrs、slots和emit，来实现一些组件数据的传递。因此在<script setup>
中可以使用defineProps、defineEmits、useSlots和useAttrs来实现等同于上述参数的功能，如示例代
码12-8-4所示。

示例代码 12-8-4   <script setup>基本用法（4）

```
<script setup>
// defineProps、defineEmits不需要导入
const props = defineProps({
  foo: String
```

```
})
const emit = defineEmits(['change', 'delete'])
// useSlots、 useAttrs需要import导入
import { useSlots, useAttrs } from 'vue'
const slots = useSlots()
const attrs = useAttrs()
</script>
```

在使用这些方法时，需要注意以下几点：

- defineProps和defineEmits在<script setup>中使用时不需要导入，直接使用即可；useSlots、useAttrs则需要导入。
- defineProps接收与props参数相同的值，defineEmits也接收与setupContext.emits选项相同的值，useSlots、useAttrs在调用时会返回与setupContext.slots和setupContext.attrs等价的值。
- 传入defineProps和defineEmits的选项会从setup中提升到模块的范围，因此传入的选项不能引用在setup范围中声明的局部变量，这样做会引起编译错误，但是它可以引用导入的绑定，因为导入的绑定也在模块范围内。

如以下代码所示，defineEmits使用局部变量会报错：

```
<script setup>
const str = 'change' // 局部变量
// 传入str变量会报错
const emit = defineEmits([str, 'delete'])
</script>
```

报错信息如图12-1所示。

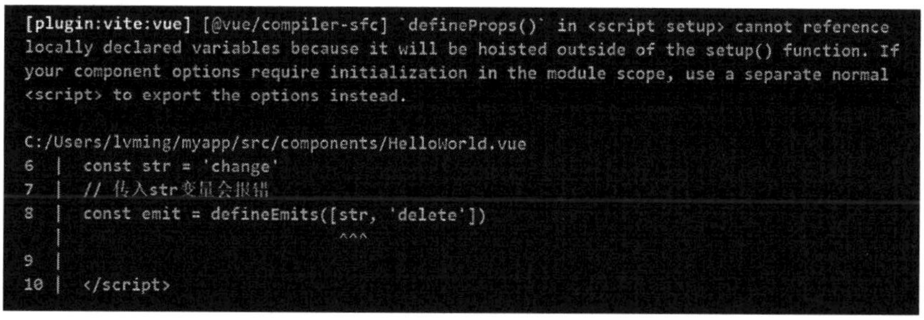

```
[plugin:vite:vue] [@vue/compiler-sfc] `defineProps()` in <script setup> cannot reference
locally declared variables because it will be hoisted outside of the setup() function. If
your component options require initialization in the module scope, use a separate normal
<script> to export the options instead.

C:/Users/lvming/myapp/src/components/HelloWorld.vue
6  |  const str = 'change'
7  |  // 传入str变量会报错
8  |  const emit = defineEmits([str, 'delete'])
   |                           ^^^
9  |
10 |  </script>
```

图 12-1　报错信息

<script setup>可以和普通的<script>一起使用。普通的<script>在有以下需要情况下或许会被使用到：

- 无法在<script setup>声明的选项，例如一些通过插件启用的自定义选项。
- 声明命名导出。
- 运行副作用或者创建只需要执行一次的对象。

代码如下：

```
<script>
// 普通 <script>， 在模块范围下执行(只执行一次)
runSideEffectOnce()
```

```
// 声明额外的选项
export default {
  customOptions: {}
}
</script>

<script setup>
// 在 setup() 作用域中执行 (对每个实例皆如此)
</script>
```

> **注意** 由于模块执行语义的差异，<script setup>中的代码依赖单文件组件的上下文；当将它移动到外部的.js或者.ts文件中的时候，对于开发者和工具来说都会感到混乱；因此<script setup>不能和<script src>属性一起使用。

<script setup>使得组合式API代码看起来简单了很多，大大提高了开发效率，在Vue 3且使用组合式API的项目中，非常推荐使用。

12.9　案例：组合式 API 待办事项

学习完组合式API的内容之后，可以把上一章的案例——基于配置式API的待办事项系统重构为采用Vue 3组合式API的语法。

12.9.1　功能描述

主要功能和11.8节的待办事项系统功能一致，这里不再赘述。

12.9.2　案例完整代码

这里举几个配置式API转换成组合式API的代码示例。

（1）在todo.vue中将data中定义的响应式变量替换为setup方法中的响应式变量。配置式API代码如下：

```
export default {
  name: 'todo',                    // 组件的名称，尽量和文件名一致
  components: {
    titem
  },
  data(){
    return {
      newTodoContent: '',          // 输入框input的内容
      todoItems: []                // 待办事项的列表
    }
  }
  ...
}
```

替换为组合式API，对应的代码如下：

```
import {reactive} from 'vue'      //注意引入reactive
export default {
  name: 'todo',                    // 组件的名称，尽量和文件名一致
```

```
setup(){
  const state = reactive({
    newTodoContent: '',          // 输入框input的内容
    todoItems: []                // 待办事项的列表
  })
  ...
}
...
}
```

（2）在todo.vue中，将watch监听逻辑转换为对应的watch方法。配置式API代码如下：

```
...
watch:{
  // 一旦有改动，立刻调用更新存储
  todoItems:{
    handler(val){
      this.storeItems(val)
    },
    deep:true
  }
},
...
```

替换为组合式API，对应的代码如下：

```
import {watch} from 'vue'          //注意引入reactive
setup(){
  ...
  watch(
    () => JSON.parse(JSON.stringify(state.recycleItems)),
    (val, oldVal) => {
      storeItems(val)             // 一旦有改动，立刻调用更新存储
    },{deep:true}
  )
}
```

> 注意　组合式API的watch方法采用深度监听deep:true，对于复杂对象recycleItems，需要JSON.parse()、JSON.stringify()复制对象。

（3）在titem.vue中，将props接收的数据作为data的默认值，采用computed转换为在setup方法中接收默认的props值。配置式API代码如下：

```
export default {
  name: 'titem',
  props: {
    item: {                       // 接收父组件传递的事项数据
      type: Object
    }
  },
  data(){
    return {
      isCompleted: false         // 默认从事项数据中获取，否则为false
    }
  },
  created(){
    this.isCompleted = this.item.isCompleted
  },
  computed:{
    // 利用computed存储props的默认值
```

```
    itemData(){
      return this.item
    }
  },
}
```

替换为组合式API，对应的代码如下：

```
export default {
  name: 'titem',
  props: {
    item: { // 接收父组件传递的事项数据
      type: Object
    }
  },
  setup(props){
    const state = reactive({
      item: props.item,
      // 默认从事项数据中获取，否则为false
      isCompleted: props.item.isCompleted || false
    })
    ...
  }
}
```

以上只是列举一些典型的配置式API转换成组合式API的代码场景，具体的业务逻辑代码不再列举，读者可参考完整源码，执行npm run serve命令即可启动完整源码程序。

本案例完整源码可在本书配套资源中下载，具体位置：/案例源码/Vue.js Composition API。

12.10　小　　结

本章讲解了Vue 3引入的组合式API的相关知识，主要内容包括：组合式API基础、setup方法、响应式类方法、监听类方法、生命周期类方法、methods方法、provide和inject。其中setup方法是组合式API的重点，所有相关的组合式API新提供的接口都需要在setup中使用；响应式类方法中的ref方法和reactive方法常被用来定义响应式对象；监听类方法中的computed方法和watch方法则提供了监听响应式对象变化的时机；生命周期类方法基本和配置式API中的使用类似；methods方法则需要注意同名的情况；最后provide和inject是在setup方法中实现组件通信的重要工具。

在后续的实战项目中，我们会大量地使用组合式API，所以学好本章内容是非常重要的。

12.11　练　　习

（1）setup方法中接收的两个参数，它们的作用分别是什么？Vue.js中的父子组件如何通信？

（2）如果需要定义基本类型数据为响应式，应该调用哪个方法？

（3）watch和watchEffect的区别和各自的使用场景是什么？

（4）如何在inject的组件中修改provide的数据？

（5）如果在模板中调用的setup方法和配置式API的methods中定义的方法同名会怎么样？

第 13 章

Vue.js 动画

在日常的项目开发过程中，或多或少都会用到动画效果，而一个良好的动画效果可以提升页面的用户体验，帮助用户更好地使用页面的功能。另外，对于一名前端工程师来说，能够开发出炫丽的动画效果不仅能够体现出自己的水平，也能让项目锦上添花。

13.1 从一个简单的动画开始

对于前端动画而言，动画大多数出现在对DOM节点的插入、更新或者删除过程中。在Vue项目中，在插入、更新或者删除DOM时，可以使用多种方式来实现动画或者过渡效果，包括以下方式：

- 在CSS过渡和动画中自动应用class。
- 可以配合使用第三方CSS动画库，如Animate.css。
- 在过渡钩子函数中使用JavaScript直接操作DOM。
- 可以配合使用第三方JavaScript动画库，如Velocity.js[①]。

在Vue项目中实现动画时，首先需要明白一点：作为一个前端项目来说，使用原生的CSS 3动画，例如transition、animation来实现各种动画效果是完全可以的。同理，直接采用JavaScript来操作DOM实现动画也没问题，包括使用一些第三方的动画库。但是，针对动画本身，Vue提供了一些新的API，它能够结合传统的CSS 3动画，并搭配一些Vue内置组件和指令，来帮助开发者简化动画的开发流程，更加便捷地开发出高质量的动画效果。

下面先来看一个简单的Vue动画案例，如示例代码13-1-1所示。

示例代码 13-1-1 一个简单的 Vue 动画

```
<html lang="en">
<head>
  <meta charset="utf-8">
  <title>vue动画</title>
  <script src="https://unpkg.com/vue@3.2.28/dist/vue.global.js"></script>
</head>
<body>
  <div id="app">
```

---

① Velocity.js是一个简单易用、高性能、功能丰富的轻量级JavaScript动画库，它的特点是可以和jQuery完美搭配使用。

```
    <button @click="clickCallback">切换</button>
    <div id="box" v-if="show">Hello!</div>
  </div>
  <script type="text/javascript">
    Vue.createApp({
      data {
        return {show: true}
      },
      methods:{
        clickCallback(){
          this.show = !this.show
        }
      }
    }).mount("#app")
  </script>
</body>
</html>
```

上面的代码是完整的HTML代码，可以直接在浏览器上运行，本章也会以这段代码为基础来进行讲解。

上面的代码含有一个简单的逻辑，通过单击"切换"按钮来控制id#box这个<div>的显示和隐藏，其中使用了v-if指令来进行控制。在体验这段代码的交互操作时，<div>的显示和隐藏比较突兀，因此添加了一个"渐隐渐现"的过渡效果，以提升用户的体验。这个过渡效果的实现使用了Vue的内置动画组件transition，如示例代码13-1-2所示。

示例代码 13-1-2　transition 动画组件的运用

```
<div id="app">
  <button @click="clickCallback">切换</button>
  <transition name="fade">
    <div v-if="show">Hello!</div>
  </transition>
</div>
```

用<transition>组件对<div>元素进行包裹，同时设置name属性为fade，即表示对包裹的<div>采用fade动画效果。当然，fade动画效果需要使用CSS 3来实现。继续看下面的代码，在style中添加样式，如示例代码13-1-3所示。

示例代码 13-1-3　transition 和 CSS 3 过渡

```
<style type="text/css">
.fade-enter-from {
  opacity: 0
}
.fade-enter-active {
  transition: opacity 2s
}
</style>
```

在这段代码中设置了两个CSS样式，分别以fade-开头设置opacity（透明度）属性的CSS 3过渡效果。这时再次单击"切换"按钮时，会发现Hello在出现的过程中有一个过渡的"渐现"效果。

上面的示例实现了简单的过渡效果，接下来具体讲解一下<transition>是如何实现过渡效果的。

13.2　<transition>组件实现过渡效果

要理解过渡的实现原理，首先需要了解过渡的实现流程，先来看一下图13-1。

当使用<transition>组件来包裹Vue组件的template片段时，这部分内容片段所包括的元素就会形成一个可执行动画组件区域，结合前面的代码，我们来梳理一下实现一个动画的流程：

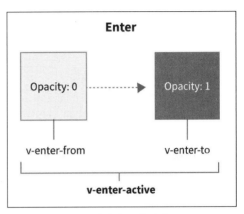

图 13-1　过渡实现的流程（1）

- 渐现，就是元素被插入DOM并逐渐显示的过程，在插入动画即将开始的一瞬间，<transition>组件会给其包裹的<div>元素两个class类，分别是v-enter-from和v-enter-active，这里的v代表在<transition>中设置的name，也就是fade。这时元素的opacity是0。

- 当动画的第一帧执行完毕之后，会去除v-enter-from，保留v-enter-active，同时新增一个class类v-enter-to，这时opacity就会变成初始值1，CSS 3的transition就会生效，并开始一个过渡动画。

- 当动画整体执行完成之后，<transition>组件会给其包裹的<div>元素去除v-enter-active这个class类，同时也去除v-enter-to。

根据上面的流程，对于每一时刻的class状态可以使用图13-2来总结。

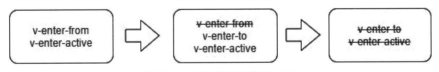

图 13-2　过渡实现的流程（2）

利用这个原理，就可以对每个阶段对应的class设置动画需要的CSS样式，以此来实现动画效果。在实现了一个<div>元素的"渐现"效果之后，接下来完善"渐隐"效果的实现，只需要新增两个CSS样式即可：

```
.fade-enter-from {
  opacity: 0
}
.fade-enter-active {
  transition: opacity 2s
}
/*新增两个样式*/
.fade-leave-to {
  opacity: 0
}
.fade-leave-active {
  transition: opacity 2s
}
```

再次单击"切换"按钮，就会同时出现"渐隐"和"渐现"效果。同样，使用一张图来展示"渐隐"效果实现的流程，如图13-3所示。

- 渐隐，就是指组件被移除并逐渐消失的过程，在移除动画即将执行的一瞬间，<transition>组件会给其包裹的<div>元素两个class类，分别是v-leave-from和v-leave-active，这里的v代表在<transition>中设置的name，也就是fade。这时元素的opacity为1（上面渐现效果结束时的状态）。

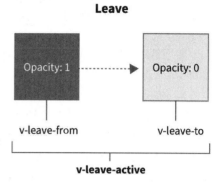

- 当动画的第一帧执行完毕之后，会去除v-leave-from，保留v-leave-active，同时新增一个class类v-leave-to，这时opacity就会套用这个样式，值变成0，CSS 3的transition就会生效，并开始一个过渡动画。

图 13-3　过渡实现的流程（3）

- 当动画整体执行完成之后，会去除v-leave-active这个class类，同时也去除v-leave-to。

根据上面的流程，对于每一时刻的class状态可以使用图13-4来总结。

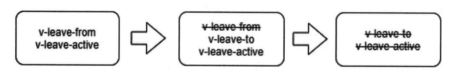

图 13-4　过渡实现的流程（4）

上面的代码通过v-if和<transition>给一个元素添加了"渐隐渐现"的过渡效果，实现过渡动画的核心是在元素进入、离开的时刻添加动画逻辑，在这些不同时刻细分了6个class类，下面来总结一下：

- v-enter-from：定义进入过渡的开始状态。在元素被插入之前生效，在元素被插入之后的下一帧移除。
- v-enter-active：定义进入过渡生效时的状态。在整个进入过渡的阶段中应用，在元素被插入之前生效，在过渡/动画完成之后移除。这个类可以被用来定义进入过渡的过程、延迟和曲线函数。
- v-enter-to：定义进入过渡的结束状态。在元素被插入之后的下一帧生效（与此同时v-enter-from被移除），在过渡/动画完成之后移除。
- v-leave-from：定义离开过渡的开始状态。在离开过渡被触发时立刻生效，在下一帧移除。
- v-leave-active：定义离开过渡生效时的状态。在整个离开过渡的阶段中应用，在离开过渡被触发时立刻生效，在过渡/动画完成之后移除。这个类可以被用来定义离开过渡的过程、延迟和曲线函数。
- v-leave-to：定义离开过渡的结束状态。在离开过渡被触发之后的下一帧生效（与此同时v-leave-from被移除），在过渡/动画完成之后移除。

另外，在代码中使用的fade-xxx是在过渡中切换的类名，类名的定义要遵循一定的规则，如果使用一个没有名字的<transition>，则v-是这些类名的默认前缀，只能使用默认且通用的v-xxx的class

类。如果给<transition>指定了<transition name="fade">，则v可以使用fade-xxx的class类，只需要把v换成name指定的字符串即可，例如v-enter会替换为fade-enter。

除了在元素插入/离开时使用v-if来增加过渡效果外，也可以在下面的场景中使用<transition>组件：

- 条件显示（使用v-show）。
- 动态组件（<route-view>）。
- 组件根节点。

只要组件所渲染的内容有变化，这些时机就都可以添加过渡效果，结合vue-router和<transition>可以在页面切换时添加我们想要的过渡效果。

13.3　<transition>组件实现动画效果

CSS 3中的动画效果主要分为两类，一类是transition，另一类是animation。在示例代码13-1-1中讲解了如何将<transition>组件与CSS 3的transition结合来实现过渡效果，下面来讲解如何将<transition>组件与CSS 3的animation结合来实现动画。

animation实现动画效果在于使用@keyframes来定义不同阶段的CSS样式。将前面的代码进行改造，如示例代码13-3-1所示。

示例代码 13-3-1　将<transition>组件与 CSS 3 的 animation 结合实现动画（1）

```
@keyframes bounce-in {
  0% {
    transform: scale(0);
  }
  50% {
    transform: scale(1.5);
  }
  100% {
    transform: scale(1);
  }
}
.bounce-enter-active {
  animation: bounce-in .5s;
}
.bounce-leave-active {
  animation: bounce-in .5s reverse;
}
```

在上面的代码中定义了一个名为bounce-in的动画，使得元素在显示和隐藏时有一个"变大缩小"的效果。reverse表示动画反向播放。同时，定义了.bounce-enter-active和.bounce-leave-active来使用这个动画。下面修改一下组件的相关代码，如示例代码13-3-2所示。

示例代码 13-3-2　将<transition>组件与 CSS 3 的 animation 结合实现动画（2）

```
<div id="app">
  <button @click="clickCallback">切换</button>
  <transition name="bounce">
    <div v-if="show">Hello!</div>
```

```
    </transition>
  </div>
  Vue.createApp({
    data(){
      return {show: false}
    },
    methods:{
      clickCallback(){
        this.show = !this.show
      }
    }
  }).mount("#app")
```

在这个例子中，使用v-show指令来实现元素的显示和隐藏，当我们单击"切换"按钮时，会看到"Hello！"的动画效果，具体在什么时机应用哪些动画class类，可以参考13.2节讲解的6个class类及含义。

使用<transition>组件实现CSS的动画原理和CSS的过渡效果类似，都需要在动画的关键时机制定对应的CSS样式，区别是：在动画中，v-enter类名在节点插入DOM后不会立即被删除，而是在animationend事件触发时（动画结束时）被删除。在上述代码段中定义了一个名为bounce的<transition>组件，在显示动画生效时会套用 .bounce-enter-active 的样式，在隐藏动画生效时会套用.bounce-leave-active的样式，并且在隐藏时，动画效果会反着播放。

13.4　<transition>组件同时实现过渡和动画

在了解了<transition>组件实现CSS过渡效果和CSS动画效果之后，能否同时实现过渡和动画呢？这种应用场景确实存在，下面就来讲解一下如何给一个元素同时添加"渐隐渐现"和"变大缩小"的效果。

先来介绍一个知识点，在之前的代码中，通过给<transition>组件设置name属性来标识使用哪个动画或者过渡效果，除此之外，还可以使用以下特性通过给<transition>设置属性来自定义过渡类名：

- enter-from-class
- enter-active-class
- enter-to-class

- leave-from-class
- leave-active-class
- leave-to-class

由于在同时配置过渡效果和动画效果时采用默认方式v-xxx定义动画会有冲突，因此需要自定义类名，上面的6个类名分别对应<transition>组件实现过渡或者动画的6个时刻。接下来通过自定义类名来分别指定过渡和动画，如示例代码13-4-1所示。

示例代码 13-4-1　同时实现过渡和动画

```
<style>
@keyframes bounce-in {
  0% {
    transform: scale(0);
  }
  50% {
    transform: scale(1.5);
```

```
    }
    100% {
      transform: scale(1);
    }
  }
  .bounce-enter-active {
    animation: bounce-in 1s ;
  }
  .bounce-leave-active {
    animation: bounce-in 1s reverse;
  }
  .fade-enter-from,.fade-leave-to {
    opacity: 0
  }
  .fade-enter-active,.fade-leave-active {
    transition: opacity 1s
  }
</style>
<div id="app">
  <button @click="clickCallback">切换</button>
  <transition enter-from-class="fade-enter-from"
              enter-to-class="fade-enter-to"
              leave-to-class="fade-leave-to"
              enter-active-class="bounce-enter-active fade-enter-active"
              leave-active-class="bounce-leave-active fade-leave-active">
    <div v-if="show" style="text-align: center;">Hello!</div>
  </transition>
</div>
```

在这段代码中，使用了 animation 的 CSS 样式和 transition 的 CSS 样式，然后在自定义类名时设置了多个 class，尤其是 enter-active-class 和 leave-active-class。这样就实现了同时套用过渡和动画效果。

在代码中，也强制给过渡和动画设置了同样的时间，都为 1 秒。但是，在一些应用场景中，需要给一个元素同时设置过渡和动画效果，但 animation 很快被触发并完成了，而 transition 效果还没结束。对于这种情况，就需要使用 type 属性并设置 animation 或 transition 来明确声明需要 Vue 监听的类型，代码如下：

```
<transition type="animation"></transition>
```

这样，<transition> 就会以动画结束的时间为主。

在大多数情况下，<transition> 可以根据配置的 CSS 属性自动计算出过渡/动画效果的完成时机。这个时机是根据它在过渡/动画效果的根元素的第一个 transitionend 或 animationend 事件触发的时间点计算出来的。然而也可以不遵循这样的设定，例如，有一系列精心编排的过渡/动画效果，其中一些嵌套的内部元素相比于整体过渡/动画效果的根元素来说有延迟的或更长的过渡/动画效果。在这种情况下，就可以用 <transition> 组件上的 duration 属性定制一个显性的过渡/动画持续时间（以毫秒计），代码如下：

```
<transition :duration="1000">...</transition>
```

也可以更加细化地定制进入和移出的持续时间：

```
<transition :duration="{ enter: 500, leave: 800 }">...</transition>
```

13.5 <transition>组件的钩子函数

除了使用CSS原生支持的transitionend事件和animationend事件来获取过渡/动画执行完成的时机外，在使用<transition>组件开发前端过渡/动画的同时，还可以调用<transition>组件提供的JavaScript钩子函数来添加业务相关的逻辑，例如可以直接在钩子函数中操作DOM来达到动画的效果。<transition>组件一共有下面几种钩子函数，如示例代码13-5-1所示。

示例代码 13-5-1   <transition>组件钩子函数的定义

```
<transition
 @before-enter="beforeEnter"
 @enter="enter"
 @after-enter="afterEnter"
 @enter-cancelled="enterCancelled"
 @before-leave="beforeLeave"
 @leave="leave"
 @after-leave="afterLeave"
 @leave-cancelled="leaveCancelled"
 :css="false"
>
 <!-- ... -->
</transition>
```

动画执行过程中的每一个节点都可以在当前组件的methods中定义对应的钩子函数，如示例代码13-5-2所示。

示例代码 13-5-2   <transition>组件钩子函数的使用

```
methods: {
  // --------
  // 进入时
  // --------

  beforeEnter(el) {
  ...
  },
  // 当与 CSS 结合使用时
  // 回调函数 done 是可选的
  enter(el, done) {
  ...
    done()
  },
  afterEnter(el) {
  ...
  },
  enterCancelled(el) {// 进入中取消
  ...
  },

  // --------
  // 离开时
  // --------

  beforeLeave(el) {
  ...
  },
```

```
// 当与 CSS 结合使用时
// 回调函数 done 是可选的
leave(el, done) {
...
  done()
},
afterLeave(el) {
...
},
// 离开中取消,只用于 v-show 中
leaveCancelled(el) {
...
  }
}
```

这些钩子函数可以结合CSS 3的transition或animation来使用,也可以单独使用。其中el参数表示当前元素的DOM对象,当只用JavaScript过渡时,在enter和leave中必须使用done()方法进行回调;当只用CSS 3来实现时,则不需要调用done()方法。如果不遵循此规则,那么这些钩子函数将被同步调用,过渡会立即完成。

13.6　多个元素或组件的过渡/动画效果

在前面的演示代码中,使用<transition>组件实现过渡/动画效果时,都是只给<transition>组件内的一个<div>元素套用动画效果。在Vue中,同样支持给多个元素添加过渡/动画效果,如示例代码13-6-1所示。

示例代码 13-6-1　<transition>组件多个元素的过渡/动画效果（1）

```
.fade-enter,.fade-leave-to {
  opacity: 0
}

.fade-enter-active,.fade-leave-active {
  transition: opacity 2s
}
<div id="app">
  <button @click="clickCallback">切换</button>
  <transition name="fade">
    <div v-if="show">Hello!</div>
    <div v-else>World!</div>
  </transition>
</div>
```

从上面的代码可知,在<transition>组件中定义了两个<div>子元素,并分别使用v-if和v-else来控制其显示和隐藏,同时将fade的过渡效果套用到这两个子元素中。但是,当运行代码时,并没有出现"Hello!"显示、"World!"隐藏或者"Hello!"隐藏、"World!"显示这些效果,这是为什么呢?

当有相同标签名的元素进行切换时,正如示例代码中的两个子元素都采用的是<div>标签,Vue为了效率,只会替换相同标签内部的内容,而不会整体替换,需要通过key属性设置唯一的值来标记,以让Vue区分它们,所以,需要给每个div设置一个唯一的key,代码如下:

```
<transition name="fade">
  <div v-if="show" key="a">Hello!</div>
```

```
        <div v-else key="b">World!</div>
    </transition>
```

再次运行这段代码，就可以看到动画效果，但是目前的动画效果还不是最完美的效果。在"Hello!"显示、"World!"隐藏或者"Hello!"隐藏、"World!"显示时，两个元素会发生重叠，也就是说一个<div>元素在执行离开过渡，同时另一个<div>元素在执行进入过渡，这是transition组件的默认行为：进入和离开同时发生。针对这个问题，<transition>组件提供了过渡模式（mode）的设置项：

- in-out：新元素先进行过渡，完成之后当前元素过渡离开。
- out-in：当前元素先进行过渡，完成之后新元素过渡进入。

可以尝试将mode设置成out-in来看看效果，代码如下：

```
<transition name="fade" mode="out-in">...</transition>
```

通过上面的配置，再次运行动画代码，就不会发生重叠现象。<transition>不仅可以为多个<div>等原生的HTML元素添加过渡/动画效果，对于多个不同的自定义组件也可以使用。另外，切换组件除了使用v-if或者v-show之外，也可以使用动态组件<component>来实现不同组件的替换，如示例代码13-6-2所示。

示例代码 13-6-2　<transition>多个组件的过渡/动画效果（2）

```
<style type="text/css">
.component-fade-enter-active, .component-fade-leave-active {
  transition: opacity .3s ease;
}
.component-fade-enter-from, .component-fade-leave-to {
  opacity: 0;
}
</style>
...
<div id="app">
  <button @click="clickCallback">切换</button>
  <transition name="component-fade" mode="out-in">
    <component :is="view"></component>
  </transition>
</div>
...
Vue.createApp({
  data() {
    return {
      view: 'a',
      count: 0
    }
  },
  components: {
    'a': { // 子组件A
      template: '<div>Component A</div>'
    },
    'b': {// 子组件B
      template: '<div>Component B</div>'
    }
  },
  methods:{
    clickCallback(){
      if (this.count % 2 == 1) {
```

```
      this.view = 'a'
    } else {
      this.view = 'b'
    }
    this.count++
  }
}
}).mount("#app")
```

上面的代码中，<transition>组件中只包含一个<component>组件，但是可以通过v-bind指令加is来实现不同组件的替换，并且应用上了过渡效果，读者可以在浏览器中运行体验。

13.7　列表数据的过渡效果

在Vue的实际项目中，有很多采用列表数据布局的页面，可以通过v-for指令来渲染一个列表页面，同时也可以结合<transition>组件来实现列表渲染时的过渡效果。下面先来看一个简单的例子，如示例代码13-7-1所示。

示例代码 13-7-1　列表数据渲染

```
<div id="app">
    <div v-for="(item,index) in list" :key="item.id">{{item.id}}</div>
    <button @click="clickCallback">增加</button>
</div>
let count = 0;
Vue.createApp({
  data() {
    return {list: []}
  },
  methods:{
    clickCallback(){
      this.list.push({
        id: count++
      })
    }
  }
}).mount("#app")
```

在上面的代码中实现了简单的列表数据渲染。单击"增加"按钮会不断地向列表中添加数据。当然，在添加的过程中没有任何过渡或者动画效果。注意，使用v-for循环时，需要使用key属性来设置一个唯一的键值。

接下来，给增加的元素添加一个"渐现"的过渡效果，可以采用transition-group组件实现。这个组件的用法和<transition>组件类似，可以设置name属性为listFade来标识使用哪种过渡动画。接下来修改示例代码13-7-1的部分代码，并添加相关的CSS，如示例代码13-7-2所示。

示例代码 13-7-2　列表数据渲染过渡动画

```
.listFade-enter-from,.listFade-leave-to {
  opacity: 0;
}
.listFade-enter-to {
  opacity: 1;
}
```

```
.listFade-enter-active,.listFade-leave-active {
  transition: opacity 1s;
}
...
<transition-group name="listFade">
  <div v-for="(item,index) in list" :key="item.id">{{item.id}}</div>
</transition-group>
```

再次单击"增加"按钮，便可以体验到元素会有一个"渐现"的效果。在默认情况下，
transition-group组件在页面DOM中会以一个<span>标签的方式来包裹循环的数据，也可以设置一个
tag属性来规定以哪种标签显示，代码如下：

```
<transition name="listFade" tag="div">...</transition>
```

使用了transition-group组件之后代码更语义化一些，可以理解成transition-group组件给包裹的列
表的每一个元素都添加了<transition>组件，当元素被添加到页面DOM中时，便会套用过渡动画效
果，代码如下：

```
<transition-group name="listFade">
    ...
    <transition>
      <div>1</div>
    </transition>
    <transition>
      <div>2</div>
    </transition>
    <transition>
      <div>3</div>
    </transition>
    ...
</transition-group>
```

同理，有了"渐现"效果，也可以添加"渐隐"效果，直接操作list这个数组即可，如示例代
码13-7-3所示。

示例代码 13-7-3　列表数据渐隐

```
<div id="app">
    <button @click="add">增加</button>
    <button @click="remove">减少</button>
    <transition-group name="listFade">
      <div v-for="(item,index) in list" :key="item.id">{{item.id}}</div>
    </transition-group>
</div>
let count = 1;
Vue.createApp({
  data() {
    return {list: []}
  },
  methods:{
    add(){
      this.list.push({
        id: count++
      })
    },
    remove(){
      count--;
      this.list.pop()// 将数组最后一个元素移除
    }
```

```
    }
})).mount("#app")
```

这样，添加和删除操作都有了对应的过渡效果，整个列表就好似"活"了起来。

13.8 案例：魔幻的事项列表

学习完本章的Vue.js动画内容之后，就有能力改造我们的项目，使它变得多彩炫动，用户体验也更加丰富。还是以待办事项系统为例添加Vue.js动画效果，让它更加魔幻。

13.8.1 功能描述

主要功能和前面的待办事项系统功能一致，利用Vue.js元素的动画API和第三方CSS 3动画库Animate.css来实现，主要动画改造如下：

- 给待办事项列表添加列表交错过渡和渐隐动画效果。
- 在待办事项和回收站之间进行切换时添加渐隐渐现动画效果。
- 弹跳的清空按钮。
- 通用布局和样式修改。

13.8.2 案例完整代码

这里举几个核心的动画改造的例子。

（1）在添加待办事项时，给事项列表添加<transition-group>组件，并应用对应的CSS样式，修改todo.vue，代码如下：

```
...
<div class="s-wrap">
  <transition-group name="list-complete" tag="div">
    <div v-for="item in state.todoItems" class="list-complete-item" :key="item.id">
      <titem :item="item" @delete="deleteItem" @complete="completeItem"></titem>
    </div>
  </transition-group>
</div>
...
.list-complete-item {
  transition: all 0.8s ease;/* 全状态添加过渡 */
}
/* 动画进入和离开时应用CSS样式 */
.list-complete-enter-from,
.list-complete-leave-to {
  opacity: 0;/* 渐隐效果 */
  transform: translateY(20px);/* 向下移动 */
}
...
```

（2）在添加待办事项时，从数组头部添加，动画效果会更明显，同时打乱数组顺序，让列表交错动起来，代码如下：

```
/**
 * 创建事项
 */
function saveTodo() {
  ...
  // 将事项从头部存入列表
  state.todoItems.unshift({
    id: Math.random().toString(36).substr(2, 5),        // 获取随机ID值
    content: state.newTodoContent                         // 设置内容
  })
}
...
/**
 * 打乱顺序
 */
function shuffleList() {
  state.todoItems = _.shuffle(state.todoItems)
}
```

在上面的代码中利用了lodash的shuffle方法，需要在index.html中引入lodash.min.js。

（3）在事项列表和回收站之间切换时，添加渐隐渐现效果，需要对app.vue代码进行改造，代码如下：

```
<transition enter-active-class="fadeIn animated faster" leave-active-class="fadeOut
animated faster">
  <component :is="currentPage"></component>
</transition>
```

在上面的代码中直接使用了Animate.css的样式，即fadeIn，并配置在<transition>中，同时采用了动态组件<component>来代替之前的v-show指令，实现两个组件的切换，需要在index.html中引入animate.min.css。

（4）通用样式的修改，主要将todo.vue和recycle.vue的布局由原先的block改为absolute，这样做的原因是切换时不会占用空间，使动画更加流畅；然后对事项列表添加滚动条，代码如下：

```
    position: absolute;/* 绝对定位 */
    background: #ededed;/* 设置背景颜色 */
    left: 16px;/* 设置位置 */
    right: 16px;
    top:90px;
}
.s-wrap {
    overflow-y:auto;/* 设置可纵向滚动 */
    height: 208px;
}
```

以上只列举了核心的动画源码，具体的业务逻辑代码不再列举，读者可参考完整源码，执行npm run serve命令即可启动完整源码程序。

本案例完整源码可在本书配套资源中下载，具体位置：/案例源码/Vue.js动画。

13.9 小　　结

本章主要讲解了Vue实现动画的相关用法，包括过渡和动画效果的实现。

　　本章内容比较独立，对于使用Vue来实现动画效果是必须掌握的，如果项目中没有用到动画，那么只需要了解即可。本章介绍的都是比较基础的知识，当然其中有一些相对来说比较复杂的内容，例如交错过渡、动态过渡等，这些在项目中应用得比较少，本书也不做过多讲解，有兴趣的读者可以查阅Vue官网的动画部分自行学习。

13.10　练　　习

　　（1）如何实现一个按钮的"渐隐渐现"效果？

　　（2）<transition>组件有哪些钩子函数？

　　（3）v-enter-from和v-enter-to的出现时机是什么？

第 14 章
Vuex 状态管理

一个完整的Vue项目是由各个组件组成的，每个组件在用户界面上的显示是由组件内部的属性和逻辑决定的，我们把这种属性和逻辑叫作组件的状态。组件之间的相互通信可以用来改变组件的状态。

如果项目结构简单，那么父子组件之间的数据传递可以使用props或者$emit等方式，但是对于大型应用来说，由于组件众多，状态零散地分布在许多组件和组件之间的交互操作中，因此十分复杂。为了解决这个问题，需要进行状态管理，Vuex就是一个很好的Vue状态管理模式。使用Vue开发的项目，基本上都需要使用Vuex进行状态管理。

Vuex是独立于Vue.js的插件库，有自己的版本，对于Vue 3版本来说，需要Vuex 4版本才可以搭配使用。本章我们基于Vuex 4.0.0版本来介绍其概念及其使用。

14.1 什么是状态管理模式

对于状态管理模式，从一个简单的Vue计数应用开始介绍，如示例代码14-1-1所示。

示例代码 14-1-1 状态管理模式

```
Vue.createApp({
  // state
  data () {
    return {
      count: 0
    }
  },
  // view
  template: "<div>{{ count }}</div>",
  // actions
  methods: {
    increment () {
      this.count++
    }
  }
}).mount("#app")
```

在上面的代码中完成了一个计数的逻辑，当increment方法不断被调用时，count的值就会不断增加并显示在页面上，我们称之为"状态自管理"，它包含以下几个部分：

- state：驱动应用的数据源。对应到Vue实例中就是在data中定义的属性。
- view：以声明方式将state映射到视图。对应Vue实例中的template。
- actions：响应在view上的用户交互操作导致的状态变化。对应Vue实例中methods中定义的方法。

可以发现，上述过程是一个单向的过程，在view上触发action并改变state，state的改变最终回到了view上，这种"单向数据流"的概念可以用图14-1来简单描述。

但是，当我们的应用遇到多个组件共享状态时，例如有另外3个Vue计数器实例都依赖于这个state，并在state改变时做到同步的UI改变，这种单向数据流的简洁性很容易被破坏，会出现以下问题：

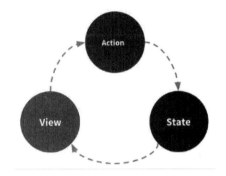

图 14-1　单向数据流

（1）多个组件依赖于同一状态。

（2）来自不同组件的行为需要变更同一状态。

对于问题（1），如果使用传参的方法来解决，那么对于多层嵌套的组件来说将会非常烦琐，并且对于兄弟组件之间的状态传递也无能为力。

对于问题（2），可采用父子组件直接引用或者通过自定义事件来变更状态，并且在变更的同时将状态复制多份共享给需要的组件来解决。

以上这些方案虽然可以在一定程度上解决问题，但都非常脆弱，通常会导致出现很多无法维护的代码。

为什么不把组件的共享状态抽取出来，以一个全局单例模式管理呢？在这种模式下，所有的组件通过树的方式构成了一个巨大的"视图"，无论在树的哪个位置，任何组件都能获取状态或者触发事件。通过定义状态管理中的各种概念，并通过强制规则来维持视图和状态间的独立性，让代码变得更结构化且易于维护，这就是Vuex的设计思想。

14.2　Vuex 概述

本节主要介绍 Vuex 的组成、Vuex 的安装，以及使用 Vuex 创建一个简单的 store。

14.2.1　Vuex 的组成

每一个Vuex应用都有一个巨大的"视图"，这个视图的核心叫作store（仓库）。store基本上就是一个数据的容器，它包含着应用中大部分的状态，所有组件之间的状态改变都需要告诉store，再由store负责分发到各个组件。

抽象一点来说，store就像是一个全局对象，可简单地理解成window对象下的一个对象，组件之间的通信和状态改变都可以通过全局对象来调用，但是store和全局对象还是有一些本质区别的，并且也更加复杂。下面先来看看store由哪些部分组成，Vuex中默认有5种基本的对象：

- state：存储状态，是一个对象，其中的每一个key就是一个状态。

- getters：表示在数据获取之前的再次编译和处理，可以理解为state的计算属性。
- mutations：修改状态，并且是同步的。
- actions：修改状态，可以是异步操作。
- modules：store分割后的模块，为了开发大型项目，可以让每一个模块拥有自己的state、mutations、actions、getters，使得结构更加清晰，方便管理，但不是必须使用的。

这些对象之间的工作流程如图14-2所示。

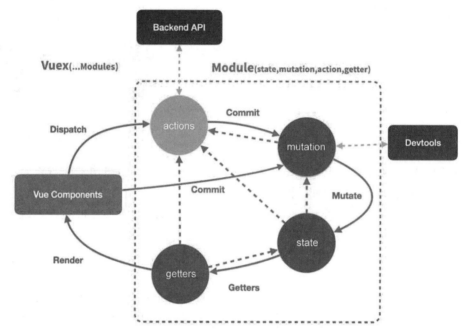

图 14-2　Vuex 的工作流程

流程图中虽然没有标出store，但是可以看出，Vuex是一个抽象的概念，而store是一个表现形式，是具体的对象，在代码中真正使用的是store，这个对象比一般的全局对象要复杂很多。另外，Vuex和单纯的全局对象具体有以下两点不同：

- Vuex的状态存储是响应式的，所谓响应式，就是说当Vue组件从store中读取状态时，若store中的状态发生变化，则相应的组件也会得到高效更新。
- 不能直接改变store中的状态。改变store中状态的唯一途径就是显式地提交（commit）mutation（这是Vuex官方推荐的用法）。这样可以方便地跟踪记录每一个状态的变化，并且实现一些工具，帮助开发者更加全面地管理应用。

14.2.2　安装 Vuex

与使用Vue.js一样，可以在HTML页面中通过<script>标签的方式导入Vuex，前提是要先导入Vue.js，如示例代码14-2-1所示。

示例代码 14-2-1　导入 Vuex

```
<script src="https://unpkg.com/vue@3.2.28/dist/vue.global.js"></script>
<script src="https://unpkg.com/vuex@4.0.0/dist/vuex.global.js"></script>
```

当然，可以将这个链接指向的JavaScript文件下载到本地计算机中，而后再从本地计算机中导入。

在使用Vuex开发大型项目时，推荐使用NPM方式来安装Vuex。NPM工具能很好地和诸如Webpack或Browserify等模块打包器配合使用。Vuex的安装方法如示例代码14-2-2所示。

示例代码 14-2-2　使用 NPM 安装 Vuex

```
npm install vuex@next
```

14.2.3　一个简单的 store

在完成Vuex的安装之后，下面来实际演示如何创建一个store。创建过程直截了当，仅需要提供一个初始state对象和一些mutation，如示例代码14-2-3所示。

示例代码 14-2-3　创建一个简单的 store

```
const store = Vuex.createStore({
  state: {
    count: 0
  },
  mutations: {
    increment (state) {
      state.count++
    }
  }
})
const app = Vue.createApp({})

app.use(store) // 可以在组件中通过this.$store调用
app.mount("#app")
```

在上面的代码中创建了一个简单的store实例，store中的状态保存在state中，然后可以通过store.commit('increment')来触发state状态的变更，注意commit方法的参数就是在store中定义的mutations的key值，打印console.log(store.state.count)，可以看到打印出了"1"。

> **注意** 需要通过提交mutation的方式而不是直接改变store.state.count来创建store，这是因为我们想要更明确地追踪到状态的变化。这个简单的约定能够让我们的意图更加明显，这样即使其他开发者在阅读代码时也能更容易地解读应用内部的状态改变。此外，这样也便于实现一些能记录每次状态的改变和保存状态快照的调试工具，例如Chrome浏览器的Vue DevTools[①]。有了这些工具，可以实现如"时间穿梭机"般的调试体验。

通常情况下，如果在创建store时启用严格模式，那么就会绝对禁止采用直接修改state的方式，代码如下：

```
const store = createStore({
  ...
  strict: true
})
```

[①] Vue DevTools是一款基于Chrome浏览器的插件，用于调试Vue及Vuex应用，更方便地管理store，可极大地提高调试效率。

在严格模式下，无论何时发生了状态变更且不是由mutation引起的，都会抛出错误。这能保证所有的状态变更都能被Chrome浏览器的Vue DevTools工具跟踪到。

由于store中的状态是响应式的，因此在组件中获取store中的状态经常会用到计算属性，并在计算属性的方法中返回store里面的state值。触发变化也仅仅是在组件的methods中提交mutation，使用起来简单便捷，代码如下：

```
...
computed: {
  info() {
    return this.$store.state.info
  }
},
methods:{
    changeInfo(){
        this.$store.commit('changeInfo')
    }
}
...
```

从下一节开始将结合具体的Vue组件来使用store，并分别说明state、getters、mutation、action、module的使用方法。

14.3　state

通过上一节的讲解，我们知道state的主要作用是保存状态。通俗来讲，状态是由"键－值对"组成的对象，在Vue的组件中读取状态最简单的方法就是在计算属性中返回某个状态。下面首先定义一个根实例，如示例代码14-3-1所示。

示例代码 14-3-1　store 注册根实例

```
<!-- 根实例挂载的DOM对象 app -->
<div id="app">
  <counter />
</div>
const app = Vue.createApp({
    components: {
      'counter': counter
    }
})
app.use(store)
app.mount("#app")
```

在上面的代码中，通过在根实例中注册store选项，该store实例会注入根组件下的所有子组件中，且子组件能通过this.$store访问store选项。

然后，更新store和counter组件的实现，如示例代码14-3-2所示。

示例代码 14-3-2　获取 state 的值（1）

```
const store = Vuex.createStore({
  state: {
    count: 3
  }
})
```

```
const counter = {
  template: '<div>{{ count }}</div>',
  computed: {
    count () {
      return this.$store.state.count // 通过this.$store.state可以获取到state
    }
  }
}
```

在上面的代码中，counter组件将count作为一个计算属性，然后通过this.$store.state就可以获取到store中的state，得到state中的count值，并将count值赋值给计算属性中的count，这样就构成了一条响应式的链路，一旦store中的state中的count值改变，就会触发计算属性中的count改变，进而达到动态更新的目的。

使用mapState可以直接将store中的state映射到局部的计算属性中，这样就可以直接在计算属性中使用state，而无须定义一个computed的属性值，然后在属性值中获取state了，如示例代码14-3-3所示。

示例代码 14-3-3　获取 state 的值（2）

```
const store = Vuex.createStore({
  state: {
    count: 3
  }
})
const counter = {
  template: '<div>{{ count }}</div>',
  computed: Vuex.mapState({
    count: state => state.count,
  })
}
```

14.4　getters

通过前面章节的学习，我们知道在Vue组件中，可以利用计算属性来获取state中定义的状态，但是如果需要对这些状态数据进行二次加工或者添加一些业务逻辑，那么这些业务逻辑就只能写在各自组件的computed方法中，如果各组件都需要这类逻辑，那么就需要重复多次。getters就可以解决这个问题，如示例代码14-4-1所示。

示例代码 14-4-1　getters 的使用

```
const store = new Vuex.Store({
  state: {
    count: 3,
  },
  getters: {
    getFormatCount(state){
      // 对数据进行二次加工
      let str = '物料总价：' + (state.count * 10) + '元'
      return str;
    }
  }
})
```

```
const counter = {
  template: '<div>{{total}}</div>',
  computed: {
    total () {
      // this.$store.getters获取
      return this.$store.getters.getFormatCount
    }
  }
}
```

参考上面的代码，我们可以把getters理解成store的"计算属性"，在store中添加getters设置，然后编写getFormatCount方法，接收一个state参数，就可以得到state的值，在该方法中对数据进行处理，最后把处理结果通过return返回。注意，getters在定义时是作为一个方法定义的，我们需要的是它的返回值，所以在使用getters时，要把它当作一个属性来调用。在counter组件中，通过this.$store.getters.getFormatCount就可以获取处理之后的值。注意，这里的getters在通过属性getFormatCount访问时，如果state没有改变，那么每次调用都会从缓存中获取，这和组件的计算属性类似。

getFormatCount方法除了有state参数之外，也可以接收另一个参数getters，这样就可以调用其他getters的方法，达到复用的效果，代码如下：

```
getters: {
  otherCount(){ return '' },
  getFormatCount(state, getters) {
    return state.count + getters.otherCount
  }
}
```

使用mapGetters可以直接将store中的getters映射到局部的计算属性中，这样就可以直接在计算属性中使用getters，无须定义一个computed的属性值，而在属性值中调用getters，如示例代码14-4-2所示。

示例代码 14-4-2   getters 传参（1）

```
const store = Vuex.createStore({
  state: {
    count: 3,
  },
  getters: {
    getFormatCount(state){
      const str = '物料总价: ' + (state.count * 10) + '元'
      return str;
    }
  }
})

const counter = {
  template: '<div>{{total}}</div>',
  computed: {
    ...Vuex.mapGetters({
      "total":"getFormatCount"
    })
  }
}
```

在Vue组件中使用getters时，也支持传参，不过需要在store中定义getters时通过return返回一个函数，如示例代码14-4-3所示。

示例代码 14-4-3　getters 传参（2）

```
const store = Vuex.createStore({
  state: {
    count: 3,
  },
  getters: {
    getFormatCount(state){
      // 返回一个函数
      return(unit)=>{
        const str = '物料总价：' + (state.count * unit) + '元'
        return str;
      }
    }
  }
})
const counter = {
  template: '<div>{{total}}</div>',
  computed: {
    total () {
      // this.$store.getters调用getFormatCount(20)传参
      return this.$store.getters.getFormatCount(20)
    }
  }
}
```

> **注意**　getters在通过方法访问时，每次都会调用方法，而不是读取缓存的结果。

14.5　mutation

通过state的学习，我们知道了如何在Vue组件中获取state，那么如何在Vue组件中修改state呢？

如前文所述，更改Vuex的store中的状态的唯一方法是提交mutation。Vuex中的mutation类似于事件：每个mutation都有一个字符串作为事件类型（type）和一个回调函数（handler）。这个回调函数就是实际进行状态更改的地方，并且它会接收state作为第一个参数，如示例代码14-5-1所示。

示例代码 14-5-1　提交 mutation

```
const store = Vuex.createStore({
  state: {
    count: 3
  },
  mutations: {
    increment(state, params) {
      state.count = state.count + params.num
    }
  }
})
const counter = {
  template: '<div>{{ count }}<button @click="clb">增加</button></div>',
  computed: {
    count () {
      return this.$store.state.count // 通过this.$store.state可以获取state
    }
  },
  methods:{
```

```
    clb(){
      // 通过this.$store.commit调用mutations
      this.$store.commit('increment', {
        num: 4
      })
    }
  }
}
```

在调用this.$store.commit时，第一个参数是在store中定义的mutations的一个key值，即'increment'；第二个参数是自定义传递的数据，在store的mutations方法中就可以获取该数据。

提交mutation的另一种方式是直接使用包含 type 属性的对象，代码如下：

```
...
this.$store.commit({
    type: 'increment',
    num: 4
})
...
```

同样会调用increment这个回调函数，然后可以从第二个参数中获取num值，整个回调函数没有变化：

```
...
increment(state, params) {
  state.count = state.count + params.num
}
...
```

和getters一样，在组件中使用mutations时，可以用mapMutations辅助函数快速地在methods中映射，如示例代码14-5-2所示。

示例代码 14-5-2   mapMutations

```
const store = Vuex.createStore({
  state: {
    count: 3
  },
  mutations: {
    increment(state, params) {
      state.count = state.count + params.num
    }
  }
})

const counter = {
  template: '<div>{{ count }}<button @click="clb({num:4})">增加</button></div>',
  computed: {
    count () {
      return this.$store.state.count // 通过this.$store.state可以获取state
    }
  },
  methods:{
    ...Vuex.mapMutations({
      clb: 'increment' // 将this.clb()映射为this.$store.commit('increment')
    })
  }
}
```

> **注意** mapMutations只是将clb方法和this.$store.commit('increment')进行映射，对于increment方法中的参数是没有改动的，clb方法里面的参数可以直接进行传递，如clb({num:4})。

另外，一条重要的原则就是要记住mutation必须是同步函数。如果像下面这样编写，就会产生一个异步函数调用：

```
mutations: {
  someMutation (state) {
    setTimeout(()=> {
      state.count++
    },1000)
  }
}
```

在回调函数中触发state.count++时，可以看到在延时了1秒之后状态改变了，这看起来确实可以达到效果，但是Vue并不推荐这样做。

可以想象一下，当我们正在使用DevTools工具调试一个Vuex应用，并且正在观察DevTools中的mutation日志时，正常情况下每一条mutation都被正常记录，需要捕捉前一个状态和后一个状态的快照。然而，在上面的例子中，mutation中异步函数内的回调打破了这种机制，让调试工作不可能完成：因为当mutation触发时，回调函数还没有被调用，DevTools不知道回调函数什么时候被真正调用，实质上在回调函数中进行的任何状态改变都是不可追踪的。

在mutation中混合异步调用会导致程序很难调试。例如，当调用了两个包含异步回调的mutation来改变状态时，我们无法知道什么时候回调和哪个先回调，这就是为什么要区分这两个概念的原因。在Vuex中，mutation都是同步事务，为了解决异步问题，需要引入action。

14.6　action

action类似于mutation，不同之处在于：

- action提交的是mutation，而不是直接变更状态。
- action可以包含任意异步操作。

可以理解成为了解决异步更改state的问题，需要在mutation前添加一层action，我们直接操作action，然后让action去操作mutation，如示例代码14-6-1所示。

示例代码 14-6-1　提交 action

```
const store = Vuex.createStore({
  state: {
    count: 3,
  },
  mutations: {
    increment(state,params) {
      state.count = state.count + params.num
    }
  },
  actions: {
    incrementAction(context, params) {
      // 在action里面会去调用mutations
      context.commit('increment',params)
    }
  }
})
const counter = {
  template: '<div>{{ count }}<button @click="clb">增加</button></div>',
```

```
    computed: {
      count () {
        return this.$store.state.count // 通过this.$store.state可以获取state
      }
    },
    methods:{
      clb(){
        // 通过this.$store.dispatch调用action
        this.$store.dispatch('incrementAction', {
          num: 4
        })
      }
    }
  }
```

通过this.$store.dispatch可以在Vue组件中提交一个action，同时可以传递自定义的参数，这和提交一个mutation类似，乍一看感觉多此一举，直接提交mutation岂不是更方便？实际上并非如此，还记得mutation必须同步执行这个限制吗？action则不受这个约束，因此可以在action内部执行异步操作：

```
...
incrementAction (context, params) {
  setTimeout(()=>{
    context.commit('increment',params)
  },1000)
}
...
```

虽然不能在mutation执行时进行异步操作，但是可以把异步逻辑放在action中，这样对于mutation其实是同步的，Chrome浏览器的Vue DevTools也就可以追踪到每一次的状态改变了。

同时，可以在action中返回一个Promise对象，以便准确地获取异步action执行完成后的时间点：

```
...
incrementAction (context, params) {
    return new Promise((resolve, reject)=> {
      setTimeout(()=> {
        context.commit('increment',params)
        resolve()
      }, 1000)
    })
}
...
this.$store.dispatch('incrementAction').then(()=>{...})
```

当然，也可以在一个action内部获取当前的state或者触发另一个action，也可以触发一个mutation，代码如下：

```
...
actions: {
  incrementAction (context) {
    if (context.state.count > 1) {
      context.dispatch('actionOther')

      context.commit('increment1')
      context.commit('increment2')
    }
  },
  actionOther(){
    console.log('actionOther')
  }
}
...
```

与getters和mutation一样，在组件中使用action时，可以用mapActions辅助函数来快速地在methods中映射，代码如下：

```
...
methods:{
  ...Vuex.mapActions({
      clb:'incrementAction'
  })
}
```

14.7　module

由于使用单个状态树会导致应用的所有状态都集中到一个store对象上，当应用变得非常复杂时，store对象就有可能变得相当臃肿。为了解决这个问题，Vuex允许我们将store分割成模块（Module）。每个模块都拥有自己的state、mutation、action、getters，甚至有自己的嵌套子模块。最后在根store采用module这个设置项将各个模块汇集进来，如示例代码14-7-1所示。

示例代码 14-7-1　Modules

```
const moduleA = {
  state: { ... },
  mutations: { ... },
  actions: { ... },
  getters: { ... }
}

const moduleB = {
  state: { ... },
  mutations: { ... },
  actions: { ... }
}

const store = Vuex.createStore({
  modules: {
    a: moduleA,
    b: moduleB
  }
})

store.state.a // -> moduleA 的状态
store.state.b // -> moduleB 的状态
```

为了更好地理解，举个例子，对于大型的电商项目，可能有很多个模块，例如用户模块、购物车模块、订单模块等。如果将所有模块的程序逻辑都写在一个store中，肯定会导致这个代码文件过于庞大而难以维护；如果将用户模块、购物车模块和订单模块单独抽离到各自的module中，就会使代码更加清晰易读，便于维护。

可以在各自的module中定义自己的store内容，代码如下：

```
...
const moduleA = {
  state: { count: 0 },
  mutations: {
    increment(state) {
      // 'state' 可以获取当前模块的state状态数据
      state.count++
```

```
    }
  },
  getters: {
    doubleCount(state) {
      return state.count * 2
    }
  },
  actions:{
      incrementAction(context){
        context.commit('increment')
      }
  }
}
...
```

在默认情况下，模块内部的action、mutation和getters注册在全局命名空间中，可以不受module限制；而state在module内部，它们可以通过下面这种方式获取到：

```
this.$store.state.moduleA.count           // 访问state
this.$store.getters.doubleCount           // 访问getters
this.$store.dispatch('incrementAction')   // 提交action
this.$store.commit('increment')           // 提交mutation
```

这样使得多个模块能够对同一个getters、mutation或action做出响应。如果多个module有相同名字的getter、mutation或action，就会依次触发，这样的结果可能不是我们想要的。

如果希望模块具有更高的封装度和独立性，可以通过添加namespaced: true的方式使它成为带命名空间的模块。当模块被注册后，它的所有getters、action及mutation都会自动根据模块注册的路径来调整命名，如示例代码14-7-2所示。

示例代码 14-7-2　module 的命名空间

```
const moduleA = {
  namespaced: true,
  state: {
    count: 3,
  },
  mutations: {
    increment(state) {
      console.log('moduleA')
      state.count++
    }
  },
  getters: {
    doubleCount(state) {
      return state.count * 2
    }
  },
  actions: {
    incrementAction (context) {
      context.commit('increment')
    }
  }
}
const moduleB = {
  namespaced: true,
  state: {
    count: 3,
  },
  mutations: {
```

```
      increment(state) {
        console.log('moduleB')
        state.count++
      }
    },
    getters: {
      doubleCount(state) {
        return state.count * 2
      }
    },
    actions: {
      incrementAction (context) {
        context.commit('increment')
      }
    }
  }
```

在上面的代码段中定义了两个带有命名空间的module，然后将它们集成到之前的计数器组件中，如示例代码14-7-3所示。

示例代码 14-7-3   调用命名空间下 module 的 action

```
const counter = {
  template: '<div>{{ count }}<button @click="clickCallback">增加</button></div>',
  computed: {
    count() {
      return this.$store.state.moduleA.count
// 通过this.$store.state.moduleA可以获取moduleA的state
    }
  },
  methods:{
    clickCallback(){
      // 通过this.$store.dispatch调用'moduleA/incrementAction'指定的action
      this.$store.dispatch('moduleA/incrementAction')
    }
  }
}

const store = Vuex.createStore({
  modules: {
    moduleA: moduleA,
    moduleB: moduleB
  }
})
```

要调用一个module内部的action时，需要使用如下代码：

```
this.$store.dispatch('moduleA/incrementAction')
```

dispatch方法参数由"空间key+'/'+action名"组成，除了调用指定命名空间的action外，当然也可以调用指定命名空间的mutation，或者存取指定命名空间下的getters，代码如下：

```
this.$store.commit('moduleA/increment')
this.$store.getters['moduleA/increment']
```

若要两个module之间进行交互调用，例如把moduleA的操作action或mutation通知到moduleB的action或mutation中，那么将{root: true}作为第三个参数传给dispatch或commit即可，代码如下：

```
...
const moduleB = {
  namespaced: true,
```

```
    actions: {
      incrementAction (context) {
        // 在moduleB中提交moduleA相关的mutation
        context.commit('moduleA/increment',null,{root:true})
        // or
        // 在moduleB中提交moduleA相关的action
        context.dispatch('moduleA/incrementAction',null,{root:true})
      }
    }
  }
...
```

第一个参数必须由"空间key+'/'+action名（mutation名）"组成，这样Vuex才可以找到对应命名空间下的action或者mutation。第二个参数是自定义传递的数据，默认为空。第三个参数是{ root: true}。

如果需要在moduleA内部的getters或action中存取全局的state或getters，可以利用rootState和rootGetters作为第三个和第四个参数传入getters，同时也会通过context对象的属性传入action，如示例代码14-7-4所示。

示例代码 14-7-4　rootState 和 rootGetter 参数的使用

```
const moduleA = {
  namespaced: true,
  state: {
    count: 3,
  },
  getters: {
    doubleCount(state,getters,rootState,rootGetters) {
      console.log(getters)                        // 当前module的getters
      console.log(rootState)                       // 全局的state->rootCount: 3
      console.log(rootGetters)                     // 全局的getters->rootDoubleCount
      return state.count * 2
    }
  },
  actions: {
    incrementAction (context) {
      console.log(context.rootState)               // 全局的state->rootCount: 3
      console.log(context.rootGetters)             // 全局的getters->rootDoubleCount
    }
  }
}
const store = Vuex.createStore({
  state:{
    rootCount: 3
  },
  getters:{
    rootDoubleCount(state) {
      return state.rootCount * 2
    }
  },
  modules: {
    moduleA: moduleA,
  }
})
```

若需要在带命名空间的模块中注册全局action（虽然这种应用场景较少遇到），则可添加root:true，将action的定义放在函数handler中，代码如下：

```
...
{
```

```
actions: {
  someOtherAction(context) {
    context.dispatch('someAction')
  }
},
modules: {
  moduleC: {
    namespaced: true,
    actions: {
      someAction: {
        root: true,
        handler(namespace,params) { ... } // -> 'someAction'
      }
    }
  }
}
...
```

可以看到Vuex的module机制非常灵活，不仅可以在各自的module之间相互调用，也可以在全局的store中相互调用。这种机制有助于处理复杂项目的状态管理，将单个store进行“组件化”，体现了拆分和分治的原则。这种思想可以借鉴到开发大型项目的架构中，保证代码的稳定性和可维护性，从而提升开发效率。

14.8　Vuex 插件

在创建store的时候，可以为它配置插件，插件的主要功能是提供一种面向切面（Aspect Oriented Programming，AOP）的钩子函数。例如，在Vuex中，修改state的主要操作来自mutation，如果需要监测mutation的调用，那么可以在每个mutation前添加自己的监测逻辑，这其实不难，代码如下：

```
methods:{
  clb(){
    console.log('mutation调用开始')
    this.$store.commit('increment', {
      num: 4
    })
    console.log('mutation调用结束')
  }
}
```

但是对于一个大型的项目中有很多mutation调用的情况，我们能否监测到每次mutation的调用而又不侵入业务逻辑呢？这就需要用到插件提供的钩子函数，如示例代码14-8-1所示。

示例代码 14-8-1　插件提供的钩子函数

```
const myPlugin = (store) => {
  // 当 store 初始化后调用
  store.subscribe((mutation, state) => {
    console.log('mutation调用开始结束')
    // 每次 mutation 之后调用
    // mutation 的格式为 { type, payload }
  })
}

const store = Vuex.createStore({
```

```
    plugins: [myPlugin],
    state: {
      count: 3
    },
    mutations: {
      increment(state,params) {
        state.count = state.count + params.num
      }
    }
})
const counter = {
    template: '<div>{{ count }}<button @click="clb">增加</button></div>',
    methods:{
      clb(){
        // 通过this.$store.commit调用mutations
        this.$store.commit('increment', {
          num: 4
        })
      }
    }
}
```

上面的代码中，首先定义了一个插件，在插件中采用store.subscribe方法就可以监测到该store下所有的mutation调用。每当我们调用increment时就会进入store.subscribe方法，方法中的第一个参数mutation是当前调用的mutation内容，type是increment的名字，payload是increment的参数；第二个参数是当前state的内容。这样，就在不侵入原有业务逻辑代码的情况下实现了mutation的监测。

利用插件，也可以记录state快照，每当state改变时都记录下前后的差异，这样更加有利于Vuex的调试，这也是Chrome浏览器的Vue DevTools工具的核心功能之一，代码如下：

```
const myPluginWithSnapshot = (store) => {
  let prevState =  .cloneDeep(store.state)
  store.subscribe((mutation, state) => {
    let nextState =  .cloneDeep(state)

    // 比较 prevState 和 nextState

    // 保存状态，用于下一次 mutation
    prevState = nextState
  })
}
```

也可以在插件中打印逻辑日志，相当于记录用户的操作，这些都是Vuex插件给我们提供的非常便利的功能。

14.9　在组合式 API 中使用 Vuex

前面所讲解的Vuex结合组件的使用都是在配置式API中进行的，主要是通过this.$store.xx或者mapxx等辅助函数来使用，在组合式API的setup方法中，也可以使用Vuex，首先访问state和getters，如示例代码14-9-1所示。

示例代码 14-9-1　组合式 API 中使用 Vuex（1）

```
const store = Vuex.createStore({
  state: {
```

```
          count: 3
      },
      getters: {
        getFormatCount(state){
          // 对数据进行二次加工
          let str = '物料总价：' + (state.count * 10) + '元'
          return str;
        }
      }
})

const counter = {
    template: '<div>{{ count }}, {{ formatcount }}</div>',
    setup(){
        const store = Vuex.useStore()
        console.log(store.state.count)
        // 计算属性获取state
        let count = Vue.computed(() => store.state.count)
        let formatcount = Vue.computed(() => store.getters.getFormatCount)

        return {
            count,
            formatcount
        }
    }
}
```

上面的代码中，由于在setup方法中无法使用配置式API当前实例的上下文对象this，因此可以采用useStore方法获取store对象，从而得到state和getters的数据，并结合组合式API的computed方法将它们绑定到计算属性上。

mutation和action也可以在setup方法中使用，如示例代码14-9-2所示。

示例代码 14-9-2　组合式 API 中使用 Vuex（2）

```
const store = Vuex.createStore({
  state: {
    count: 3
  },
  mutations: {
    increment(state,params) {
      state.count = state.count + params.num
    }
  },
  actions: {
    incrementAction(context, params) {
      // 在action中调用mutations
      context.commit('increment',params)
    }
  }
})

const counter = {
  template: '<div>{{ count }}<button @click="increment">增加</button></div>',
  setup(){
    const store = Vuex.useStore()
    let count = Vue.computed(() => store.state.count)
    // 定义方法返回mutation和action的调用
    let increment = ()=> store.commit('increment',{num:4})
    let incrementAction = ()=>store.dispatch('incrementAction',{num:4})

    return {
      count,
```

```
        increment,
        incrementAction
    }
  }
}
```

上面的代码中，单击"增加"按钮，就会调用increment对应的mutation，从而修改state中的count值，而count则被绑定到了计算属性上，所以每次单击count的值就会更新。

14.10　Vuex 适用的场合

Vuex可以帮助我们进行项目状态的管理，在大型项目中，使用Vuex是非常不错的选择。但是，在使用Vuex时，很多逻辑操作会让我们感觉很"绕"，例如修改一个状态需要action→mutation→state，这些步骤不免让人感到烦琐冗余。

如果应用比较简单，最好不要使用Vuex，一个简单的store模式就足够了。如果需要构建一个中大型的项目，因为要考虑在组件外部如何更好地管理状态，所以Vuex是最好的选择。不要为了使用一项技术而去使用这项技术，只有真正适合当前业务的技术才是最好的选择。

14.11　另一种状态及管理方案——Pinia

Pinia是一个用于Vue的状态管理库，类似于Vuex，是Vue的另一种状态管理方案。Pinia主打简单和轻量，其大小仅有1KB，在功能用法上主要包括store、state、getter、action等概念。

Pinia采用如下命令安装：

```
npm install pinia@next
```

pinia@next版本兼容Vue 3，其大部分API和Vuex类似，并且结合Vue 3组合式API使用起来更加方便。

在Pinia中，可以自由地将多个store（Vuex更推荐使用一个store）定义在不同的模块文件中，使用时直接引入这个模块即可，便于拆分管理。例如创建一个user.js，代码如下：

```
// stores/user.js
import { defineStore } from 'pinia'

export const useCounterStore = defineStore('counter', {
  state: () => ({ count: 0 })
  actions: {
    increment() {
      this.count++
    },
  },
})
```

使用时，直接导入这个模块，代码如下：

```
import { useCounterStore } from '@/stores/user'

export default {
```

```
  setup() {
    const counter = useCounterStore()
    // 直接修改state
    counter.count++
    // $patch方法修改state
    counter.$patch({ count: counter.count + 1 })
    // 调用action
    counter.increment()
  },
}
```

在Pinia中，可以直接对state进行修改（Vuex不推荐这么做），也可以调用action，即通过$patch方法同时对多个state进行修改。

Pinia符合直觉的状态管理方式，让使用者回到了模块导入导出的原始状态，使状态的来源更加清晰可见，但是目前来说Pinia还处于快速更新阶段，相关社区和文档还不够完善，还是不如Vuex的使用者多。就目前来说读者可以先行了解，对于状态管理还是更加推荐Vuex。

14.12　案例：事项列表的数据通信

学习完本章Vuex状态管理的内容之后，在组件通信方面就有了更加丰富的选择。还是在之前的待办事项系统案例基础上，将mitt的通信方式更换成Vuex，将整个项目的数据统一由Vuex管理，使得代码变得更加合理，更加清晰。

14.12.1　功能描述

主要功能和前面的待办事项系统功能一致,利用Vuex实现组件通信和数据管理,主要改造如下:

* 将待办事项列表todoItems和回收站事项列表recycleItems放在Vuex的store中。
* 增加事项、删除事项、恢复事项等操作逻辑由action和mutation来实现。

14.12.2　案例完整代码

这里举几个改造源码的例子。

（1）新建store.js，定义state、action、mutation，代码如下：

```
import Vuex from 'vuex'
import dataUtils from '../utils/dataUtils'
const myPlugin = (store) => {
  store.subscribe((mutation, state) => {
    // 每次调用mutation都在这里持久化数据
    dataUtils.setItem('todoList', state.todoItems)
    dataUtils.setItem('recycleList', state.recycleItems)
  })
}
export default Vuex.createStore({
  plugins: [myPlugin],
  state: {
    todoItems:dataUtils.getItem('todoList') || [],
    recycleItems:dataUtils.getItem('recycleList') || [],
  },
```

```
mutations: {
  /*
   * 添加事项
   */
  addTodo (state, obj) {
    state.todoItems.unshift(obj)
  },
  /*
   * 添加回收站事项
   */
  addRecycle (state, obj) {
    state.recycleItems.unshift(obj)
  },
  /*
   * 删除回收站事项
   */
  deleteRecycle (state, obj) {
    // 以下逻辑为找到对应id的事项，然后将它删除
    state.recycleItems = state.recycleItems.filter(item=>{
      return item.id != obj.id
    })
  },
  /*
   * 删除事项
   */
  deleteTodo (state, obj) {
    // 以下逻辑为找到对应id的事项，然后将它删除
    state.todoItems = state.todoItems.filter(item=>{
      return item.id != obj.id
    })
  },
  /*
   * 重置事项列表
   */
  resetTodo(state, array){
    state.todoItems = array
  }
},
actions: {
  addTodo (context, obj) {
    context.commit('addTodo', obj)
  },
  addRecycle (context, obj) {
    context.commit('addRecycle', obj)
  },
  deleteTodo(context, obj){
    // 先删除待办事项
    context.commit('deleteTodo', obj)
    // 后增加回收站事项
    context.commit('addRecycle', obj)
  },
  revertTodo(context, obj){
    // 先删除回收站事项
    context.commit('deleteRecycle', obj)
    // 后增加待办事项
    context.commit('addTodo', obj)
  }
 }
})
```

在上面的代码中不仅定义了基本的state、action、mutation，还定义了一个Vuex插件，这个插件的功能是在所有mutation被调用后执行数据持久化逻辑。

（2）在todo.vue中，之前的删除事项逻辑需要删除todoItems对应的元素，同时还要mitt通知回收站列表recycleItems添加对应的元素，在使用了Vuex后，直接调用一个action即可，代码如下：

```
/**
 * 删除事项
 */
const deleteItem = (obj)=>store.dispatch('deleteTodo',obj)
```

只需一行代码即可删除事项，逻辑放在action中，代码更加简洁清晰。

以上只列举了核心的Vuex改造源码的例子，具体的业务逻辑代码就不再列举，读者可参考完整源码，执行npm run serve命令即可启动完整源码程序。

本案例完整源码：/案例源码/Vuex状态管理。

14.13　小　　结

本章讲解了Vuex的相关知识，主要内容包括：Vuex概述，state、getters、mutation、action、module的使用以及Vuex的适用场合。官方解释Vuex是一个专为Vue.js应用开发的状态管理模式，通俗点来讲就是一个帮助Vue.js应用解决复杂的组件通信方式的工具。理解并掌握Vuex中的5个基本对象以及Vuex的工作流程是学习本章知识的关键，Vuex的工作流程可以回顾本章开头的流程图。

对于Vuex的选择和使用需要根据实际情况来决定，对于大型的Vue项目，一般都需要使用Vuex，而对于小型的Vue应用，则不必使用Vuex。最后建议读者自行运行一下本章提供的各个示例代码，以便加深对知识的理解和掌握。

14.14　练　　习

（1）什么是状态管理模式？

（2）Vuex中的5个基本对象是什么？

（3）Vuex中的store是什么，与5个基本对象的关系是什么？

（4）Vuex中的state的作用是什么？

（5）Vuex中的mutation和action有什么异同？

（6）在项目中使用Vuex需要遵守什么原则？

第 15 章

Vue Router 路由管理

做过传统PC端前端页面开发的人一定都知道，如果项目中需要页面切换或者跳转，那么可以利用<a></a>标签来实现。对于移动Web应用来说，可否使用<a></a>标签来实现页面跳转呢？答案当然是可以的，我们可以创建多个HTML页面，然后让它们直接相互跳转，和PC端的没有多大差别。

对于大多数的移动Web应用来说，它们大部分是单页应用（Single Page Application, SPA），而Vue Router是Vue.js官方的路由插件，它和Vue.js是深度集成的，可用来实现单页面应用的路由管理。

需要注意的是，Vue Router是独立于Vue.js的插件库，有自己的版本，对于Vue 3版本来说，需要搭配Vue Router 4版本使用。本章我们就来介绍Vue Router 4.0.11版本的概念及其使用。

15.1　什么是单页应用

单页应用是一种基于移动Web的应用或者网站，这种Web应用大多数由一个完整的HTML页面组成，页面之间的切换通过不断地替换HTML内容或者隐藏和显示所需要的内容来实现，其中包括一些页面切换的效果，这些都由CSS和DOM相关的API来模拟完成。与单页应用相对应的就是多页应用，多页应用由多个HTML页面组成，页面之间的切换通过<a></a>标签完成，每次打开的都是新的HTML页面。

单页应用有以下特点：

- 单页应用在页面加载时会将整个应用的资源文件都下载下来（在无"懒加载"的情况下）。
- 单页应用的页面内容由前端JavaScript逻辑生成，在初始化时由一个空的<div>占位。
- 单页应用的页面切换一般通过修改浏览器的哈希（Hash）来记录和标识。

结合上面的特点，单页应用首次打开页面时，不仅需要页面的HTML代码，还会加载相关的JavaScript和CSS静态资源文件，之后才可以进行页面渲染，因此用户看到页面内容的时间要稍长一些。另外，单页应用的HTML是一个空的<div>，不利于搜索引擎优化（Search Engine Optimization, SEO）。

在实现单页应用的页面切换时，要修改页面的哈希，例如，通过http://localhost/index.html#page1来模拟进入page1页面，通过http://localhost/index.html#page2来模拟进入page2页面。随着越来越多的页面需要相互跳转，而且需要相互传递参数，就需要一个数据对象可以维护和保存这些跳转逻辑，于是就引出了路由这个概念。采用Vue.js开发的单页应用都会推荐使用Vue Router(下同vue-router)来实现页面的路由管理。

15.2　Vue Router 概述

Vue Router是Vue.js官方的路由管理器，它和Vue.js的核心深度集成，让构建单页应用变得易如反掌。它包含的功能有：

- 嵌套的路由、视图表。
- 模块化的、基于组件的路由配置。
- 路由参数、查询、通配符。
- 基于Vue.js过渡系统的视图过渡效果。
- 细粒度的导航控制。
- 带有自动激活的CSS class的链接。
- HTML 5历史模式或哈希模式。
- 自定义的滚动条行为。

15.2.1　安装 Vue Router

与安装Vuex的方法相同，在HTML页面中通过<script>标签的方式导入Vue Router，前提是要先导入Vue.js，如示例代码15-2-1所示。

示例代码 15-2-1　导入 Vue Router

```
<script src="https://unpkg.com/vue@3.2.28/dist/vue.global.js"></script>
<script
src="https://unpkg.com/vue-router@4.0.11/dist/vue-router.global.js"></script>
```

当然，可以将这个链接指向的JavaScript文件下载到本地计算机中，再从本地计算机导入即可。

在使用Vue Router开发大型项目时，推荐使用NPM方式来安装。NPM工具可以很好地和诸如Webpack或Browserify等模块打包器配合使用。安装方法如示例代码15-2-2所示。

示例代码 15-2-2　NPM 安装 Vue Router

```
npm install vue-router@4
```

15.2.2　一个简单的组件路由

在Vue项目中，使用路由的基本目的就是为了实现页面之间的切换。正如前面章节所述，在单页应用中的页面切换主要是控制一个容器<div>的内容的替换、显示或隐藏。下面就来演示使用Vue Router控制一个<div>容器的内容进行切换，如示例代码15-2-3所示。

示例代码 15-2-3　简单的组件路由

```
<!DOCTYPE html>
<html lang="en">
<head>
  <meta charset="utf-8">
```

```
    <meta name="viewport" content="width=device-width, initial-scale=1.0,
        maximum-scale=1.0, user-scalable=no" />
    <title>vue-router</title>
<script src="https://unpkg.com/vue@3.2.28/dist/vue.global.js"></script>
<script src="https://unpkg.com/vue-router@4.0.11/dist/vue-router.global.js"></script>
</head>
<body>
  <div id="app">
    <p>
      <router-link to="/page1">导航page1</router-link>
      <router-link to="/page2">导航page2</router-link>
    </p>
    <router-view></router-view>
  </div>
  <script type="text/javascript">
    // 创建page1的局部组件
    const PageOne = {
      template: '<div>PageOne</div>'
    }
    // 创建page2的局部组件
    const PageTwo = {
      template: '<div>PageTwo</div>'
    }

    // 配置路由信息
    const router = VueRouter.createRouter({
      history: VueRouter.createWebHashHistory(),// 路由模式
      routes: [
        { path: '/page1', component: PageOne },
        { path: '/page2', component: PageTwo }
      ]
    })

    const app = Vue.createApp({})

    app.use(router)
    app.mount("#app")

  </script>
</body>
</html>
```

上面的代码是完整的HTML代码，可以直接在浏览器中运行。VueRouter.createRouter方法可以创建路由对象，其中routes表示每个路由的配置，history表示路由模式，在Vue Router 4中history参数是必须传递的。调用app.use(router)即可使用路由。

<router-view>组件是vue-router内置的组件，相当于一个容器<div>。<router-link>组件是vue-router内置的导航组件，routes对应的数组是路由配置信息。当我们单击第一个<router-link>组件时，会动态改变浏览器的哈希，根据配置的路由信息，当哈希值为page1时，便命中了path: '/page1'规则，这时<router-view>的内容就被替换成了PageOne组件，以此类推，PageTwo组件也是如此。这个代码段的运行效果如图15-1所示。这就是所谓的组件路由，把组件类比成页面，每个页面默认是一个组件，当页面的哈希切换到某个路径时，就会匹配到对应的组件，然后将容器的<div>内容替换成这个组件，以此实现页面的切换，这是vue-router基本的使用方法。当然，路由配置信息可以支持多种方式，如常用的动态路由匹配。

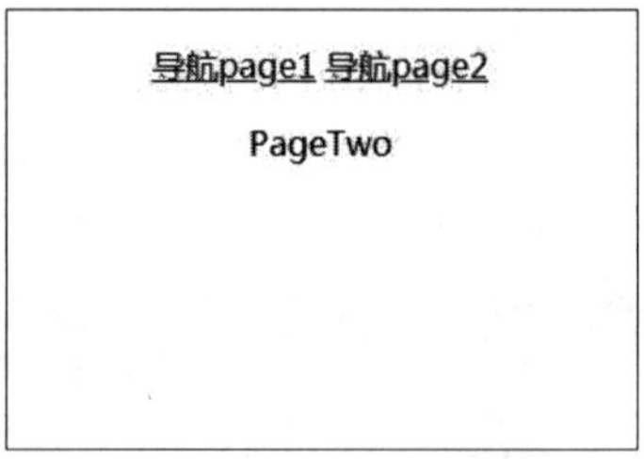

图 15-1　组件路由的演示

15.3　动　态　路　由

本节主要介绍动态路由匹配及响应路由变化的相关内容。

15.3.1　动态路由匹配

如果需要把不同路径的路由全都映射到同一个组件，例如，有一个User组件，所有ID各不相同的用户都要使用这个组件来渲染，那么就可以在vue-router的路由路径中使用"动态路径参数"（Dynamic Segment）来达到这个效果，如示例代码15-3-1所示。

示例代码 15-3-1　动态路由匹配

```
<p>
  <router-link to="/user/1">用户1</router-link>
  <router-link to="/user/2">用户2</router-link>
</p>
<router-view></router-view>
const User = {
  template: '<div>用户id: {{$route.params.id}}</div>'
}

// 配置路由信息
const router = VueRouter.createRouter({
  history: VueRouter.createWebHashHistory(),
  routes: [
    { path: '/user/:id', component: User }
  ]
})
```

通过":id"的方式可以指定路由的路径参数，使用冒号来标识，这样"/user/1"和"/user/2"就都可以匹配到User这个组件。在User组件插值表达式中使用\$route.params.id可以获取id参数。如果是在方法中使用，则可以使用this.\$route.params.id，注意是\$route而不是\$router。

另外，也可以在一个路由中设置多段路径参数，对应的值都会设置到\$route.params中，如图15-2所示。

模式	匹配路径	\$route.params
/user/:username	/user/evan	{ username: 'evan' }
/user/:username/post/:post_id	/user/evan/post/123	{ username: 'evan', post_id: '123' }

图 15-2　设置多段路径参数

使用这种路径参数的方式可以在页面切换时直接传递参数，让URL地址更加简洁，也更符合RESTful[①]风格。

---

① RESTful风格是指基于REST（Representational State Transfer）构建的API风格，用HTTP动词（GET、POST、DELETE、DETC）描述操作具体的接口功能。

如果想实现更高级的正则路径匹配，vue-router也是支持的，例如下面的代码：

```
const router = VueRouter.createRouter({
  history: VueRouter.createWebHashHistory(),
  routes: [
    // 正则匹配，id为数字的路径
    { path: '/user/:id(\\d+)', component: User },
  ]
})
```

注意，在Vue Router 4中，移除了*路径正则匹配所有路径的方式，如果想要实现通配符匹配所有路径，可以通过参数*的方式实现，代码如下：

```
const router = VueRouter.createRouter({
  history: VueRouter.createWebHashHistory(),
  routes: [
    // 不再支持
    { path: '*', component: User },
    // 匹配/、/one、/one/two、/one/two/three任意字符
    { path: '/:chapters*', component: User },
  ]
})
```

当使用参数*的方式来匹配时，/后面的所有字符都会被当作chapters参数，代码如下：

```
<router-link to="/userabc/efg/1">用户1</router-link>

{ path: '/:chapters*', component: User },

{{$route.params.chapters}}// [ "userabc", "efg", "1" ]
```

15.3.2　响应路由变化

当使用路由来实现页面切换时，有时需要能够监听到这些切换的事件（例如从/page1切换到/page2），可以使用监听属性来获取这个事件，如示例代码15-3-2所示。

示例代码 15-3-2　响应路由变化

```
watch:{
  // to表示切换之后的路由，from表示切换之前的路由
  '$route'(to,from){
    // 在这里处理响应
    console.log(to,from)
  }
}
```

可以使用watch监听属性来监听组件内部的$route属性，当路由发生变化时，便会触发这个属性对应的方法，有以下两种情况需要注意一下：

- 当路由切换对应的是同一个子组件时（例如15.2.2节的User组件），只是参数id不同，那么监听方法可以写在子组件User中。
- 当路由切换对应的是不同的组件时（例如15.2.2节的PageOne和PageTwo组件），那么监听方法需要写在根组件中才可以接收到变化。

两种写法的代码如下：

```
const User = {
  template: '<div>用户id: {{$route.params.id}}</div>',
```

```
  watch:{// 子组件watch方法
    '$route'(to,from){ ... }
  }
}
...
const app = Vue.createApp({
  watch:{ // 根组件watch方法
    '$route'(to,from){ console.log(to,from) }
  }
})
```

设置在根组件的watch方法在上面两种情况下都会触发，所以建议统一在根组件中设置watch监听路由的变化。

除了使用watch方法来监听路由的变化外，在Vue Router 2.2版本之后，引入了新的方案，叫作导航守卫。

15.4　导　航　守　卫

导航守卫可以理解成拦截器或者路由发生变化时的钩子函数。vue-router提供的导航守卫主要通过跳转或取消的方式守卫导航。导航守卫可以分为5种，它们分别是：

- 全局前置守卫。
- 全局解析守卫。
- 全局后置钩子。
- 组件内的守卫。
- 路由配置守卫。

每当页面的路由变化时，就可以把这种由路由引起的路径变化称为"导航"，这里的"导航"是一个动词，"守卫"是一个名词，就是在这些"导航"有动作时来监听它们。

15.4.1　全局前置守卫

全局前置守卫需要直接注册在router对象上，可以使用router.beforeEach注册一个全局前置守卫，如示例代码15-4-1所示。

示例代码 15-4-1　全局前置守卫的注册

```
// 配置路由信息
const router = VueRouter.createRouter({
  history: VueRouter.createWebHashHistory(),
  routes: [
    { path: '/user/:id', component: User },
  ]
})
router.beforeEach((to, from, next)=> {
  // 响应变化逻辑
  ...
  // next() // 如果使用了next参数，则必须调用next()方法
})
```

当一个路由发生改变时，全局前置守卫的回调方法便会执行，正因为是前置守卫，在改变之前便会进入这个方法，所以可以在这个方法中对路由相关的参数进行修改等，完成之后，必须调用next()方法才可以继续路由的工作。每个守卫方法接收3个参数：

- to：Route类型，表示即将进入的目标路由对象。
- from：Route类型，表示当前导航正要离开的路由对象。
- next：可选，Function类型，提供执行后续路由的参数，一定要调用该方法才能完成（resolve）整个钩子函数。执行效果取决于next()方法的调用参数：
    - next()：进行管道中的下一个钩子。如果全部钩子执行完毕，那么导航的状态就是确认的（confirmed）。
    - next(false)：中断当前的导航。如果浏览器的 URL 改变了（可能是用户单击了浏览器的后退按钮），那么 URL 地址会重新设置到 from 路由对应的地址。
    - next('/')或者 next({ path: '/' })：跳转到一个不同的地址。当前的导航被中断，然后执行一个新的导航。例如对之前的路由进行修改，然后将新的路由对象传递给 next()方法。
    - next(error)：如果传入 next 的参数是一个 Error 实例对象，那么导航会被终止且该错误会被传递给 router.onError()注册过的回调方法（或回调函数）。

当使用了next参数时，请确保在任何情况下都要调用next()方法，否则守卫方法就不会被完成，而一直处于等待状态。

如果没有使用next参数，那么可以通过返回值的方式来完成或者终止守卫，使用方法和next类似，代码如下：

```
router.beforeEach((to, from)=> {
  return false // 相当于next(false)
  // 或者
  return { path: '...' }// 相当于next({ path: '...' })
})
```

15.4.2 全局解析守卫

在router.beforeEach之后还有一个守卫方法router.beforeResolve，它用来注册一个全局守卫，称为全局解析守卫。router.beforeResolve的用法与router.beforeEach类似，区别在于调用的时机，即全局解析守卫是在导航被确认之前，且在所有组件内守卫和异步路由组件被解析之后调用，如示例代码15-4-2所示。

示例代码 15-4-2 全局解析守卫的调用

```
router.beforeResolve((to, from, next)=> {
  // 响应变化逻辑
  ...
  next()
})
```

router.beforeResolve是获取数据或执行任何其他操作（用户如果无法进入页面，那么希望避免执行的操作）的理想位置。

15.4.3　全局后置钩子

在了解了全局前置守卫和全局解析守卫之后，接下来介绍一下全局后置钩子。这里解释一下为什么不叫"守卫"，因为守卫一般可以对路由router对象进行修改和重定向，并且带有next参数，但是后置钩子不会接受next函数，也不会改变导航本身，它相当于只是提供了一个方法，让我们可以在路由切换之后执行相应的程序逻辑。全局后置钩子的使用方法和全局前置守卫类似，如示例代码15-4-3所示。

示例代码 15-4-3　全局后置钩子的使用

```
router.afterEach((to, from)=> {
...
})
```

15.4.4　组件内的守卫

前面讲解的都是全局相关的守卫或者钩子，将这些方法设置在根组件上就可以很方便地获取对应的回调方法，并可在其中添加所需的处理逻辑。如果不需要在全局中设置，那么也可以单独给自己的组件设置一些导航守卫或者钩子，以达到监听路由变化的目的。

可以在路由组件内直接定义以下路由导航守卫：

- beforeRouteEnter。
- beforeRouteUpdate。
- beforeRouteLeave。

这些守卫的触发时机和使用方法如示例代码15-4-4所示。

示例代码 15-4-4　组件内的守卫的使用

```
const User = {
  template: '<div>用户id: {{$route.params.id}}</div>',
  beforeRouteEnter(to, from) {
      // 在渲染该组件的对应路由被验证前调用
      // 不能获取组件实例 'this'
      // 因为当守卫执行时，组件实例还没被创建
  },
  beforeRouteUpdate(to, from) {
      // 在当前路由改变但是该组件被复用时调用
      // 举例来说，对于一个带有动态参数的路径 '/users/:id'，在 '/users/1' 和'/users/2'
之间跳转的时候，由于会渲染同样的 'UserDetails' 组件，因此组件实例会被复用，而这个钩子就
会在这个情况下被调用
      // 因为在这种情况发生的时候，组件已经挂载好了，所以导航守卫可以访问组件实例 'this'
  },
  beforeRouteLeave(to, from) {
      // 在导航离开渲染该组件的对应路由时调用
      // 与 'beforeRouteUpdate' 一样，它可以访问组件实例 'this'
  },
}
```

总结一下，beforeRouteEnter和beforeRouteLeave这两个守卫很好理解，就是当导航进入该组件和离开该组件时调用，但是如果前后的导航是同一个组件，那么这种应用场合就属于组件复用。例如只改变参数，代码如下：

```
<router-link to="/user/1">导航user1</router-link>
<router-link to="/user/2">导航user2</router-link>
```

```
...
const User = {
  template: '<div>用户id: {{$route.params.id}}</div>',
}
...
const router = VueRouter.createRouter({
  history: VueRouter.createWebHashHistory(),
  routes: [
    { path: '/user/:id', component: User },
  ]
})
```

在这种应用场合下，beforeRouteEnter和beforeRouteLeave这两个方法并不会被触发，反而是beforeRouteUpdate这个方法会在每次导航时被触发。另外，在beforeRouteEnter方法中无法获取当前组件实例this。

因为beforeRouteEnter守卫在导航确认前被调用，即将登场的新组件还没被创建，所以守卫不能访问this。不过，可以通过传递一个回调方法给next()来访问组件实例。在导航被确认时执行回调方法，并且把组件实例作为回调方法的参数，代码如下：

```
beforeRouteEnter(to, from, next) {
  next((vm)=>{
    // 通过'vm'访问组件实例
  })
}
```

与之前讲解的全局守卫一样，如果使用了next参数，那么就要确保在任何情况下都要调用next()方法，否则守卫方法就会处于等待状态。

beforeRouteLeave的一个常见的应用场合就是用来禁止用户在还未保存修改前突然离开，代码如下：

```
beforeRouteLeave(to, from , next)=> {
  var answer = window.confirm('尚未保存，是否离开？')
  if (answer) {
    next()
  } else {
    next(false)
  }
}
```

通过next(false)方法来取消用户离开该组件并进入其他导航。

15.4.5　路由配置守卫

除了一些全局守卫和组件内部的守卫外，也可以在路由配置上直接定义守卫，例如beforeEnter守卫，如示例代码15-4-5所示。

示例代码 15-4-5　路由配置守卫的定义

```
const routes = [
  {
    path: '/users/:id',
    component: User,
    beforeEnter: (to, from) => {
      // reject the navigation
      return false
    },
  },
]
```

beforeEnter守卫的触发时机与beforeRouteEnter方法类似，但是它要早于beforeRouteEnter的触发。同样要记得如果使用了next参数，则需要调用next()方法。当需要单独给一个路由配置守卫时，可以采用这种方法。

下面总结一下所有守卫和钩子函数的整个触发流程：

（1）导航被触发。

（2）在失活的组件中调用beforeRouteLeave离开守卫。

（3）调用全局的beforeEach守卫。

（4）在复用的组件中调用beforeRouteUpdate守卫。

（5）在路由配置中调用beforeEnter。

（6）解析异步路由组件。

（7）在被激活的组件中调用beforeRouteEnter。

（8）调用全局的beforeResolve守卫。

（9）导航被确认。

（10）调用全局的afterEach钩子。

（11）触发DOM更新。

（12）调用beforeRouteEnter守卫中传给next的回调函数，创建好的组件实例会作为回调函数的参数传入。

Vue Router的导航守卫提供了丰富的接口，可以在页面切换时添加项目的业务逻辑，对于开发大型单页面应用很有帮助。例如在渲染用户信息时，如果需要从服务器获取用户的数据，就可以在User组件的beforeRouteEnter方法中获取数据，如示例代码15-4-6所示。

示例代码 15-4-6　在 beforeRouteEnter 方法中获取数据

```
const User = {
  template: '<div>用户id: {{$route.params.id}}</div>',
  beforeRouteEnter (to, from, next) {
    next((vm)=>{
      // 通过'vm'访问组件实例
      vm.getUserData()
    })
  },
  methods:{
    getUserData(){
      ... //ajax请求逻辑
    }
  }
}
```

15.5　嵌　套　路　由

当项目的页面逐渐变多，结构逐渐变复杂时，只有一层路由是无法满足项目的需要的。比如在某些电商类的项目中，电子类产品划分成页面作为第一层的路由；同时电子类产品又可以分为手机、平板电脑、电子手表等，这些可以划分成各个子页面，又可以作为一层路由。这时，就需要用嵌套路由来满足这种复杂的关系。

下面先来创建一个一层路由，还是以User组件为例，如示例代码15-5-1所示。

示例代码 15-5-1　嵌套路由（1）

```
<div id="app">
    <router-link to="/user/1">导航page1</router-link>
    <router-link to="/user/2">导航page2</router-link>
    <router-view></router-view>
</div>
...
const User = {
  template: '<div>User {{ $route.params.id }}</div>'
}

const router = new VueRouter({
  routes: [
    { path: '/user/:id', component: User }
  ]
})
```

这里的<router-view>是最顶层的出口，渲染最高级路由匹配到的组件。同样，一个被渲染的组件可以包含自己的嵌套<router-view>。例如，在User组件的模板中添加一个<router-view>，如示例代码15-5-2所示。

示例代码 15-5-2　嵌套路由（2）

```
const User = {
  template:
    '<div class="user">'+
      '<h2>User {{ $route.params.id }}</h2>'+
      '<router-view></router-view>'+
    '</div>'
}
```

然后修改配置路由信息router，新增一个children选项来标识第二层的路由需要有哪些配置，同时新建两个子组件UserPosts和UserProfile，如示例代码15-5-3所示。

示例代码 15-5-3　嵌套路由（3）

```
<router-link to="/user/1/profile">导航user的profile</router-link>
<router-link to="/user/2/posts">导航user的posts</router-link>
...
const UserProfile = {
  template: '<div>UserProfile</div>'
}

const UserPosts = {
  template: '<div>UserPosts</div>'
}
...
const router = VueRouter.createRouter({
  history: VueRouter.createWebHashHistory(),
  routes: [
    {
      path: '/user/:id',
      component: User,
      children: [
        {
          // 当 /user/:id/profile 匹配成功时，UserProfile 会被渲染在 User 的 <router-view>中
          path: 'profile',
          component: UserProfile
```

```
      },
      {
        //当/user/:id/posts匹配成功时，UserPosts会被渲染在User的<router-view>中
        path: 'posts',
        component: UserPosts
      }
    ]
  }
  ]
})
```

从上面的代码段可知，children的设置就像routes的设置一样，可以设置由各个组件和路径组成的路由配置对象数组，由此可以推测出，children中的每一个路由配置对象还可以再设置children，达到更多层的嵌套。每一层路由的path向下叠加共同组成了用于访问该组件的路径，例如/user/:id/profile就会匹配UserProfile这个组件。

基于上面的设置，当访问/user/1时，User的出口不会渲染任何东西，这是因为没有匹配到合适的子路由，必须是对应的/user/:id/profile或者/user/:id/posts才可以。如果想要渲染点什么，可以提供一个空的子路由，如示例代码15-5-4所示。

示例代码 15-5-4　默认路由

```
var router = VueRouter.createRouter({
  history: VueRouter.createWebHashHistory(),
  routes: [
    {
      path: '/user/:id', component: User,
      children: [
        // 当 /user/:id 匹配成功时，UserHome 会被渲染在 User 的 <router-view> 中
        { path: '', component: UserHome },

        // 其他子路由
      ]
    }
  ]
})
```

因为上面的UserHome子路由设置的path为空，所以会作为导航/user/1的匹配路由。

15.6　命名视图

有时候想同时（同级）呈现多个视图，而不是嵌套呈现，例如一个布局有headbar（导航）、sidebar（侧边栏）和main（主内容）3个视图，这时命名视图就派上用场了。可以在界面中拥有多个单独命名的视图，而不是只有一个单独的出口。简单来说，命名视图就是给<router-view>设置名字，从而达到不同的<route-view>显示不同的内容的目的，如示例代码15-6-1所示。

示例代码 15-6-1　命名视图的运用

```
<div id="app">
  <router-view name="headbar"></router-view>
  <router-view  name="sidebar"></router-view>
  <div class="container">
    <router-view></router-view>
  </div>
```

```
    </div>
    ...
    const Main = {
      template: '<div>Main</div>',
    }
    const HeadBar = {
      template: '<div>Header</div>',
    }
    const SideBar = {
      template: '<div>SideBar</div>',
    }
    // 配置路由信息
    const router = VueRouter.createRouter({
      history: VueRouter.createWebHashHistory(),
      routes: [
        {
          path: '/',
          components: { // 采用components设置项
            default: Main,
            headbar: HeadBar,
            sidebar: SideBar,
          }
        }
      ]
    })
```

在上面的代码中，对一个路由设置了多个视图并作为组件来渲染，<router-view "name="headbar"></route-view> 中的 name 属性和 components 对象中的 key 要对应，表示这个 <route-view> 会被替换成组件的内容；default表示如果没有指定name属性，就选择默认的组件来替换对应的<route-view>。这样就实现了一个页面中有多个不同的视图。

但是，这种在同一个页面特别是在单页应用中使用多个<route-view>的情况，对于大多数业务来说并不常见。一般要抽离出一个经常变动的内容，将它放入<route-view>，而对于那些不变的内容，例如headbar或者sidebar，则可以单独封装成一个组件，在根组件中将它们作为子组件来导入，代码如下：

```
    <div id="app">
      <headerbar></headerbar>
      <sidebar></sidebar>
      <div class="container">
        <router-view class="view"></router-view>
      </div>
    </div>
```

命名视图的重点在于浏览器访问同一个URL时可以匹配到多个视图组件，当切换路由时，这些组件可以同步变化，但是具体在哪些场合使用，还需要根据业务来决定。代码如下：

```
    const router = VueRouter.createRouter({
      history: VueRouter.createWebHashHistory(),
      routes: [
        {
          path: '/', // 不同路径
          components: {
            default: Main,
            headbar: HeadBar,
            sidebar: SideBar,
          }
        },
```

```
    {
      path: '/other', // 不同路径
      components: {
        default: OtherMain,
        headbar: OtherHeadBar,
        sidebar: OtherSideBar,
      }
    }
  ]
})
```

15.7　命 名 路 由

在前面小节的代码中，在routes中配置的路由一般以path进行区分，不同的path表示不同的路由。除了path之外，还可以为任何路由提供name，这样做有以下4个优点：

- 没有硬编码的URL。
- params自动编码/解码。
- 防止用户在URL中出现打字错误。
- 绕过路径排序（如显示一个）。

命名路由的主要含义是给路由设置一个name属性，同时提供params参数可以让路由在切换时传递更加复杂的数据。注意，如果配置了name属性，则需要保证不同路由的name不同，如示例代码15-7-1所示。

示例代码 15-7-1　命名视图的运用

```
const routes = [
  {
    path: '/user/:username',
    name: 'user',
    component: User
  }
]
```

配置了name属性后，后续在进行路由切换时就可以传递复杂参数，代码如下：

```
<router-link :to="{ name: 'user', params: {username: 'erina'}}">
    User
</router-link>
```

15.8　编程式导航

在前一节的代码中，执行路由切换的操作都是以单击<router-link>组件来触发导航的，这种方式称作声明式导航。在vue-router中除了使用<router-link>来定义导航链接外，还可以借助router的实例方法通过编写代码来实现，这就是所谓的编程式导航。下面介绍编程式导航的4个常用方法。

1. router.push(location, onComplete?, onAbort?)

在之前的代码中曾使用过this.$route.params获取路由的参数，this.$route为当前的路由对象。在实现路由切换时，如果使用编程式导航，则需要使用this.$router.push方法，通过this.$router获取的是设置在根实例中的一个Vue Router的实例，push方法是由实例对象提供的，因此不要把this.$route和this.$router搞混了。

router.push方法的第一个参数可以是一个字符串路径，也可以是一个描述地址的对象，在这个对象中可以设置传递到下一个路由的参数。onComplete和onAbort作为第二个和第三个参数分别接收一个回调函数，它们分别表示当导航成功时触发和当导航失败时触发（导航到相同的路由或在当前导航完成之前就导航到另一个不同的路由），不过这两个参数不是必须传入的。push方法的使用如示例代码15-8-1所示。

```
// 字符串
router.push('home')

// 对象
router.push({ path: 'home' })

// 带查询参数，变成 /user?userId=test
router.push({ path: '/user', query: { userId: 'test' }})

// 命名的路由
router.push({ name: 'user', params: { userId: '123' }})
```

在上面列出的方法中，第一种方法在调用router.push时将第一个参数设置成对象，可以实现导航和传递参数的功能；第二、三种方法中path对应路由配置信息中定义的path；第三种方法中query设置传递的参数，导航后的组件可以使用this.$route.query来接收。最后一种方法使用name的方式来表明跳转的路由，params设置传递的参数，这种方式为命名路由。

有时候，通过一个名称来标识一个路由显得更方便一些，特别是在链接一个路由或者执行一些跳转时。在创建router实例时，在routes配置中给某个路由设置name属性，如示例代码15-8-2所示。

示例代码 15-8-2　命名路由

```
var router = new VueRouter({
  routes: [
    {
      path: '/user/:id',
      name: 'user',
      component: User
    }
  ]
})
```

那么使用name+params和path+query有什么区别呢？总结如下：

- 进行路由配置时，path是必须配置的，而name可以选配。
- 使用name或者path进行导航时，当传参使用params时，接收参数使用$route.parmas；当传参使用query时，接收参数使用$route.query。
- query的参数一般以"?xx=xx"形式跟在路径后面。query类似于Ajax中的get传参，params则类似于post，简单来说，前者在浏览器地址栏中显示参数，后者则不显示。

注意，当采用name进行导航时，如果path里面有需要的参数（例如：id），那么对应的params
也需要传递id参数，否则将无法被正确导航，代码如下：

```
// 对应path: '/user/:id'
this.$router.push({
  name:'user',
  params:{
    id:id // 必须传递id
  }
})
```

调用router.push方法时，会向history添加一个新的记录，因此，当用户单击浏览器后退按钮时，
就会回到之前的URL。如果这时采用query传参，那么页面刷新时参数可以保留，效果如图15-3所示。

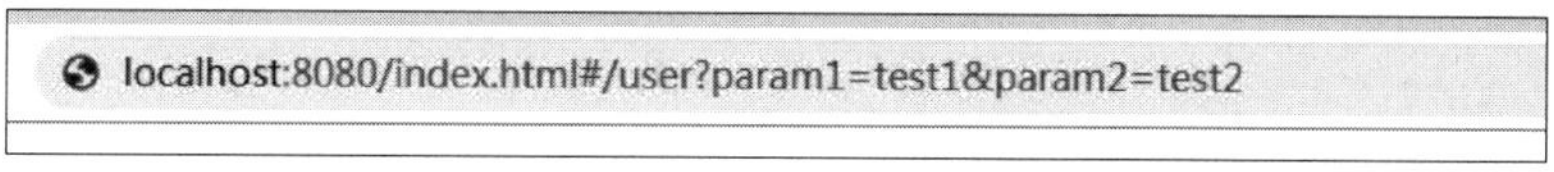

localhost:8080/index.html#/user?param1=test1&param2=test2

图 15-3　采用 query 传参，页面刷新时保留了参数

另外一个需要注意的是，在vue-router@4.14之后的版本中，使用name+params的方式进行路由
跳转和传参时，目标页面将无法使用$route.parmas接收参数，这时则需要将params中的参数添加到
path的定义中，代码如下：

```
{
  path: '/somewhere',
  name: 'somewhere'
}
router.push({ name: 'somewhere', params: { oops: 'gets removed' } })
//此时将无法通过$route.parmas接收oops的值，需要修改为
{
  path: '/somewhere/:oops',
  name: 'somewhere'
}
```

2. router.replace(location, onComplete?, onAbort?)

router.replace方法也可以进行路由切换从而实现导航，它与router.push很像，唯一不同的是，
它不会向history添加新记录，而是跟它的方法名一样，替换（replace）掉当前的history记录。也就
是当用户单击浏览器的"后退"按钮返回时，并不会向history添加记录。

3. router.go(Number)

router.go方法的参数是一个整数，意思是在history记录中前进或者后退多少步，类似于window.
history.go(n)，如示例代码15-8-3所示。

示例代码 15-8-3　router.go

```
// 在浏览器记录中前进一步，等同于 router.forward()
router.go(1)

// 后退一步记录，等同于 router.back()
router.go(-1)

// 前进 3 步记录
router.go(3)
```

```
// 如果 history 记录不够用，就会失败
router.go(-100)
router.go(100)
```

4. router.reslove(location)

router.reslove方法可以将一个router的location配置转换成一个标准对象，提供base和href属性。例如，如果不想采用router调整，可以使用浏览器原生的跳转，如示例代码15-8-4所示。

示例代码 15-8-4　router.reslove

```
let routeData = router.resolve({
  path: path,
  query: query || {}
})

window.open(routeData.href);
```

这样就可以将页面链接的根路径解析出来，而不用写死在代码中，但是如果path并不是在router中定义的，那么resolve方法将会报错。

15.9　路由组件传参

在之前的讲解中，我们知道传递参数可以有两种方式。一种是声明式，即：

```
<router-link to="/user/1"></router-link>
```

另一种是编程式，即：

```
router.push({ name: 'user', params: { id: '1' }})
```

这两种方式在组件中可以使用$route.params.id来接收参数，但是，也可以不通过$route.params.id这种方式，而是采用props的方式将参数直接赋值给组件，将$route和组件进行解耦，如示例代码15-9-1所示。

示例代码 15-9-1　路由组件传参

```
const User = {
  props: ['id'],// 代替this.$route.params.id
  template: '<div>User {{ id }}</div>'
}
const router = VueRouter.createRouter({
  history: VueRouter.createWebHashHistory(),
  routes: [
    { path: '/user/:id', component: User, props: true },

    // 对于包含命名视图的路由，必须分别为每个命名视图添加'props'选项
    {
      path: '/user/:id',
      components: { default: User, sidebar: Sidebar },
      props: { default: true, sidebar: false }
    }
  ]
})
```

当props被设置为true时，$route.params的内容就会被设置为组件属性，在组件中可以使用props接收。

如果props是一个对象，那么它的值就被设置为组件的props属性，在组件中可以使用props来接收，代码如下：

```
const User = {
  props: ['id'],// 获取abc
  template: '<div>User {{ id }}</div>'
}
const router = VueRouter.createRouter({
  history: VueRouter.createWebHashHistory(),
  routes: [
    { path: '/user/:id', component: User, props: { id: 'abc'} },
  ]
})
```

> **注意**　此时props中的id会覆盖掉path中的:id，因此这种情况可以理解为给组件的props设置静态值。

props也可以是一个函数，这个函数提供一个route参数，这样就可以将参数转换为另一种类型，将静态值与基于路由的值结合，代码如下：

```
const User = {
  props: ['id'],// 从query中获取id
  template: '<div>User {{ id }}</div>'
}
const router = VueRouter.createRouter({
  history: VueRouter.createWebHashHistory(),
  routes: [
    {
      path: '/user',
      component: User,
      props: (route) =>{
        return { id: route.query.id }
      }
    }
  ]
})
```

当浏览器URL是/user?id=test时，会将{id: 'test'}作为属性传递给User组件。

15.10　路由重定向、别名及元数据

本节主要介绍路由重定向、路由别名以及路由元数据的相关知识。

15.10.1　路由重定向

在日常的项目开发中，虽然有时设置的页面路径不一致，但却希望跳转到同一个页面；或者之前设置好了路由信息，但是由于某种程序逻辑，需要将之前的页面导航到同一个组件上，这时就需要用到重定向功能。

重定向也是通过设置路由信息routes来完成的，具体如示例代码15-10-1所示。

示例代码 15-10-1　路由重定向

```
const router = VueRouter.createRouter({
  history: VueRouter.createWebHashHistory(),
  routes: [
    { path: '/a', redirect: '/b' },              // 直接从/a重定向到/b
    { path: '/c', redirect: { name:'d' } }       // 从/c重定向到命名路由d
    { path: '/e', redirect:(to)=> {
      // 方法接收目标路由作为参数
      // 用return返回重定向的字符串路径或者路由对象
    }}
  ]
})
```

从上面的代码可知，redirect可以接收一个路径字符串或者路由对象，然后一个返回路径或者路由对象的方法。其中直接设置路径字符串很好理解，如果是一个路由对象，就像之前在讲解router.push方法时传递的路由对象，则可以设置传递的参数，代码如下：

```
const router = VueRouter.createRouter({
  history: VueRouter.createWebHashHistory(),
  routes: [
    {
      path: '/',
      redirect: (to)=>{
        return {
          path:'/header',
          query:{
            id:to.query.id
          }
        }
      }
    },
    {
      path: '/header',
      name:'header',
      component: Header
    }
  ]
})
```

需要说明的是，导航守卫不会作用在redirect之前的路由上，只会作用在redirect之后的目标路由上，并且一个路由如果设置了redirect，那么这个路由本身对应的组件视图不会生效，也就是说无须给redirect路由配置component。唯一的例外是嵌套路由：如果一个路由记录有children和redirect属性，那么为了保证children有对应的上级组件，则需要配置component属性。

15.10.2　路由别名

"重定向"的意思是当用户访问/a时，URL将会被替换成/b，然后匹配路由为/b。那么"别名"又是什么呢？

/a的别名是/b，意味着，当用户访问/b时，URL会保持为/b，但是匹配路由为/a，就像用户访问/a一样，如示例代码15-10-2所示。

示例代码 15-10-2　路由别名

```
const router = VueRouter.createRouter({
  history: VueRouter.createWebHashHistory(),
  routes: [
```

```
      { path: '/a', component: A, alias: '/b' }
    ]
})
```

别名的功能让我们可以自由地将UI结构映射到任意的URL，而不是受限于设置的嵌套路由结构，代码如下：

```
const routes = [
  {
    path: '/users',
    component: UsersLayout,
    children: [
      // 为这 3 个 URL 呈现 UserList: - /users  - /users/list - /people
      { path: '', component: UserList, alias: ['/people', 'list'] },
    ],
  },
]
```

15.10.3　路由元数据

在设置路由信息时，每个路由都有一个元数据字段，可以在这里设置一些自定义信息，供页面组件、导航守卫和路由钩子函数使用。例如，将每个页面的 title 都写在 meta 中来统一维护，如示例代码15-10-3所示。

示例代码 15-10-3　路由元数据 meta

```
const router = VueRouter.createRouter({
  history: VueRouter.createWebHashHistory(),
  routes: [
    {
      path: '/',
      name: 'index',
      component: Index,
      meta: { // 在这里设置meta信息
        title: '首页'
      }
    },
    {
      path: '/user',
      name: 'user',
      component: User,
      meta: { // 在这里设置meta信息
        title: '用户页'
      }
    }
  ]
})
```

在组件中，可以通过this.$route.meta.title获取路由元信息中的数据，在插值表达式中使用$route.meta.title，代码如下：

```
const User = {
  created(){
    console.log(this.$route.meta.title)
  },
  template: '<h1>Title {{ $route.meta.title }}</h1>'
}
```

可以在全局前置路由守卫beforeEach中获取meta信息，然后修改HTML页面的title，代码如下：

```
router.beforeEach((to, from, next)=> {
  window.document.title = to.meta.title;
  next();
})
```

15.11 Vue Router 的路由模式

之前讲解和使用的Vue Router相关的方法和API都是基于哈希模式的,在创建Vue Router时,传递的history参数如下:

```
history: VueRouter.createWebHashHistory()
```

也就是说每次进行导航和路由切换时,在浏览器的URL上都可以看到对应的哈希变化,而哈希的特性是URL的改变不会导致浏览器刷新或者跳转,这正好可以满足单页应用的需求。

如果不想使用哈希模式,也可以使用其他的路由模式。常见的路由模式主要有以下3种:

- HASH模式:采用createWebHashHistory()创建,哈希是指在URL中"#"后面的部分,例如http://localhost/index.html#/user,"/user"这部分叫作哈希值,当该值变化时,不会导致浏览器向服务器发出请求,如果浏览器不发出请求,也就不会刷新页面。哈希值的变化可以采用浏览器原生提供的hashchange事件来监听。而Vue Router的hash模式就是不断地修改哈希值来监听和记录页面的路径。

- HTML 5模式:采用createWebHistory()创建,HTML 5模式是基于HTML 5 History Interface中新增的pushState()和replaceState()这两个API来实现的,通过这两个API可以改变浏览器URL地址且不会发送刷新浏览器的请求,不会产生#hash值,例如http://localhost/index.html/user。

- 内存模式:采用createMemoryHistory()创建,该模式主要用于服务端渲染,在服务端是没有浏览器地址栏的概念的,所以将用户的历史记录都放在内存中。

HTML 5模式和HASH模式都可以满足浏览器的前进和后退功能,HTML 5模式相较于HASH模式可以让URL更加简洁,更接近于真实的URL。但是它的缺点是浏览器刷新之后,HTML 5模式就失效了,转而立刻去请求真实的服务器的URL地址,而不会进入Vue Router逻辑中,对于纯前端来说,会丢失一些数据。

如果想要HTML 5模式在刷新时也能进入Vue Router,则需要对服务器进行配置。如果URL不匹配任何静态资源,则它应提供与用户的应用程序中的index.html相同的页面。如下是一个NGINX配置的例子:

```
location / {
  try files $uri $uri/ /index.html;
}
```

HASH模式和HTML 5模式都属于浏览器自身的特性,Vue Router只是利用了这两个特性(通过调用浏览器提供的接口)来实现前端路由。如需启用HTML 5模式,则务必使用静态服务器的方式来访问,不能直接双击文件访问。路由模式可以通过配置参数来设置应用的基路径,如示例代码15-11-1所示。

示例代码 15-11-1　路由模式的根路径

```
const router = VueRouter.createRouter({
  history: VueRouter.createWebHashHistory('/base-directory/'), // HASH模式
```

```
history: VueRouter.createWebHistory('/base-directory/'),// HTML 5模式
routes: [...]
})
```

当配置了根路径后，在浏览器地址栏中的所有地址都会加上这个路径前缀。

15.12　滚　动　行　为

在应用中，有时会遇到这样的场景：当页面内容比较多时，整个页面就会变得可滚动。这时当我们进行路由切换或者从其他路由切换到这个页面时，如果想让页面滚动到顶部，或者保持原先的滚动位置，就像重新加载页面那样，那么需要记录滚动的距离，而Vue Router可以支持这种操作，它允许我们自定义路由切换时页面如何滚动。

当创建一个Router实例时，设置scrollBehavior方法，如示例代码15-12-1所示。

示例代码 15-12-1　滚动 scrollBehavior

```
var router = VueRouter.createRouter({
  routes: [...],
  scrollBehavior(to, from, savedPosition) {
    // return 期望滚动到哪个位置
  }
})
```

当页面路由切换时会进入这个方法，scrollBehavior方法接收to和from路由对象，它们分别表示切换前和切换后的路由；第三个参数savedPosition是一个对象，结构是{left: number, top: number}，表示在页面切换时所存储的页面滚动的位置，如果页面不可滚动，就设置为默认值{left: 0, top: 0}。可以采用以下配置来设置跳转到原先滚动的位置：

```
scrollBehavior(to, from, savedPosition) {
  if (savedPosition) {
    return savedPosition
  } else {
    return { left: 0, top: 0 } // 默认不滚动
  }
}
```

savedPosition方法的返回值决定了页面要滚动到哪个位置（会触发页面滚动，有时我们可能会看到这个过程）。如果要模拟"滚动到锚点"的行为，可以试试下面这段代码：

```
<router-link to="/user#nickname">姓名</router-link>
...
scrollBehavior(to, from, savedPosition) {
  if (to.hash) {
    return {
      selector: to.hash // #nickname
    }
  }
}
```

有时候，我们需要在页面滚动之前稍作等待，例如，当处理过渡时，我们希望等待过渡结束后再滚动。要做到这一点，可以返回一个Promise，代码如下：

```
scrollBehavior(to, from, savedPosition) {
  return new Promise((resolve, reject) => {
    setTimeout(() => {
```

```
        resolve({ left: 0, top: 0 })
      }, 500)
    })
  }
```

15.13　keep-alive

keep-alive 标签为<keep-alive></keep-alive>，是 Vue 内置的一个组件，可以使被包含的组件保留状态或避免重新渲染。

15.13.1　keep-alive 缓存状态

keep-alive与复用有些类似，但是又不完全一样，当keep-alive应用在<route-view>上时，导航的切换会保留切换之前的状态，如示例代码15-13-1所示。

```
示例代码 15-13-1　keep-alive
<div id="app">
  <p>
    <router-link to="/page">page</router-link>
    <router-link to="/user">user</router-link>
  </p>
  <router-view v-slot="{ Component }">
    <keep-alive :include="['page']">
      <component :is="Component"></component>
    </keep-alive>
  </router-view>
</div>
// 创建User组件
const User = {
  template: '<div><input type="range" /></div>',

}
// 创建Page组件
const Page = {
  template: '<div><input type="text" /></div>',
}
// 设置路由信息
const router = VueRouter.createRouter({
  history: VueRouter.createWebHashHistory(),
  routes: [
    { path: '/page', component: Page },
    { path: '/user', component: User },
  ]
})

const app = Vue.createApp({})
app.use(router)
app.mount("#app")
```

在上面的示例代码中补全HTML内容和Script内容后，可以在浏览器中运行。我们分别在User和Page组件中的template中定义文本输入框和滑动选择器，当输入文字或者调整滑块位置再切换回来之后，这些状态都被保存了下来，如图15-4所示。

图 15-4　keep-alive 缓存

注意　在Vue Router 4中，<keep-alive>必须通过v-slot插槽才能应用在<router-view>上，同时需要借助动态组件<component>，v-slot的第二个参数route则提供了当前的路由对象，可以借助它传递一些路由参数，或者是做一些逻辑判断，代码如下：

```
// 路由组件传参
<router-view v-slot="{ Component, route }">
  <component :is="Component" v-bind="route.params"></component>
</router-view>
// 逻辑判断显示404页面
<router-view v-slot="{ Component, route }">
  <component v-if="route.matched.length > 0" :is="Component"/>
  <div v-else>Not Found</div>
</router-view>
```

<router-view>也是一个组件，如果直接被包含在<keep-alive>里面，那么所有路径匹配到的视图组件都会被缓存，也就是说如果只对某个或者某几个路径的路由进行缓存，<keep-alive>也支持include/exclude设置项，如示例代码15-13-2所示。

示例代码 15-13-2　keep-alive 的 include/exclude 设置项

```
<router-view v-slot="{ Component }">
  <keep-alive :include="['page']">
    <component :is="Component"></component>
  </keep-alive>
</router-view>
...
const User = {
 name:'user',
 template: '<div><input type="range" /></div>',
}

const Page = {
 name:'page',
 template: '<div><input type="text" /></div>',
}
```

上面的代码中，只有page组件的内容会被缓存。include/exclude可以设置单个字符串或者正则表达式，也可以是一个由字符串或正则表达式组成的数组，匹配的内容是组件名称；include表示需要缓存的组件，exclude表示不需要缓存的组件。这里需要注意的是组件名称是组件的name属性，不是在设置路由信息时命名路由的name：

```
{ path: '/page', component: Page ,name:'page' }// 不是这个name
```

15.13.2　利用元数据 meta 控制 keep-alive

有时，在不想通过name来设置缓存的组件时（例如在有些应用场合，无法提前得知组件的名称），也可以利用之前讲解的元数据meta来设置是否需要缓存，如示例代码15-13-3所示。

示例代码 15-13-3　meta 设置 keep-alive

```
<div id="app">
 <p>
   <router-link to="/page">page</router-link>
   <router-link to="/user">user</router-link>
 </p>
```

```
    <router-view v-slot="{ Component }">
      <keep-alive :include="includeList">
        <component :is="Component"></component>
      </keep-alive>
    </router-view>
</div>
...
const User = {
  name:'user',
  template: '<div><input type="range" /></div>',
}
const Page = {
  name:'page',
  template: '<div><input type="text" /></div>',
}
// 设置路由信息
const router = VueRouter.createRouter({
  history: VueRouter.createWebHashHistory(),
  routes: [
    {
      path: '/page',
      component: Page,
      name:'page',// 需要配置命名路由和组件名称保持一致
      meta:{
        keepAlive: false
      }
    },
    {
      path: '/user',
      component: User,
      name:'user',// 需要配置命名路由和组件名称保持一致
      meta:{
        keepAlive: true
      }
    },
  ]
})
const app = Vue.createApp({
  data(){
    return {
      includeList : []
    }
  },
  watch:{
    '$route'(to){
      //监听路由变化，把配置路由中keepAlive为true的name添加到include动态数组中
      if(to.meta.keepAlive && this.includeList.indexOf(to.name) === -1){
        this.includeList.push(to.name);
      }
    }
  }
})
```

> ❉➕注意　还需要借助include来实现，只是include的值是依据meta中的keepAlive属性来动态添加的，同时需要配置命名路由和组件名称保持一致。

当把<keep-alive>应用在<router-view>上进行路由切换时，实际上组件是不会被销毁的，例如从User切换到Page，除了第一次之外，User和Page的生命周期方法（例如created、mounted等）都

不会被触发。如果没有使用keep-alive进行缓存，那么就相当于进行路由切换时，组件都被销毁了，当切换返回时，组件都会被重新创建，当然组件的生命周期方法都会被执行。可以使用以下代码来进行验证：

```
const User = {
  name:'user',
  template: '<div><input type="range" /></div>',
  created(){
    console.log('created')      // created生命周期
  },
  mounted(){
    console.log('mounted')      // mounted生命周期
  }
}
const Page = {
  name:'page',
  template: '<div><input type="text" /></div>',
  created(){
    console.log('created')      // created生命周期
  },
  mounted(){
    console.log('mounted')      // mounted生命周期
  }
}
```

在组件生命周期方法中，有两个特殊的方法：activated和deactivated。activated表示当vue-router的页面被打开时，会触发这个钩子函数；deactivated表示当vue-router的页面被关闭时，会触发这个钩子函数。有了这两个方法，就可以在组件中得到页面切换的时机，如示例代码15-13-4所示。

示例代码 15-13-4　activated 方法和 deactivated 方法的使用

```
const User = {
  template: '<div><input type="range" /></div>',
  activated(){
    console.log('activated')
  },
  deactivated(){
    console.log('deactivated')
  }
}
const Page = {
  template: '<div><input type="text" /></div>',
  activated(){
    console.log('activated')
  },
  deactivated(){
    console.log('deactivated')
  }
}
```

除了使用组件生命周期方法之外，使用组件内的守卫方法beforeRouteEnter和beforeRouteLeave也可以达到相同的效果。<keep-alive>不仅在vue-router中应用得比较广泛，在一般的组件中也是可以使用的。

15.14　路由懒加载

在打包构建应用时，如果页面很多，那么JavaScript包就会变得非常大从而影响页面加载。把不同路由对应的组件分割成不同的代码块，然后在路由被访问的时候才加载对应的组件，这种加载叫作路由懒加载。路由懒加载会使得页面加载更加高效，代码如下：

```
const routes = [
  {
    path: '/',
    name: 'Home',
    component: Home
  },
  {
    path: '/about',
    name: 'About',
    // About组件对应的路由将不会被打包在app.js中，而是单独剥离成一个about.js文件
    component: () => import(/* webpackChunkName: "about" */ '../views/About.vue')
  }
]
```

结合Vue的异步组件和模块打包工具Webpack或者Vite的代码分割功能，可以轻松实现路由组件的懒加载。我们将会在后面的实战项目中具体讲解这部分内容。

至此，整个Vue Router相关的知识都已介绍完毕。正如本章开始所说的，在日常的单页移动Web应用中，Vue Router的使用非常广泛，它用于处理页面之间的切换以及管理整个应用的路由配置，已经成为使用Vue的项目标配。

15.15　在组合式 API 中使用 Vue Router

前面所讲解的Vue Router结合组件的使用都是用在配置式API中的，特别是在编程式导航中，可以通过this.\$router或者this.\$route等方法来操作Vue Router，例如页面跳转（push）或者获取页面地址参数（query或者params）等。在组合式API的setup方法中，也可以使用Vue Router，主要通过useRouter、useRoute实现，如示例代码15-15-1所示。

示例代码 15-15-1　useRouter 和 useRoute 方法的使用

```
import { useRouter, useRoute } from 'vue-router'

export default {
  setup() {
    const router = useRouter()        // 相当于this.$router
    const route = useRoute()          // 相当于this.$route
    console.log(route.query)
    const goDetail = ()=>{
      router.push({
        name: 'search',
        query: {

        }
```

```
    })
  }
 },
}
```

上面的代码中需要注意的是，要获取地址栏的参数，在使用useRoute时，由于是响应式数据，因此可以采用以下方法来获取最新的参数信息，代码如下：

```
// 1. 通过computed方法获取最新的实时数据
let id = computed(() => route.query.id);

// 2. 通过watch方法获取最新的实时数据
let id = ref('')
watch(
  () => route.query,
  (obj) => {
    id.value = obj.id
  }
)

// 3. 通过watchEffect来收集最新的实时数据
let id = ref('')
watchEffect(()=>{
  id.value = router.query.id
})
```

> **注意**　如果直接通过route.query获取参数，那么得到的数据可能不是最新的，如果想要获取最新的数据，则需要采用上面代码中的方法。另外，在模板中仍然可以访问$router和$route，所以不需要在setup中返回router或route。

在setup方法中，也可以使用导航守卫，如示例代码15-15-2所示。

示例代码 15-15-2　setup 方法中导航守卫的使用

```
export default {
  setup() {
    // 与 beforeRouteLeave 相同，无法访问 'this'
    onBeforeRouteLeave((to, from) => {
      const answer = window.confirm(
        'Do you really want to leave? you have unsaved changes!'
      )
      // 取消导航并停留在同一页面上
      if (!answer) return false
    })

    const userData = ref()

    // 与 beforeRouteUpdate 相同，无法访问 'this'
    onBeforeRouteUpdate(async (to, from) => {
      //仅当 id 更改时才获取用户信息，例如仅 query 或 hash 值已更改
      if (to.params.id !== from.params.id) {
        userData.value = await fetchUser(to.params.id)
      }
    })
  },
}
```

组合式API守卫也可以用在任何由<router-view>渲染的组件中，它们不必像组件内守卫那样直接用在路由组件上。

15.16　案例：Vue Router 路由待办事项

学习完本章Vue Router路由管理的内容之后，对页面之间的跳转和切换就有了更加丰富的选择，还是在之前的待办事项系统案例的基础上，将待办事项面板和回收站面板抽象成两个页面，将原本采用v-if实现的切换替换为由Vue Router来管理，并结合切换动画完善整个项目。

15.16.1　功能描述

主要功能和前面的待办事项系统功能一致。利用Vue Router实现页面切换，主要改造如下：

- 将待办事项面板和回收站面板抽象成页面组件，配置到router.js中。
- 改造<navheader>组件，使用<router-link>替换原本的切换逻辑。

15.16.2　案例完整代码

新建router.js，配置路由信息，代码如下：

```
import todo from '../views/todo.vue'            // 待办事项页面
import recycle from '../views/recycle.vue'      // 回收站页面
import {createRouter,createWebHashHistory} from 'vue-router'

const router = createRouter({
  history: createWebHashHistory(),
  routes: [
      { path: '/', redirect: '/todo' },         // 配置默认路由，重定向到/todo
      { path: '/todo', component: todo },
      { path: '/recycle', component: recycle },
    ]
})

export default router
```

改造App.vue文件，添加<router-view>组件，并移除之前的v-if逻辑，代码如下：

```
<div class="container">
  <div class="app-content animated bounce">
    <navheader></navheader>
    <router-view v-slot="{ Component }">
      <transition enter-active-class="fadeIn animated faster" leave-active-class=
"fadeOut animated faster">
        <component :is="Component"></component>
      </transition>
    </router-view>
  </div>
</div>
```

最后，改造<navheader>组件，添加<router-link>，代码如下：

```
<div class="nav-header">
 <!--active-class表示激活态的class名-->
 <router-link to="/todo" active-class="active">待办事项</router-link>|
 <router-link to="/recycle" active-class="active">回收站</router-link>
</div>
```

本案例完整源码可在本书配套资源中下载，具体位置：/案例源码/Vue Router路由管理。

15.17　小　　结

本章讲解了Vue Router的相关知识，主要内容包括：单页应用的定义、Vue Router概述、动态路由、导航守卫、嵌套路由、命名视图、编程式导航、路由组件传参、路由重定向、路由别名、路由元数据、Vue Router的路由模式、滚动行为、keep-alive、路由懒加载等。内容涵盖了Vue Router的使用、底层原理等。

Vue Router是Vue.js官方的路由管理器，它和Vue.js的核心深度集成，可以轻松实现页面之间或者组件之间的导航交互操作，通过路由来实现大型应用的页面跳转管理，令开发者可以轻松构建单页面应用。最后建议读者自行运行本章的各个示例代码，以加深对本章知识的理解。

15.18　练　　习

（1）单页应用和多页应用的区别是什么？

（2）Vue Router中如何监听路由变化，有几种方式？

（3）Vue Router中有哪些路由模式，它们有什么区别？

（4）Vue Router中页面跳转时，如何传递参数？

（5）Vue Router中实现页面跳转时，如何保存页面的状态？

第 16 章

新一代开发构建工具 Vite

Vite是一个开发构建工具,实际上也是一个基于Node.js的NPM包,可以用来生成项目"脚手架"。所谓"脚手架",就是一个项目初期的结构。Vite可用于规范项目初期的目录结构、构建设置等,便于开发人员把时间花在程序逻辑的设计和编写上,减少添加各种设置的烦琐工作。

Vite是Vue 3才引入的,Vite在开发环境下基于浏览器原生的ES 6 Modules提供功能支持,在生产环境下基于Rollup进行打包,不依赖Webpack。

Vite主要包括脚手架创建、快速启动、按需编译、热模块替换等特性,大大提升了开发效率,默认还整合了Vue 3。

同时,Vite可以脱离Vue与其他前端框架结合使用,Vue官方更加推荐使用Vite来初始化项目。Vite本身还在不断更新中,本章所使用的是Vite 2.6.4版本。

16.1 Vite 概述

随着浏览器的不断发展,越来越多的浏览器原生支持ES 6语法,这使得ES 6的模块化API可以直接在浏览器中使用。Vite就是借助了这一特性,在开发环境下对构建进行了性能的提升,这也是它快速的体现。

16.1.1 开发环境和生产环境

我们知道,Vite在开发环境下基于浏览器原生的ES 6 Modules提供功能支持,在生产环境下基于Rollup进行打包。所谓开发环境,就是日常代码编写调试的环境,在该环境下一般以开发者本身的浏览器环境、Node.js环境等为结果导向,所以环境相对固定,复杂性较低,约束也较少。但是该环境对构建速率、开发时间成本的要求很高,即要求高效率、低成本,代码更新后立刻看到结果。Vite借助浏览器原生ES 6的方式在开发环境下提供服务能够很好地满足这些要求,使用Vite的页面在引入JavaScript时会加上type="module",代码如下:

```
<head>
  <script type="module" src="/@vite/client"></script>
   ...
  <title>Vite App</title>
</head>
<body>
  <div id="app"></div>
```

```
<script type="module" src="/src/main.js"></script>
</body>
```

使用了type="module"的JavaScript文件会成为一个module，所以才能够被import或者export，而且这些文件本身也是前端页面必需的源码文件。

实际上，Vite让浏览器接管了打包程序的部分工作，或者说Vite并不会操作文件的打包，而是将文件进行基础的编译，编译出能让现代浏览器识别的文件和语法，当浏览器访问这些文件时，就可以直接解析。这和事先将源码文件利用Node.js相关的API对文件进行复杂打包和利用Webpack进行复杂的编译，并将打包和编译后的内容提前生成并准备好的场景是有本质区别的，如图16-1和图16-2所示。

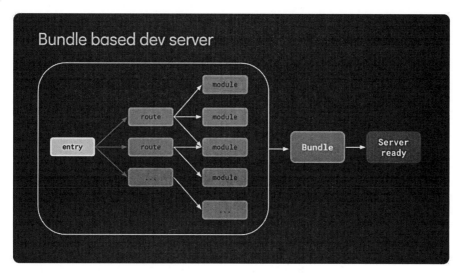

图 16-1　事先准备源码文件的方式

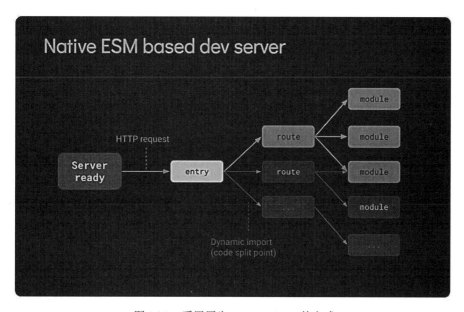

图 16-2　采用原生 ES 6 Modules 的方式

对于生产环境来说，用户在访问业务时的环境是错综复杂的，无法预知用户在什么环境下使用业务，例如不知道是采用低版本浏览器还是在手机上使用，所以生产环境对原生的ES 6 Modules的支持性并不好。即使支持ES 6 Modules，但由于嵌套导入会导致额外的网络往返，在生产环境中发布未打包和压缩的ES 6 Modules文件仍然会影响加载速率。为了在生产环境中获得最佳的加载性能，最好还是将源码进行Tree Shaking、懒加载以及拆分和压缩（以获得更好的缓存），这符合原本的生产环境通用的打包构建方式。

16.1.2 Rollup

Vite在生产环境下基于Rollup进行打包，生成前端所需的源码文件。Rollup是一个JavaScript模块的打包器，它最先提出了Tree Shaking的概念，和Webpack或者Browserify有着同样的模块打包功能，它最大的特点是基于ES Modules进行打包，不需要通过类似Babel转化的方案将ES 6 Modules的import转化成Commonjs的require方式，极大地利用了浏览器的原生特性。

基于ES 6 Modules本身的特性以及Tree Shaking，Rollup可以最大化地保证打包后的文件体积更小，这也是Vite在生产环境下采用Rollup的主要原因。

16.2 Vite 的安装和使用

本节主要介绍 Vite 的安装和使用。

16.2.1 初始化项目

可以采用之前介绍的NPM工具来安装Vite，在安装的同时还可以直接进行项目的初始化操作，使用命令如下：

```
npm init vite@latest
```

> **注意** @latest表示最新的Vite，如果想要指定版本，可以使用@2.6.4。另外，安装Vite需要Node.js版本在12.0.0以上。

输入项目名称，如图16-3所示。

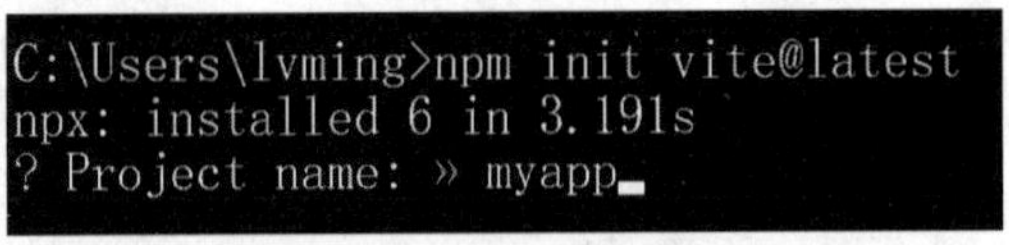

```
C:\Users\lvming>npm init vite@latest
npx: installed 6 in 3.191s
? Project name: » myapp_
```

图 16-3 输入项目名称

Vite支持很多预设的模板，这里主要选择前端项目框架，即选择vue，如图16-4所示。

Vite会选择Vue 3来创建Vue项目。注意，创建完项目后，需要到根目录执行npm install命令来安装相应模块，生成的目录结构如图16-5所示。

这个目录结构非常简单，不包括Vue Router和Vuex等相关内容，这些需要自己手动安装和添加，毕竟Vite主要提供大局观的开发构建功能，不能只限制在Vue中，当然本章只会关注使用Vite创建Vue项目的相关内容。

```
C:\Users\lvming>npm init vite@latest
npx: installed 6 in 3.191s
√ Project name: ... myapp
√ Target directory "myapp" is not empty. Remove existing files and continue? ... yes
? Select a framework: » - Use arrow-keys. Return to submit.
    vanilla
>   vue
    react
    preact
    lit
    svelte
```

图 16-4　选择项目前端框架

```
├── public                    // 静态文件目录
├── dist                      // 打包输出目录（首次打包之后生成）
├── src                       // 项目源码目录
│   ├── assets                // 图片等第三方资源
│   ├── components            // 公共组件
│   ├── App.vue
│   ├── main.js
├── vite.config.js             // 项目配置文件，用来配置或者覆盖默认的配置
├── index.html                 // 项目入口文件
└── package.json               // package.json
```

图 16-5　Vite 初始化目录结构

16.2.2　启动项目

打开项目中的package.json文件，找到其中的scripts，可以看到里面有3个命令：dev、build和Serve，代码如下：

```
"scripts": {
  "dev": "vite",
  "build": "vite build",
  "serve": "vite preview"
}
```

分别使用npm run来运行这3个命令，它们的作用如下：

- npm run dev：启动开发服务器。
- npm run build：为生产环境构建产物。
- npm run serve：本地预览生产构建产物。

一般情况下，在项目开发阶段，执行npm run dev会自动开启本地服务，在浏览器中访问http://localhost:3000/index.html即可。

注意 index.html在项目最外层，而不是在public文件夹内，这是有意为之的：在开发期间，Vite本身可以看作一个服务器，而index.html是该Vite项目的入口文件。Vite将index.html视为源码和模块图的一部分。Vite解析index.html中的<script type="module" src="...">，这个标签指向用户的JavaScript源码，甚至内联引入JavaScript的<script type="module">和引用CSS的<link href>也能利用Vite特有的功能进行解析。

npm run build执行生产打包功能，会在当前目录生成dist文件夹，并执行将资源进行压缩、替换等操作，使源码文件成为符合生成环境要求的压缩文件。

npm run serve产生的结果和npm run build类似，只是并不会生成dist目录，而是提供一个本地服务，可以用来直接访问生产模式下的各个源码文件和环境，相当于对生产环境进行预先测试。

16.2.3 热更新

热更新（Hot Module Replacement，HMR）是Vite提供的十分有用的功能之一，它允许在运行时更新各种模块，而无须进行完全刷新，并且Vite热更新基于原生ES 6 Modules，速度更快，这也是Vite区别于其他构建工具的优势。

不需要手动设置热更新，当创建应用程序时，Vite已经默认开启，如果需要关闭，则可以修改vite.config.js文件，代码如下：

```
export default defineConfig({
  server:{
    hmr:false
  }
})
```

16.3　Vite 自定义配置

当启动Vite项目时，会自动解析项目根目录下名为vite.config.js的文件，基础的配置文件代码如下：

```
// vite.config.js
export default {
  // 配置选项
}
```

vite.config.js的配置项有很多，使用defineConfig工具函数，并结合IDE自动提示功能，可以更加方便地查看各项配置，代码如下：

```
import { defineConfig } from 'vite'

export default defineConfig({
...
})
```

提示信息如图16-6所示。

图 16-6　defineConfig 自动提示

同时，也可以区分开发环境和生产环境，进行不同的配置，代码如下：

```
export default defineConfig(({ command, mode }) => {
  if (command === 'serve') {
    return {
      // serve 独有的配置
    }
  } else {
    return {
      // build 独有的配置
    }
  }
})
```

16.3.1　静态资源处理

Vite内置了对CSS文件、图片、JSON文件的处理。导入.css文件时会把内容插入<style>标签中，同时也带有HMR支持，能够以字符串的形式检索处理后的、作为其模块默认导出的CSS。同时，也可以配置Sass、Less、Stylus等预处理工具，前提是需要安装好：

```
# .scss and .sass
npm install -D sass

# .less
npm install -D less

# .styl and .stylus
npm install -D stylus
```

安装完成之后，可以直接在Vue的单文件组件中使用<style lang="sass">（或其他预处理器）自动开启这些支持。同时，可以通过vite.config.js的CSS项对这些预处理器进行配置，代码如下：

```
export default defineConfig({
  css: {
    preprocessorOptions: {
      scss: { // 对scss进行配置
        additionalData: `$injectedColor: orange;`
      }
    }
  }
})
```

导入一个静态资源会返回解析后的URL，代码如下：

```
import imgUrl from './img.png'
document.getElementById('hero-img').src = imgUrl
```

添加一些特殊的查询参数可以更改资源被引入的方式，代码如下：

```
// 显式加载资源为一个 URL
import assetAsURL from './asset.js?url'
// 以字符串形式加载资源
import assetAsString from './shader.glsl?raw'
// 加载为 Web Worker
import Worker from './worker.js?worker'
// 在构建时，Web Worker 内联为 base64 字符串
import InlineWorker from './worker.js?worker&inline'
```

JSON文件可以直接导入使用，同时支持导入其中的某个字段，代码如下：

```
// 导入整个对象
import json from './example.json'
```

```
// 对一个根字段使用具名导入，更有利于 Tree Shaking
import { field } from './example.json'
```

16.3.2　插件配置

我们知道，在开发环境下，Vite是直接基于浏览器的ES 6 Modules的，所以对于JavaScript文件来说，在浏览器中可以直接引入，但是对于一些其他文件，例如.vue、.jsx文件等，是无法直接被浏览器识别的，所以针对这些文件，还需要使用一些Vite插件编辑之后再提供给浏览器。

在vite.config.js中采用plugin项来配置插件：

```
import vue from '@vitejs/plugin-vue'              // Vue插件
import vueJsx from '@vitejs/plugin-vue-jsx'       // JSX插件
import styleImport from 'vite-plugin-style-import' // 第三方包样式按需导入

export default defineConfig({
  plugins: [
    vue(),                  // 针对Vue文件进行解析
    vueJsx(),               // 针对JSX文件进行解析
    styleImport({           // 按需导入ant-design-vue样式
      libs: [
        {
          libraryName: 'ant-design-vue',
          esModule: true,
          resolveStyle: (name) => {
            return `ant-design-vue/es/${name}/style/index`
          },
        },
      ]})
  ]
})
```

Vite的插件众多，由于生产环境基于Rollup工具，因此大部分都兼容Rollup的插件格式，并且Vite已经内置了大量Rollup常用的插件，如果需要一些额外插件，则可以在awesome-vite[①]中搜索。

当使用了与某些Rollup插件有冲突的插件时，为了兼容，可能需要强制设置插件的位置，或者只在构建时使用。例如使用enforce修饰符来强制设置插件的位置，代码如下：

```
// vite.config.js
import image from '@rollup/plugin-image'
import { defineConfig } from 'vite'

export default defineConfig({
  plugins: [
    {
      ...image(),
      enforce: 'pre' // 在Vite核心插件之前调用该插件
    }
  ]
})
```

enforce的取值主要有以下3种：

- 默认值：在Vite核心插件之后调用该插件。

---

① 其中包含了大量开源Vite插件。

- pre：在Vite核心插件之前调用该插件。
- post：在Vite构建插件之后调用该插件。

默认情况下，插件在开发（serve）和生产（build）模式中都会启用。如果插件在服务或构建期间按需使用，那么可以使用apply属性指明它们仅在build或serve模式下使用，代码如下：

```
// vite.config.js
import typescript2 from 'rollup-plugin-typescript2'
import { defineConfig } from 'vite'

export default defineConfig({
  plugins: [
    {
      ...typescript2(),
      apply: 'build' // 该插件仅在build模式下使用
    }
  ]
})
```

> **注意** 这和16.2.2节介绍的在最外层判断serve和build模式进行配置实现的效果是一样的，两者选其一即可。

16.3.3　服务端渲染配置

服务端渲染就是在浏览器请求页面URL的时候，服务端将我们需要的HTML文本组装好并返回给浏览器，这个HTML文本被浏览器解析之后，不需要经过JavaScript脚本的执行即可直接构建出需要的DOM树，并展示到页面中，这个服务端组装HTML的过程叫作服务端渲染。其中，Vite也内置了Vue的服务端渲染能力，本书后续的实战项目不涉及这些内容，因此这里就不深入讲解了。

16.4　小　　结

本章讲解了Vite工具的使用，主要内容包括：Vite概述、Vite的安装和使用、Vite自定义配置。

Vite作为新一代的开发构建工具，在开发模式下有着非常高的性能，并且结合Vue 3使用更加方便，也是Vue团队主推并将长期维护的工具，所以建议读者在开发Vue 3相关应用时尽量使用Vite，体验更加快速的代码开发调试过程。

16.5　练　　习

（1）Vite在开发和生产模式下有什么不同？

（2）Vite中npm run build和npm run serve命令的区别是什么？

第 17 章
移动 Web 性能优化

通俗意义上来讲，性能优化指在不影响系统运行的正确性的前提下，使之运行得更快，完成特定功能所需的时间更短，或拥有更强大的服务能力。国外有很多机构对此做过调查，发现网站或者是App的性能对于用户的留存率、转化率有很大的影响，而且可以非常直接地说提高性能就是提升产品竞争力，从而提高盈利和收入，所以性能优化对于一款产品来说是非常重要的。同时做好性能优化也是一名前端工程师晋升的最大优势。在一些大厂面试中，性能优化更是必问的问题。

对于移动Web性能优化来说，它和传统的PC端Web性能优化并无太大差别，很多性能优化的措施都是通用的，但移动Web端由于网络状态更加复杂，同时硬件性能和PC还有一些差距，所以对于性能优化来说要求更高。下面我们就从多个方面来介绍移动Web端的性能优化措施。

17.1 资源合并与压缩优化

不同于大部分放在服务端的后台代码，前端所有的文件程序代码（HTML，CSS，JavaScript）都是以文件的形式通过浏览器下载来运行使用的，这就涉及网络和请求延时，所以前端文件的精简和压缩是前端性能优化的第一步。

介于目前的前端工程化能力，许多资源压缩和合并都可以集成在构建工具中进行，借助Webpack、Vite等工具可以很容易地配置资源压缩，但从需要压缩的资源本质上来说，主要分为HTML文件压缩、CSS和JavaScript文件压缩、图片文件压缩。

17.1.1 HTML 文件压缩

HTML文件压缩就是压缩在文本文件中有意义但是在HTML中不显示的字符，包括空格、制表符、换行符等，还有一些其他有意义的字符，如HTML注释也可以被压缩。

除了构建工具提供的压缩能力之外，对于HTML文件压缩，常见的压缩工具有：

- Node.js的html-minifier。
- 一些在线压缩工具、站长工具等。

17.1.2　JavaScript 和 CSS 文件压缩

JavaScript压缩主要是去除多余的换行和空格等。对于语法来说，JavaScript可以选择混淆压缩和非混淆压缩，无论哪种压缩都是为了减小JavaScript的文件大小，当然从前端代码保护来看，混淆压缩会大大破坏原有的阅读逻辑，增加压缩比，从而给代码添加一层保护。

CSS压缩同样是去除多余的换行和空格等。由于CSS文件的特殊性暂时无法实现混淆压缩。CSS压缩主要是去除大量的换行，这样可以减少不小的文件大小。

除了构建工具提供的压缩能力之外，对于JavaScript和CSS文件压缩，常见的压缩工具有：

- Nodejs的uglifyjs2：一个强大的JavaScript压缩库。
- Nodejs的clean-css：一个强大的CSS压缩库。
- 一些在线压缩工具和站长工具等。

17.1.3　图片文件压缩

对于常见的前端项目，关于图片的使用，主要有以下两种：

- 固定图标、背景、按钮图标等，这些图片有一个特点就是和用户无关，一般是放在源码包里面，由前端代码直接引入。
- 人物头像、文章配图、内容图片等，这些非固定图片一般由用户上传，有很强的用户定制性，这些图片一般放在CDN上，前端通过链接请求。

对于固定图片，推荐使用tinypng.com网站进行在线压缩，之后再进行引入。该网站支持PNG、JPEG等常见类型的图片，属于有损压缩，去除图片一些不必要的元数据，把相似像素的24bit位用8bit位来表示，这些压缩肉眼很难区分，压缩率大约为70%，如图17-1所示。

图 17-1　tinypng 压缩图片

雪碧图（CSS Sprite）又叫CSS精灵图，是一种网页图片应用处理方式，它允许我们将一个页面用到的所有零星图片都整合到一张大图中去，这样一来，当访问该页面时，从前的多次请求就变为了一次请求。

- 优点：减少HTTP请求的数量（通过background-position定位所需图片）。
- 缺点：整合的图片比较大时，加载比较慢（如果这张图片没有加载成功，那么整个页面会失去图片信息）。

使用方法如下:

```
.box {
  width: 100px;
  height: 30px;
  background-image: url(images/sprite.png)
  background-position: -400px -300px;
}
```

对于非固定图片,常见的优化压缩主要有以下几种原则:

- 优先使用压缩率高的JPEG类型图片,缺点是不支持透明。
- 有条件的话使用WEBP(一种Google开发的新类型)类型图片,相比JPEG,它有更小的文件尺寸和更高的图像质量。

17.1.4 资源合并

除了在前端编码的时候将CSS、JavaScript等静态资源文件合并压缩之外,我们还可以在页面中将多个CSS、JavaScript的文件请求合并为一个请求。文件的合并带来的是HTTP请求数的减少,尤其是在移动端,每一个HTTP请求带来的是慢启动、三次握手、连接建立,所以资源的合并是尤为重要的。

目前来说,资源合并工作一般交给构建工具来做,开发人员只需要关注代码逻辑的编写,在打包部署时,构建工具(例如Webpack)会将每个模块的公共部分抽离成单独的文件,减少文件个数。

当然,并不是说一味地进行合并从而减少静态资源文件个数就一定是最好的,因为当服务器支持HTTP 2.0协议时,在一定的情况下,每个请求都可以复用之前的HTTP链接,对创建HTTP请求带来的消耗就没那么明显了。我们后续会介绍HTTP 2.0协议和资源合并的平衡。

17.1.5 Gzip 压缩

Gzip是GNUzip的缩写,也属于资源压缩的优化范畴,最早用于UNIX系统的文件压缩。HTTP协议上的Gzip编码是一种用来改进Web应用程序性能的技术,Web服务器和客户端(浏览器)必须共同支持Gzip。目前主流的浏览器,如Chrome、firefox、IE等都支持该协议。常见的服务器如Apache、Nginx、IIS等同样支持Gzip。

Gzip的工作流程如下:

- 浏览器请求URL,并在request header中设置属性accept-encoding:gzip。
- 服务器支持Gzip,response headers返回的内容中包含content-encoding:gzip。

开启Gzip可以达到80%的压缩率,即1MB的文件下载下来大约为200KB,大大提高了传输效率,是一项非常重要的资源压缩手段。

17.1.6 升级 HTTP 2.0

HTTP 2.0是HTTP协议自1999年HTTP 1.1发布后的首个更新,主要基于SPDY协议(是Google开发的基于TCP的应用层协议,用以最小化网络延迟、提升网络速度、优化用户的网络使用体验)。

HTTP 2.0的优化背景在17.1.4节中提到过，在浏览器获取每个静态资源时，都需要建立TCP连接，而每个连接都要经过慢启动、三次握手、连接建立，HTTP 1.1为了解决这个问题推出了keep-alive，即保持连接不被释放。但是这些连接下载资源是一个线性的流程：一个资源的请求响应返回后，下一个请求才能发送，这种先进先出机制，有可能造成后序数据由于得不到及时处理而导致资源浪费，进而影响系统性能，这种现象称为线头阻塞。为了彻底解决此问题，HTTP 2.0带来了多路复用，其主要原理如图17-2所示。

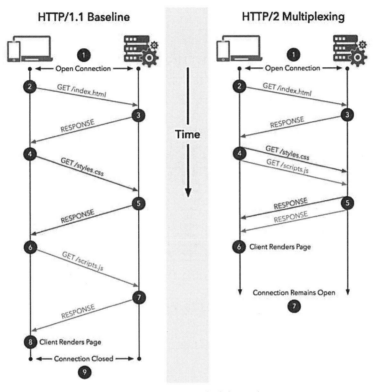

图 17-2　HTTP 2.0 多路复用原理

HTTP 2.0协议除了多路复用特性外，还添加了二进制分帧、请求头部压缩、服务器推送等特性。针对多路复用问题，它确实可以在有多个HTTP请求的情况下优化时间消耗，那么是不是就可以说在启用了HTTP 2.0之后，就不需要资源合并了呢？对于资源的合并和加载还有其他优化措施吗？笔者认为应当遵循以下原则：

- 可选择的合并文件：在HTTP 2.0之前，合并CSS、JavaScript等静态资源文件可以极大地减少HTTP的请求数，以此获得显著的性能提升。但是，在HTTP 2.0中合并文件不再是一个好的办法。虽然合并依然可以提高压缩率，但它带来了代价高昂的缓存失效，即使有一行代码改变了，整个文件就要重新打包压缩，浏览器也会强制重新加载新的文件。所以，笔者认为在确保启用了HTTP 2.0之后，对于CSS、JavaScript文件可以不用刻意合并，完全利用HTTP 2.0的特性即可。

- 尽量不要在HTML里内联资源：除了非特殊的代码（rem适配代码、上报代码等）之外，尽量不要使用内联资源。在极端情况下，在HTML里内联资源确实能够减少给定网页的HTTP请求数，但是和文件合并一样，HTTP 2.0优化时不应该内联文件，内联意味着浏览器不能缓存单个的资源。如果将所有页面使用的CSS声明嵌入每一个HTML文件，那么这些文件每次都要从服务端获取，这导致用户在访问任何页面时都要传输额外的字节。

- 合并域名：拆分域名是让浏览器建立更多TCP连接的常用手段，浏览器限制了单个服务器的连接数量，但是通过将网站上的资源切分到几个域上，可以获得额外的TCP连接。但是每个拆分的域名都会带来额外的DNS查询、握手、新连接的建立，根据HTTP 2.0多路复用的原则（HTTP 2.0多路复用是指在同一个域名下，开启一个TCP的连接，每个请求以stream的方式传输，域名的合并可以带来更多的多路复用），将静态资源文件都收归到相同域名下是一个不错的优化方案。

在Chrome的Network面板中查看是否启用HTTP 2.0和多路复用，如图17-3所示。

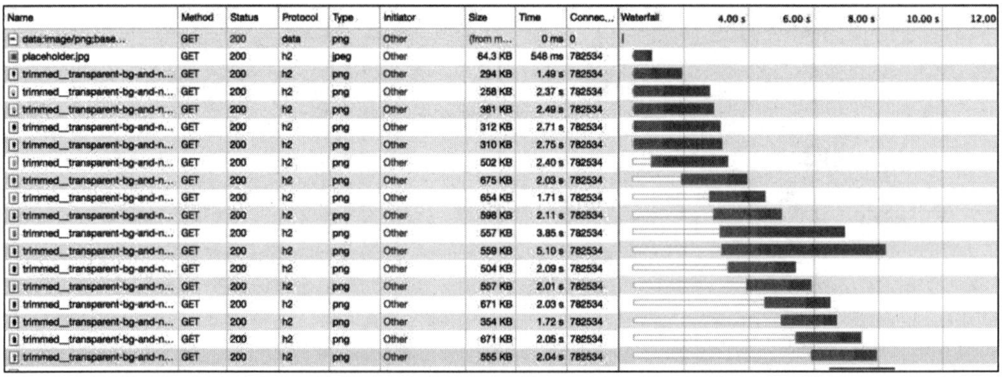

Name	Method	Status	Protocol	Type	Initiator	Size	Time	Connec...	Waterfall
data:image/png;base...	GET	200	data	png	Other	(from m...	0 ms	0	
placeholder.jpg	GET	200	h2	jpeg	Other	64.3 KB	548 ms	782534	
trimmed__transparent-bg-and-n...	GET	200	h2	png	Other	294 KB	1.49 s	782534	
trimmed__transparent-bg-and-n...	GET	200	h2	png	Other	258 KB	2.37 s	782534	
trimmed__transparent-bg-and-n...	GET	200	h2	png	Other	361 KB	2.49 s	782534	
trimmed__transparent-bg-and-n...	GET	200	h2	png	Other	312 KB	2.71 s	782534	
trimmed__transparent-bg-and-n...	GET	200	h2	png	Other	310 KB	2.75 s	782534	
trimmed__transparent-bg-and-n...	GET	200	h2	png	Other	502 KB	2.40 s	782534	
trimmed__transparent-bg-and-n...	GET	200	h2	png	Other	675 KB	2.03 s	782534	
trimmed__transparent-bg-and-n...	GET	200	h2	png	Other	654 KB	1.71 s	782534	
trimmed__transparent-bg-and-n...	GET	200	h2	png	Other	598 KB	2.11 s	782534	
trimmed__transparent-bg-and-n...	GET	200	h2	png	Other	557 KB	3.85 s	782534	
trimmed__transparent-bg-and-n...	GET	200	h2	png	Other	559 KB	5.10 s	782534	
trimmed__transparent-bg-and-n...	GET	200	h2	png	Other	504 KB	2.09 s	782534	
trimmed__transparent-bg-and-n...	GET	200	h2	png	Other	557 KB	2.01 s	782534	
trimmed__transparent-bg-and-n...	GET	200	h2	png	Other	671 KB	2.03 s	782534	
trimmed__transparent-bg-and-n...	GET	200	h2	png	Other	354 KB	1.72 s	782534	
trimmed__transparent-bg-and-n...	GET	200	h2	png	Other	671 KB	2.05 s	782534	
trimmed__transparent-bg-and-n...	GET	200	h2	png	Other	555 KB	2.04 s	782534	

图 17-3　查看是否启用了 HTTP 2.0 和多路复用

图中Protocol表示协议名称，h2即HTTP 2.0协议；Connec...（Connection ID）表示该条请求的编号，编号相同则表示应用多路复用特性。

17.1.7　图片 base64 和 Icon Font

在页面使用的背景类图片或Icon类图片不多且比较小的情况下，可以把图片转成base64编码嵌入HTML页面或者CSS文件中，这样可以减少页面的HTTP请求数。需要注意的是，要保证图片较小，一般超过5KB的就不推荐转成base64编码嵌入HTML或者CSS了，因为这样会导致HTML或CSS本身增加过大。

```
<img src="data:image/gif;base64,R0..."/>
```

采用Webpack的url-loader可以帮助我们在不影响代码可读性的情况下，解决base64字符串问题。

Icon Font技术起源于Web领域的Web Font技术，它把一些简单的图标制作成字体，然后让图标变成和字体一样使用。在近几年的发展中，Icon的设计和使用也经历了由当初的<img>方案到现如今的<svg>方案，它有以下优点：

- 字体是矢量的，可以随意改变大小。
- 因为它是字体，所以所有字体的CSS样式都可以使用，比如font-size、color、background、opacity等。
- 减少图片请求数。
- Icon Font没有太多兼容性问题，IE9以上、Android 4.0以上都能够完全兼容。

17.2　浏览器加载原理优化

作为移动Web来说，其本质还是运行在浏览器里面的页面，因此了解浏览器的运行和加载机制是进行优化的必要条件。浏览器加载HTML页面的流程如图17-4所示。

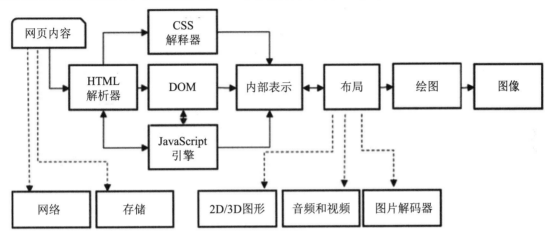

图 17-4　浏览器渲染页面的流程

我们知道浏览器从服务器接收HTML文档，并在内存中把HTML转换成DOM树，在转换的过程中如果发现某个节点（node）上引用了CSS或者图片，就会再发送1个request去请求CSS或图片，然后继续执行下面的转换，而不需要等待request的返回；当request返回后，只需要把返回的内容放入DOM树中对应的位置即可。

但当引用了JavaScript的时候，浏览器发送1个JavaScript的request后，就会一直等待该request的返回。因为浏览器需要一个稳定的DOM树结构，而JavaScript中很有可能会有代码直接改变DOM树结构，浏览器为了防止出现JavaScript修改DOM树，然后需要重新构建DOM树的情况，就会阻塞其他的下载和呈现。

基于上述原因，我们在HTML页面中引入JavaScript和CSS资源时，需要遵循以下原则：

- CSS资源在head中通过link引入会阻塞页面的渲染，但是为了页面样式，一般情况下必须这样引入。
- 直接通过<script src>引入的外部JavaScript资源会阻塞后面节点的渲染，所以外部JavaScript尽量放在body底部引入。
- 在head里面尽量不要引入JavaScript，如果要引入JavaScript尽量将JavaScript内容内嵌在head里。
- 把内嵌JavaScript放在所有link引入CSS资源文件的前面。
- 对于要阻塞后续内容的外部JavaScript资源，需要增加defer来解决<script defer>。

17.3　缓　存　优　化

如果一个H5页面没有利用任何缓存，那么这个页面将没有存在的意义。缓存是常用的性能优化利器，从浏览器HTTP请求的缓存，到LocalStorage缓存，再到现在比较火的PWA里面的Service Worker缓存、离线包缓存等，从页面的产生到加载，缓存都伴其一生。我们先来看看最基本的浏览器HTTP请求缓存，如图17-5所示。

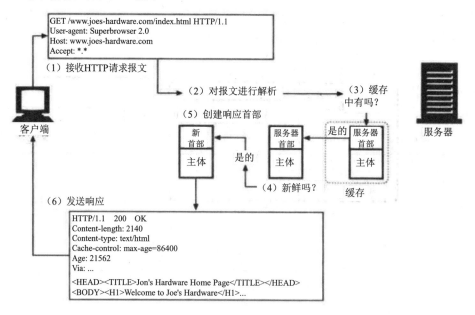

图 17-5　浏览器 HTTP 请求缓存

浏览器HTTP请求缓存主要由请求的首部（headers）信息决定，浏览器会根据不同的缓存首部信息应用不同的缓存策略。当命中缓存时，浏览器就会从内部的缓存系统直接返回页面所需的静态资源文件，而不需要发送HTTP请求到服务器，以此来达到优化的目的。

17.3.1　强缓存：Expires&Cache-Control

在请求首部信息中设置Expires或者Cache-Control，将会启用强缓存策略，即当浏览器对某个资源的请求命中了强缓存时，返回的HTTP状态为200，在Chrome的开发者工具的Network面板里面size会显示为from disk cache，这种情况下不用发送任何请求。

其中：

- Expires：指定了在浏览器上离缓存过期还有多少时间，等同于Cache-control中的max-age的效果。如果Expires和Cache-Control的max-age同时存在，则Expires被Cache-Control的max-age覆盖。Expires一般用得不多。例如Expires: Wed, 21 Oct 2022 07:28:00 GMT表示在格林尼治标准时间2022年10月21日07:28:00之前，浏览器都将应用缓存。
- Cache-Control：主要有以下5种取值。

  - no-store：不存储有关客户端请求或服务器响应的任何内容，即不使用任何缓存。
  - no-cache：使用之前必须先去服务器端验证是否过期，如果没过期，则使用缓存，如果过期了，则返回最新数据。
  - private：浏览器可以缓存文件，但中间代理缓存不能。
  - public：可以任意缓存存储。

- max-age: 用来设置缓存时间，例如 Cache-Control:max-age:5000 表示改缓存会在 5s 之后失效，是一个相对时间。

17.3.2　协商缓存：Last-Modified&Etag

在请求首部信息中设置Last-Modified或者Etag，将会启用协商缓存策略，当浏览器对某个资源的请求没有命中强缓存时，就会发送一个请求到服务器，验证协商缓存是否命中，如果协商缓存命中，那么请求响应返回的HTTP状态为304，并且会显示一个Not Modified。

在Chrome的Network面板中可以看到有协商缓存被命中，如图17-6所示。

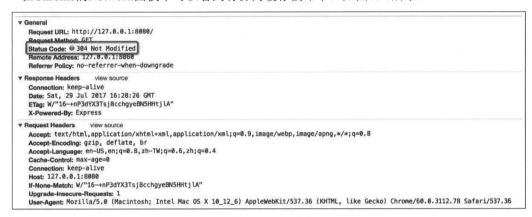

图 17-6　304 请求

其中：

- Last-Modified/If-Modified-Since：设置一个时间，表示本地文件在服务器上的最后一次修改时间。缓存过期时把浏览器端缓存页面的最后修改时间发送到服务器上，服务器会把这个时间与服务器上实际文件的最后修改时间进行对比，如果时间一致，那么返回304，客户端就直接使用本地缓存文件。
- Etag/If-None-Match：设置一个字符串，EntityTags是URL的tag，用来标示URL对象是否改变，一般为资源实体的哈希值字符串。和Last-Modified类似，如果服务器验证资源的Etag没有改变（该资源没有更新），那么返回一个304状态告诉客户端使用本地缓存文件。Etag的优先级高于Last-Modified，Etag主要为了解决以下两个问题。

  - If-Modified-Since 能检查到的粒度是秒，无法更加精确。
  - 某些服务器不能精确地得到文件的最后修改时间。

17.3.3　妙用 LocalStorage

HTML 5 LocalStorage可以看作加强版的Cookie，提升了数据存储的大小，有更好的弹性以及架构，可以将数据直接写入本机存储中，还可以在关闭浏览器后再次打开时恢复数据，以减少网络流量。日常使用LocalStorage来优化我们的页面大概有以下4种场景：

- 缓存一些非实时更新的变量，例如某些闪屏的标志位信息、地理位置信息等，取用方便，即存即用。

- 使用LocalStorage缓存JavaScript和CSS文件内容，为了提升页面的打开速度，或者使页面可以离线使用，有些页面会将静态资源文件直接缓存在LocalStorage中，当页面打开时将内容读取出来并运行。使用此方法确实可以减少HTTP请求数量，提高页面加载速度。
- 在一些跨WebView通信的场景中，LocalStorage是兼容性最好的数据通信方案，例如预加载的数据可以缓存在LocalStorage中，从而实现各个页面的WebView数据共享。
- LocalStorage本身并不是无限大的，针对每个域名，PC端浏览器给LocalStorage分配的容量大概4.5MB～5MB，移动端（类似微信等）的浏览器给LocalStorage分配的容量大概是2.5MB～3MB，所以在使用时需要做好异常捕获，在LocalStorage超出容量时，是无法再进行插入并报错的。

17.3.4 离线包机制

传统的H5技术容易受到网络环境的影响而降低H5页面的性能，通过使用离线包，可以解决该问题，同时保留H5的优点。离线包机制是将HTML、JavaScript、CSS等页面内静态资源打包到一个压缩包内。预先下载该离线包到本地，然后通过客户端打开，直接从本地加载离线包，从而最大程度地摆脱网络环境对H5页面的影响。

使用H5离线包机制有以下优势：

- 提升用户体验：通过离线包的方式把页面内静态资源嵌入应用中并发布，当用户第一次开启应用的时候，就无须依赖网络环境下载该资源，而是马上开始使用该应用。
- 实现动态更新：在推出新版本或是紧急发布的时候，可以把修改的资源放入离线包，通过更新配置让应用自动下载更新，因此，无须通过应用商店审核，就能让用户及早接收更新。

离线包的加载和运行流程如图17-7所示。

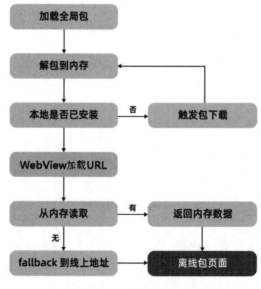

图 17-7 离线包运行机制

需要注意的是离线包的关键点还有离线包的打包、对文件加密/签名、更新离线包（增量），以及一些安全校验和容错机制等，这些不再深入讨论。

17.3.5　服务端渲染

在前后端分离之后，后端语言的模板功能被弱化，整个页面基本上都由前端JavaScript动态渲染，但对于一些应用来说这样做是有缺陷的，比如在进行搜索引擎优化（SEO）时，需要打开页面不用等待就能看到页面；前端页面展示过度依赖JavaScript和CSS逻辑执行，在极端情况或网络较差或手机性能低下（尤其低端Android机型较为明显）时，白屏时间较长。这时服务端渲染便应运而生，流程如图17-8所示。

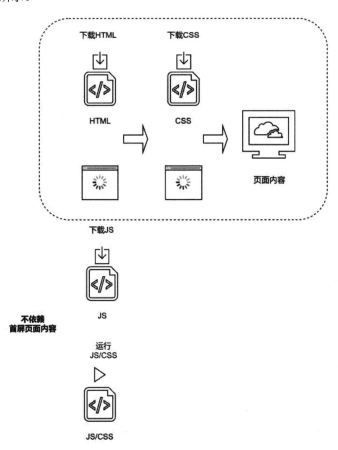

图 17-8　服务端渲染流程

这样用户在看到页面首屏主要内容时，只和服务器有一个HTTP请求交互，就能获取HTML页面内容，这个内容就是完整的页面内容。当然，后续的页面用户交互还是在前端进行的。

这样来看服务端渲染要比客户端好很多，尤其是首屏的用户体验。以下从3个方面对服务端渲染和客户端渲染进行一个优劣对比：

- SEO支持：服务端渲染可以有效地进行SEO，当爬虫工具请求用户的页面地址时，可以拿到完整的HTML内容，便于对网站内容进行收录；而客户端渲染爬虫工具拿到的只是一个空的HTML壳子，无法对网站内容进行完整收录。

- 白屏时间：服务端渲染在浏览器请求URL之后已经得到了一个带有数据的HTML文本，浏览器只需要解析HTML直接构建DOM树即可；而客户端渲染需要先得到一个空的HTML页面，这个时候页面已经进入白屏，之后还需要经过加载并执行JavaScript、请求后端服务器获取数据、JavaScript渲染页面这几个过程才可以看到最后的页面，特别是在复杂的应用中，由于需要加载JavaScript脚本，越是复杂的应用需要加载的 JavaScript 脚本就越多、越大，因此会导致应用的首屏加载时间非常长，进而降低了用户体验。
- 服务器运维：除了前端静态资源服务和后端接口服务外，服务端渲染还需要额外搭建一套Node.js服务，主要用来请求后端服务的数据和HTML组装，这在一定程度上提升了项目的复杂度，需要更多地关注服务器的负载均衡及相关运维问题。同时由于代码需要，代码既可以在服务端运行，也可以在浏览器端运行，因此需要兼顾两端的代码，提升了代码复杂度。

所以在使用服务端渲染之前，需要开发者考虑投入产出比，比如大部分应用系统都不需要SEO，而且首屏时间并不是非常慢，使用服务端渲染反而是小题大做了。

17.4　懒加载与预加载

懒加载和预加载都是网页性能优化的技术。懒加载可以帮助减少网页加载时间，预加载则可以提高网页的响应速度，这在移动Web端这种网络状态复杂的场景中尤为重要。

懒加载技术是延迟加载网页中的某些内容，在用户浏览器到达这些内容的位置时再加载它们，例如首屏资源加载优化。这样做的好处是可以节省网络带宽和服务器资源，提高网页的加载速度。

预加载技术则是在网页加载时预先加载一些内容，以便用户在后续的浏览过程中能够快速访问这些内容。通常预加载会用在预计用户会访问的内容上，以提高网页的响应速度。

总而言之，懒加载和预加载都能提高网页的性能，但它们的实现方式和目的不同。

17.4.1　首屏资源加载优化

首屏资源加载优化是指对网页的首屏内容（即用户在打开网页时首先看到的内容）进行优化，以提高网页的加载速度和性能。一般来说，首屏资源加载优化主要包括以下4点：

- 剥离首屏资源：首屏的快速显示可以大大提升用户对页面速度的感知，因此应尽量针对首屏的快速显示做优化。基于联通3G网络平均338KB/s（2.71MB/s）的速度，首屏资源不应超过1014KB，剥离首屏需要的资源，非首屏的资源单独合并，采用懒加载。这个原则适用上文的资源合并和加载中的场景。
- 按需加载：将不影响首屏的资源和当前屏幕不用的资源放到用户需要时才加载，可以大大提升重要资源的显示速度和降低总体流量，对于移动Web端常见的多tab页面，Webpack的Code Splitting可以帮助我们更加便捷地实现按需加载。
- 非首屏图片懒加载：为了保证页面内容最小化，加速页面渲染，尽可能节省首屏网络流量，页面中的图片资源推荐使用懒加载实现，在页面滚动时动态载入图片。在目前流量费用还算比较高昂的情况下，帮助用户节省更多的流量可以避免用户的投诉。

- 使用CDN加速技术：将网页的静态资源分发到多个节点，以便用户能够从离他们最近的节点获取资源，从而提高网页的加载速度。

17.4.2 预加载

预加载主要分为两种，一种是采用原生浏览器支持的API来对页面的一些资源进行预先拉取或者加载，另一种是通过结合移动Web特殊场景和业务逻辑对WebView或者关键数据进行预加载。

对于第一种预加载，可以采用 DNS 预解析（DNS pre-resolution）。DNS 预解析是指在实际需要之前就进行 DNS 解析的过程。

DNS 作为互联网的基础协议，其解析的速度似乎很容易被网站优化人员忽视。典型的一次 DNS 解析需要耗费 20～120 毫秒，减少 DNS 解析时间和次数是个很好的优化方式。用户也可以自定义配置 DNS 预解析的域名，让具有此属性的域名不需要用户单击链接就能在后台解析，而域名解析和内容载入是串行的网络操作，所以这个方式能减少用户的等待时间，提升用户体验。代码如下：

```
<link rel="dns-prefetch" href="//haitao.nos.netease.com">
```

另外，浏览器还提供了两个API来提前预加载资源——Preload和Prefetch，两者都是以<link rel="preload">和<link rel="prefetch">作为引入方式。

- Preload的一个基本用法是提前加载资源，告诉浏览器预先请求当前页面需要的资源，从而提高这些资源的请求优先级，加载但是不运行，占用浏览器对同一个域名的并发数，代码如下：

```
<link rel="preload" href="a.js" as="script" onload="preloadLoad()">
```

- Prefetch的一个基本用法是浏览器会在空闲的时候下载资源并缓存起来，当有页面使用的时候，直接从缓存中读取，其实就是把是否加载和什么时间加载这个资源的决定权交给浏览器，代码如下：

```
<link rel="prefetch" href="a.js">
```

对于当前页面必需的资源使用 preload，对于可能在将来的页面中使用的资源使用 prefetch，但需要注意兼容性。

对于第二种预加载则需要结合业务逻辑来实现，下面举几个例子：

1. 预加载资源

在多 tab 的单页应用中，我们可以在用户打开首屏之后预先加载其他 tab 的资源。例如用户进入手机淘宝首页后就可以预先加载"购物车"和"我的淘宝"这两个 tab 的资源了，当用户单击"购物车"时，页面的展现就会快一些。

2. 预加载数据

预加载数据的时机最好是在空闲时，什么是空闲时呢？首先看一下 WebView 打开一个 H5 页面的流程，如图 17-9 所示。

从图中可以看到，利用闲时可以做的事情有很多，预加载数据是一个典型的优化手段，提前把新页面所需要的数据加载好，新页面在打开后就可以直接用数据来进行渲染，当然这里涉及的跨页面数据通信可以使用 LocalStroage 来实现。

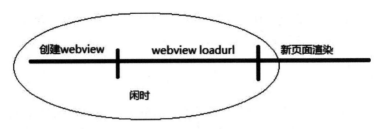

图 17-9　WebView 打开页面的流程

3. 预加载WebView

利用闲时来做更多事情的前提是闲时够长，但这本身也不是一个很好的现象，预加载WebView是指在网页加载时，将WebView组件预先加载到内存中，以便更快地呈现网页内容。这样做的好处是可以提高网页的加载速度和响应速度，让用户的体验更好，以此减少闲时。此项优化大多是由Native端来完成：

- 在App启动后，就提前在内存中将WebView加载好，而不是等到单击进入Web页面时才去加载。
- 创建一个WebView的复用池，例如最多只存在3个WebView，每次都从池子里获取WebView，达到复用的目的。

17.5　渲染优化

抛开首屏加速，真正让用户体验Web页面的另一个很重要的部分就是用户行为交互了，包括用户的单击响应、滚动流畅度、动画是否卡顿、动画流畅度等。这些关于用户交互性的优化在已往的PC端可能不是很被重视，因为PC浏览器的性能要远远大于手机端，但是到了移动Web就不一样了，用户都希望移动Web能有PC端一样的性能。

17.5.1　16ms 优化

目前大多数设备的屏幕刷新频率为60次/秒，每一帧所消耗的时间约为16ms（1000 ms / 60 = 16.66ms），这16ms就是渲染帧的时长。所谓渲染帧是指浏览器的一次完整绘制过程中帧之间的时间间隔，是DOM视图更新的最小间隔。但实际上，浏览器还有一些整理工作要做，因此开发者所做的所有工作需要在10ms内完成。如果不能完成，那么帧率将会下降，网页会在屏幕上抖动，也就是通常所说的卡顿，这会对用户体验产生严重的负面影响。如果一个页面中有动画效果或者用户正在滚动页面，那么浏览器渲染动画或页面的速率也要尽可能地与设备屏幕的刷新频率保持一致，以保证良好的用户体验。

在渲染帧的16ms时长内，浏览器可能需要做以下事情：

- 脚本执行（JavaScript）：脚本造成了需要重绘的改动，比如增删DOM、请求动画等。
- 样式计算（CSS Object Model）：级联地生成每个节点的生效样式。
- 布局（Layout）：计算布局，执行渲染算法。

- 重绘（Paint）：各层分别进行绘制（比如 3D 动画）。
- 合成（Composite）：合成各层的渲染结果。

17.5.2　重绘和重排

浏览器需要做的这些事情会引发不同程度的重绘和重排，而重绘和重排正是影响流畅度的重要因素。

- 由于节点的几何属性发生改变或者由于样式发生改变（例如改变元素背景色），因此屏幕上的部分内容需要更新，这样的更新被称为重绘。
- 部分渲染树（或者整个渲染树）需要重新分析，并且节点尺寸需要重新计算，这被称为重排。

重排和重绘的代价是高昂的，它们会破坏用户体验，并让UI展示非常迟缓，但是每次重排，必然会导致重绘，而每次重绘并不一定会发生重排。我们需要在以下几种场景来减少重排的发生：

- 添加或者删除可见的DOM元素。
- 元素位置改变。
- 元素尺寸改变：边距、填充、边框、宽度和高度。
- 内容改变：比如文本改变或者图片大小改变而引起的计算值宽度和高度改变。
- 页面渲染初始化。
- 浏览器窗口尺寸改变：resize事件发生时。

17.5.3　requestAnimationFrame 和 requestIdleCallback

提升动画流畅度的一个重要因素是让浏览器变得智能起来，好在浏览器给我们提供了requestAnimationFrame接口，通过这个API可以告诉浏览器某个JavaScript代码要执行动画，浏览器收到通知后就会在运行这些代码的时候进行优化，它会确保JavaScript尽早在每一帧的开始执行，实现流畅的效果，而不再需要开发人员烦心刷新频率的问题了。requestAnimationFrame的使用方法如下：

```
function animationWidth() {
  var div = document.getElementById('box');
  div.style.width = parseInt(div.style.width) + 1 + 'px';

  if(parseInt(div.style.width) < 200) {
    requestAnimationFrame(animationWidth)
  }
}
requestAnimationFrame(animationWidth);
```

requestIdleCallback伴随着React 16的Fiber特性出现。当用户在做复杂交互时，如果不希望因为一些不重要的任务（如统计上报）导致感觉卡顿的话，就应该考虑使用requestIdleCallback，因为requestIdleCallback回调的执行前提条件是当前浏览器处于空闲状态。需要注意的是不要在requestIdleCallback操作任何DOM，因为这违背了这个接口的设计原则。requestIdleCallback的使用方法如下：

```
function myNonEssentialWork (deadline) {

  // deadline.timeRemaining()可以获取当前帧剩余时间
  while (deadline.timeRemaining() > 0 && tasks.length > 0) {
```

```
      doWorkIfNeeded();
    }
  if (tasks.length > 0){
    requestIdleCallback(myNonEssentialWork);
    }
  }
requestIdelCallback(myNonEssentialWork);
```

17.5.4 长列表滚动优化

长列表滚动在移动端是一种非常常见的交互模式，例如feeds流、图片流等。这些列表的滚动流畅度优化对用户体验的提升是非常重要的。基于目前的优化思路，借助DOM复用的方案，类似iOS的UITableView或者Android的recyclerview原理，在列表滚动时只保证视区内的DOM节点存在，在有限的DOM节点内实现滚动，而不再创建新的节点，在用户不断下拉翻页的过程中，通过保证整个页面有限的DOM元素来减少内存的消耗。

如图17-10所示，对于屏幕外的DOM元素，将不再创建新的，随着滚动的发生，不断地将屏幕外的DOM替换到屏幕内（内容也随之改变），以此达到降低DOM内存、减少卡顿的目的。采用这个方案的前提是借助浏览器的onscroll事件来实现滚动的监听和逻辑处理，但是问题在于在有些机型（例如iOS的UIWebview）中不能实时触发onscroll，这就给优化带来了难题，由此引出了使用JavaScript和CSS实现的模拟滚动：

图 17-10　长列表滚动

- 正常的滚动：我们平时使用的scroll，包括上面讲的滚动都属于正常滚动，利用浏览器自身提供的滚动条来实现，底层由浏览器内核控制。
- 模拟滚动：最典型的例子就是开源模拟滚动库iscroll.js了，原理一般有以下两种。

  - 监听滚动元素的 touchmove 事件，当事件触发时通过修改元素的 transform 属性来实现元素的位移；当手指离开时触发 touchend 事件，然后通过使用 requestAnimationFrame 在一个线型函数下不断地修改元素的 transform 来实现手指离开后的一段惯性滚动距离。
  - 监听滚动元素的 touchmove 事件，当事件触发时通过修改元素的 transform 属性来实现元素的位移；当手指离开时触发 touchend 事件，然后给元素一个 CSS 的 animation，并通过 duration 和 function 来实现手指离开后的一段惯性距离。

综上所述，采用模拟滚动可以解决onscroll不实时触发的问题，从而实现长列表的复用的优化，但是带来新的问题就是模拟滚动本身也是DOM的重绘，会增加额外的性能消耗，因此优化效果并不理想。好在iOS的新版WKwebview解决了onscroll不能实时触发的问题，让开发者有了更好的选择。

17.5.5 合理使用 GPU

动画卡顿是在移动Web开发时经常遇到的问题，解决这个问题一般会用到CSS 3硬件加速。硬件加速这个名字听上去感觉很厉害，但其实它做的事情可以简单概括为：通过GPU进行渲染，解放CPU。我们可以将负责的动画操作放在GPU的图形层，代码如下：

```
webkit-transform: translateZ(0);
```

强制把需要动画的DOM对象放置在GPU的layout层来缓存，从而使得任何移动、大小变化都在这个层。

通过开启GPU硬件加速虽然可以提升动画渲染性能或解决一些棘手问题，但使用时仍需谨慎，使用前一定要进行严谨的测试，否则它反而会大量占用浏览网页的用户的系统资源，尤其是在移动端，肆无忌惮地开启GPU硬件加速会导致大量消耗内存，千万不要不加选择地对所有元素都开启GPU加速，如下代码所示：

```
* {
  webkit-transform: translateZ(0);
}
```

17.6　小　　结

本章讲解了移动Web性能优化的相关知识，主要内容包括：资源合并与压缩优化、浏览器加载原理优化、缓存优化、懒加载和预加载、渲染优化等。

性能优化对于一款产品来说是非常重要的，同时做好性能优化也是一名前端工程师晋升的最大优势。最后建议读者自行运行本章的各个示例代码，以加深对本章知识的理解。

17.7　练　　习

（1）什么是Gzip压缩？

（2）图片base64有什么好处？

（3）强缓存和协商缓存是什么，它们有什么区别？

（4）重绘和重排是什么，它们有什么区别？

第 18 章

实战项目：微信朋友圈系统的开发

在掌握了前面介绍的全部内容后，下面进入实战项目的开发讲解。本章将会结合前面所讲解的相关知识点从零开始来完成一个 Vue 3+移动 Web 的实战项目——微信朋友圈系统。

该实战项目涉及移动 Web 相关技术，如 HTML 5、CSS 3 动画、屏幕适配、Vue 基础、Vuex、Vue Router、组合式 API、Vite 前端工程化构建等。需要说明一下，作为一个完整的系统，笔者同时提供前端源码和后端源码，但是为了照顾没有后端基础的读者，该实战项目只会涉及前端相关的知识讲解，不会涉及后端及数据库的讲解，所用到的接口为已经存在的真实数据接口。对后端感兴趣的读者可以自行完成后端逻辑的开发。

由于本实战项目的完整源码可以在对应的代码清单中查看，并且附带视频内容，因此本章主要偏向于实战项目中的知识点讲解，并且只会包括核心的代码演示，建议读者先查看完整项目源码，了解大致的项目结构，以便于后续的理解。下面进入实战项目的开发。

18.1　开发环境准备

工欲善其事，必先利其器。在开发一个完整的项目之前，准备一个完整的开发环境是非常重要的。

18.1.1　安装代码编辑器 Sublime Text 3

准备开发环境，首先安装代码编辑器。本项目使用的代码编辑器是 Sublime Text 3，首先下载 Sublime Text 3，然后选择合适的平台来安装。

当前流行的代码编辑器主要有 Visual Studio Code、Sublime Text 3、WebStorm 3 种，读者可以根据自己的喜好和习惯来选择。从当前的趋势来看，Visual Studio Code 的使用者更多一些，这可能得益于其精美的界面风格和完善的插件生态，笔者之前使用的就是这款编辑器；WebStorm 的功能也很强大，但是太过笨重。这次之所以没有选择这两个编辑器，而是选择 Sublime Text 3，是为了体验一下新鲜的事物。从效果上来看，Sublime Text 3 更加轻便，长时间操作也不会感觉卡顿。

18.1.2 安装 CNPM

在保证安装Node.js的前提下，都会用NPM来安装相关包模块，这里需要说明一下，当我们使用NPM来安装包时，如果遇到安装时间过长、无法连接的情况，大部分原因是NPM包的源地址默认是国外的地址，国内的网络会对这些地址进行屏蔽，这时推荐使用国内的NPM镜像来安装包。注意，如果项目中需要有依赖锁定，那么不建议使用CNPM。

使用CNPM（淘宝NPM镜像）来安装NPM包非常简单，首先安装CNPM，在CMD终端执行下面的命令：

```
npm install -g cnpm --registry=https://registry.npm.taobao.org
```

上面的命令全局安装了CNPM，安装成功后，就可直接使用cnpm install xxx来安装相关的包了。CNPM的命令完全兼容NPM的命令，代码如下：

```
npm install vue 相当于 cnpm install vue
npm uninstall vue 相当于 cnpm uninstall vue
npm search vue 相当于 cnpm search vue
```

CNPM镜像会定时与官方NPM同步更新最新的包，频率目前为10分钟一次，以保证CNPM尽量能够及时获取到全球各地提交的最新的包。

我们在后续的实战项目中都会使用CNPM来安装包。在完成开发环境准备后，接下来进入项目开发。

18.1.3 Vite 项目初始化

参考"第16章　Vite工具"，采用NPM工具来安装Vite，在安装的同时可以直接进行项目的初始化操作，将项目命名为"moment"，最终得到的项目目录大致如图18-1所示。

```
├── public                  // 静态文件目录
├── dist                    // 打包输出目录（首次打包之后生成）
├── src                     // 项目源码目录
│   ├── assets              // 图片等第三方资源
│   ├── components          // 公共组件
│   ├── App.vue
│   ├── main.js
├── vite.config.js          // 项目配置文件，用来配置或者覆盖默认的配置
├── index.html              // 项目入口文件
└── package.json            // package.json
```

图 18-1　项目目录结构

添加项目的构建配置，修改vite.config.js，其核心代码如下：

```
import { defineConfig } from 'vite'
import vue from '@vitejs/plugin-vue'

import path from 'path';

export default defineConfig({
  plugins: [vue()],
  resolve: {
    extensions: ['.js', '.vue', '.json'],
    // 配置路径别名
    alias: {
```

```
        '@': path.resolve(__dirname, 'src'),
      },
    },
    server: {
      port:8080,
      proxy: {
        // 配置请求后端数据代理
        '^/cgi': {
          target: 'https://app.nihaoshijie.com.cn', // 使用后端真实数据
          changeOrigin: true,
        }
      }
    }
})
```

上述配置主要包括Vue文件解析配置、开发环境下的devserver配置（包括配置代理请求后台的真实数据）、路径别名配置、项目根路径配置等，可以看出，相比vue-cli工具来说，Vite的配置要更加简洁一些。

由于本系统是移动Web项目，因此还需要考虑屏幕适配问题，在8.5节中，我们讲解了vw的适配方案，基于此我们采用vw方案来完成屏幕适配，添加如下配置：

```
import pxtovw from 'postcss-px-to-viewport'
const plugin_pxtovw = pxtovw({
    viewportWidth: 375,    // 视窗的宽度，对应的是我们设计稿的宽度，Iphone6的一般是375px
(xx/375*100vw)
    viewportHeight: 667, // 视窗的高度，Iphone6的一般是667px
    unitPrecision: 3,      // 指定将px转换为视窗单位值的小数位数（很多时候无法整除）
    viewportUnit: "vw",    // 指定需要转换成的视窗单位，建议使用vw
    // 指定不转换为视窗单位的类，可以自定义，也可以无限添加,建议定义一至两个通用的类名
    selectorBlackList: ['.ignore', '.hairlines'],
    minPixelValue: 1,      // 若小于或等于1px则不转换为视窗单位，读者也可以设置为自己想要的值
    mediaQuery: false      // 允许在媒体查询中转换px
})

export default defineConfig({
  ...
  css: {
    postcss: {
      plugins: [plugin_pxtovw]
    }
  },
  ...
})
```

采用postcss-px-to-viewport插件来帮助我们对vw进行计算和转换，其中配置项viewportWidth和viewportHeight为设计稿的尺寸（即设计稿上标注的尺寸和大小），在插件内部会根据这个配置进行px和vw单位的计算和转换。

由于项目中会用到vue-router、vuex、axios、postcss-px-to-viewport等模块，而这些模块不会在Vite中预先安装，所以需要我们自己提前安装：

```
cnpm install vuex vue-router axios postcss-px-to-viewport -S
```

当然这里并不是安装全部模块，其余模块后面用到时再安装即可。在一切都配置完成后，执行npm run serve命令开启本地服务。

18.2　项目功能逻辑

本实战项目在功能上主要参考微信朋友圈的功能和逻辑，并简化了部分功能，主要页面逻辑如图18-2所示。

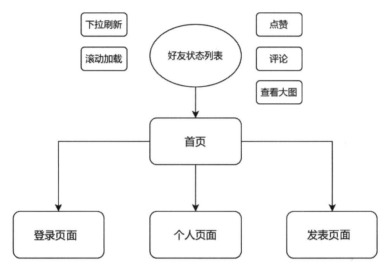

图 18-2　项目功能逻辑

其中，每个页面的主要功能逻辑解释如下：

- 首页：主要展示发表入口、朋友圈状态列表（按照时间顺序从新到旧排列），对单条状态可以进行点赞和评论并实时展示出点赞和评论信息，点击头像可进入个人详情页。
- 登录页面：用户登录入口，只有已经登录的用户才可以对状态进行点赞和评论。
- 个人页面：分为主态和客态，主态展示自己的基本信息并且有修改头像和基本信息的功能入口，客态只展示基本信息。
- 发表页面：主要展示发表功能，该页面中有文本输入框、图片选择器。

其中，整个系统的主要功能集中在首页，它是一个可无限滚动加载的动态列表页面，包括了点赞逻辑、评论逻辑、评论框UI、下拉刷新动画、图片放大器等，该页面逻辑相对复杂，而其他页面逻辑相对简单。整个系统借助Vue 3动画和Animate.css添加页面之间的转场动画，同时针对iOS和Android两种设备做了不同的适配（键盘输入框、样式等）。除此之外，还添加移动端常见的图片选择器功能，借助WeUI框架实现从手机上传图片的完整功能。

18.3　登录页面的开发

首先开发登录页面（login页面），该页面的逻辑交互如图18-3所示。

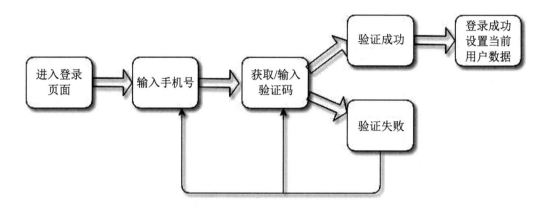

图 18-3　登录页面逻辑交互图

登录页面UI效果如图18-4所示。

18.3.1　引入 WeUI

在开发第一个页面之前，我们需要引入全局UI库，这里使用的是WeUI，它是一套同微信原生视觉体验一致的基础样式库，由微信官方设计团队为微信内网页和微信小程序量身设计。采用WeUI主要是为了让我们的页面风格更贴近微信的风格，也符合朋友圈这个系统的定义。

WeUI主要由两部分组成：weui.css和weui.js。其中weui.css主要提供常用组件的样式，例如按钮、输入框等；而weui.js则提供组件的JavaScript调用封装，提供给我们JavaScript接口来调用WeUI的组件，例如弹出框、图片上传组件等。

图 18-4　登录页面 UI 效果图

在本书的实战项目源码中，可以找到WeUI相关的静态资源文件，直接将它复制到Vite项目的public下即可。

修改index.html，引入weui.min.js，代码如下：

```
<script type="text/javascript" src="/lib/weui/weui.min.js"></script>
```

这里，将WeUI的JavaScript库放在全局引入，而没有采用NPM方式来安装，这样可以在代码中直接使用window.weui来调用相关接口，更加方便一些。当然读者也可以采用NPM方式安装WeUI，在代码中通过import方式引入。

在main.js里引入weui.min.css，weui.min.css是第三方的样式，在main.js引入是为了让Vite帮助我们进行打包，这样可以让vw插件postcss-px-to-viewport对weui.min.css里面的样式的单位进行转换。

完成了这些操作，后续就可以直接在项目中使用WeUI相关的组件了。

18.3.2　登录页面的组件

在components文件夹下新建login文件夹，同时新建login.vue，核心代码如下：

```
<template>
  <div class="container">
    <div class="close" @click="close"></div>
```

```html
<p class="title">手机号登录</p>
<div class="weui-cell weui-cell_vcode">
  <div class="weui-cell__hd">
    <label class="weui-label">手机号</label>
  </div>
  <div class="weui-cell__bd">
    <input class="weui-input" maxlength="11" type="tel" pattern="^\d{11}$"
           placeholder="请输入手机号"
      v-model="phoneNum">
  </div>
  <div class="weui-cell__ft">
    <button v-show="timeCode == 60" class="weui-vcode-btn" @click="getCode">
            获取验证码</button>
    <div v-show="timeCode != 60" class="time-code weui-vcode-btn">{{ timeCode }}s
     /div>
  </div>
</div>

<div class="weui-cell weui-cell_vcode vcode-input scale-1px">
  <div class="weui-cell__hd"><label class="weui-label">手机验证码</label></div>
  <div class="weui-cell__bd">
    <input v-model="code" class="weui-input" type="number" placeholder="请输入验证码">
  </div>

</div>
<div v-if="needCaptcha" class="weui-cell weui-cell_vcode captcha-code">
  <div class="weui-cell__hd"><label class="weui-label">图形验证码</label></div>
  <div class="weui-cell__bd">
    <input v-model="captcha" class="weui-input" type="number" placeholder=
                "请输入验证码" />
  </div>
  <div class="weui-cell__ft">
    <img class="weui-vcode-img" :src="captchaUrl" @click="reloadCaptcha" />
  </div>
</div>
<a class="weui-btn weui-btn_primary" href="javascript:" @click="signUp">确定</a>
 </div>
</template>
```

上面的UI基本按照WeUI的方式创建，class和标签直接复制即可，登录页面主要有两个交互逻辑：

- 登录验证逻辑。
- 手机验证码获取逻辑。

当登录过于频繁时，前端会根据后端返回的标志来修改登录页面的UI及needCaptcha响应式变量，提供一个图形验证码输入框，此时需要输入图形验证码来完成登录操作。

这里需要注意一下，一旦在Vue里使用setTimeout或者setInterval，则要在组件销毁时清除这些标志位，代码如下：

```javascript
let clearFlag = null
const countTimeCode = () => {
    clearFlag = setInterval(() => {
        // 倒计时结束后，重制标志位
        if (timeCode.value == 0) {
            timeCode.value = 60
            clearInterval(clearFlag)
            return
        }
```

```
        // 秒数每次减1
        timeCode.value--
    }, 1000)// 1s调用1次
}
/*
* 组件卸载时，清除定时器
*/
onUnmounted(() => {
    clearInterval(clearFlag)
})
```

18.3.3 用户信息设置在 Vuex 中

在完成登录后，需要调用store.dispatch('setUser', resp.data)来存储登录成功的用户的数据，为的是后续在其他页面使用时，会比较方便地从store得到，这里就用到了Vuex。

新建store文件夹，并新建store.js，代码如下：

```
import {createStore} from 'vuex'
export default createStore({
  state: {
      // 存储当前用户的数据
      currentUser: window.localStorage.getItem('cuser') ?
                   JSON.parse(window.localStorage.getItem('cuser')) : {},
  },
  mutations: {
      /*
      * 设置当前用户的mutations
      */
      currentUser (state, user) {
        state.currentUser = user
        // 将当前用户数据储存在localStorage里
        window.localStorage.setItem('cuser', JSON.stringify(user))
      },
  },
  actions: {
    setUser (context, user) {
      // 增加action
      context.commit('currentUser', user)
    },
  }
})
```

然后别忘了在main.js中引入store.js并使用，代码如下：

```
...
import store from './store/store.js'
const app = createApp(App)
app.use(store)
...
```

如果需要在组件中使用Vuex的用户数据，则需要使用computed，代码如下：

```
import { computed } from 'vue'
import { useStore } from "vuex"

const store = useStore();
let myUser = computed(() => store.state.currentUser)
// 注意：myUser.value为需要使用的数据
```

18.3.4　设置用户 token

在完成登录后，后端会返回一个token来标识当前用户的登录状态。这个token需要在前端存储起来，并在后续需要校验登录状态接口请求时，传入这个token，以便后端校验。这里采用cookie的方式来存储token，主要验证流程如图18-5所示。

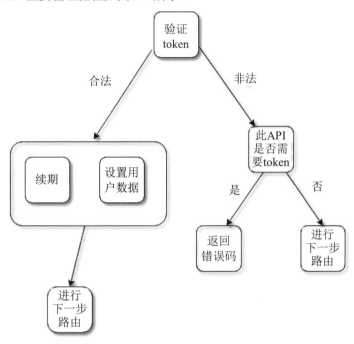

图 18-5　token 验证流程

主要步骤如下：

- 用户请求接口时，检查是否有token。
- 若有token就将当前用户的信息挂在req对象上，方便后面的路由方法使用。
- 在后端将token存储到cookie时，会设置一个失效时间，在失效之前，cookie都会有token的值。
- 将用户的token通过cookie的方式存放在客户端，这样每次请求时，将从cookie里获取的token放入HTTP的headers即可。

如果想把token存储在客户端的localStorage里，也是可以的，但是并不推荐这样做，原因是localStorage在某些场景下是不可用的（例如当浏览器是隐私模式时），而token这种数据又是极其重要的，所以建议最好将token保存在cookie里，同时过期的逻辑可以直接由cookie控制。

新建utils目录，并创建server.js作为API接口请求的封装，由于这部分内容比较固定，可以直接将源码中的server.js内容复制过来，注意将cookie里面的token取出并放在请求的header中，代码如下：

```
// 封装get请求
function get (url, params = {}) {
  return service({
    url: url,
    method: 'get',
```

```
    headers: {
      'wec-access-token': getCookie('token')
    },
    params
  })
}

// 封装post请求
function post (url, data = {}) {
  // 默认配置
  let sendObject = {
    url: url,
    method: 'post',
    headers: {
      'Content-Type': 'application/json;charset=UTF-8',
      'wec-access-token': getCookie('token')
    },
    data: data
  }
  return service(sendObject)
}
```

wec-access-token为传入后端的token的key值，后端将通过该值来校验是否过期。

18.4 发表页面的开发

登录页面开发完后，接着开发发表页面（publish页面），该页面的交互逻辑如图18-6所示。

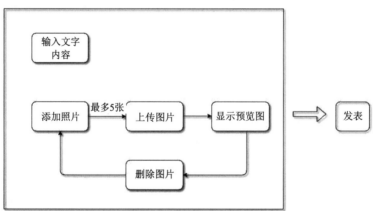

图 18-6　发表页面的交互逻辑图

发表页面的UI效果如图18-7所示。

新建pages文件夹，在pages下新建publish.vue组件，其核心代码如下：

```
<template>
  <div class="container">
    <div class="header">
      <div class="cancel" @click="cancel">取消</div>
      <div class="create weui-btn weui-btn_mini weui-btn_primary" @click="publish">
          发表</div>
```

```
      </div>
      <div class="input-content">
        <textarea class="weui-textarea" @input="oninput" placeholder="这一刻的想法.."
          v-model="content" maxlength="70"></textarea>
        <div class="weui-textarea-counter">
          <span>{{ textCount.value }}</span>/70
        </div>
      </div>
      <ul class="img-content">
        <div id="uploaderPub">
          <div class="weui-uploader">
            <div class="weui-uploader__bd">
              <ul class="weui-uploader__files" id="uploaderFiles" @click="showImg($event)">
                    </ul>
              <div class="weui-uploader__input-box">
                <input id="uploaderInputPub" class="weui-uploader__input" type="file"
                  accept="image/*" multiple="multiple">
              </div>
            </div>
            <div class="weui-uploader__hd">
              <div class="weui-uploader__info">
                <span id="uploadCount">{{ uploadCount }}</span>/5
              </div>
            </div>
          </div>
        </div>
      </ul>
    </div>
</template>
```

上面的UI基本按照WeUI的方式创建，class和标签直接复制即可，其主要业务逻辑如下：

- 在输入框中输入要发表的文字。
- 点击加号上传要发表的图片，同时可以增减已经上传的图片。
- 点击右上角的"发表"按钮，调用后端接口完成发表操作。

在移动端进行图片上传时，需要用到原生的HTML的input元素，在之前的章节中，我们讲解过input元素时基本使用，这里着重说明一下input上传文件的使用：

- 在手机端HTML 5页面上，使用<input type="file">可以实现文件上传效果。

图 18-7 发表页面的 UI 效果图

- accept：该属性限制上传文件的类型，image/png,image/gif表示只能上传图片类型，并且扩展名是png或gif，image/*表示任何图片类型的文件，当然accept属性也支持.xx这种以扩展名为标识的限制，例如accept=".pdf,.doc"。
- multiple：该属性设置是否支持选择多个文件。设置支持后，在Javascript中获取该DOM元素的files将会得到一个数组。
- capture：该属性可以调用系统默认相机、摄像和录音功能，capture="camera"（相机），capture="camcorder"（摄像机），capture="microphone"（录音）。

通过WeUI的uploader组件，结合input的功能，可以轻松实现文件的上传和预览，核心代码如下：

```
weui.uploader('#uploaderPub', {//id为DOM的id
 url: service.baseURL + 'post/uploadimg',//上传服务的后台接口，返回值需要使用JSON格式
 auto: true,//选择完图片后立刻上传
 type: 'file',//上传类型，若为file则以文件上传；若为base64则以base64上传
 fileVal: 'image',//文件上传域的name，这里的配置和后台接收上传图片的字段保持一致
 compress: {//压缩配置
   width: 1300,//图片的最大宽度
   height: 1300,//图片的最大高度
   quality: 0.8//压缩质量，取值范围为0~1
 },
 onBeforeQueued: function (files) {

 },
 onBeforeSend: function (data, headers) {
   //将token字段放在headers里，API校验
   headers['wec-access-token'] = getCookie('token')

 },
 onSuccess: function (ret) {
   // console.log(this, ret)
   //ret.data是后台上传接口的返回json的数据
   ret.data.id = this.id
   //将选择的图片放在一个self.picList数组里
   self.picList.push(ret.data)
   // return true; // 阻止默认行为，不使用默认的成功态
 },
 ...
})
```

在输入框中发表文字时，限制最多只有70个字符，这里就需要实时监听输入字符的个数。

对于常用的监听输入事件，在PC端上可能会用keyup或者keydown事件来监听，但是到了移动端，主要有下面3个事件来监听用户的输入行为：

- oninput：该事件在用户进行输入、value改变时触发，是实时的。通过Javascript代码改变value时，不会触发。
- onchange：该事件在用户输入、value改变（两次内容有可能还是相等的）且失去焦点时触发。通过Javascript代码改变value时，不会触发。
- onpropertychange：该事件在用户输入、value改变时触发，是实时的。通过Javascript代码改变value时，会触发。IE浏览器专属。

针对项目的这个场景，采用oninput事件最合理。对于textarea元素，使用oninput事件监听，核心代码如下：

```
<textarea ... @input="oninput" v-model="content"></textarea>

cosnt oninput = ()=> {
 textCount.value = content.value.length
}
```

18.5　首页的开发

接下来要开发的页面是整个项目中最复杂的一个页面——朋友圈首页（home）。如果前面介绍的技术都掌握了，那么可以很容易地继续进行开发；如果还没完全掌握，那么可以再回顾一下。

首页的页面逻辑交互如图18-8所示。首页的UI效果如图18-9所示。

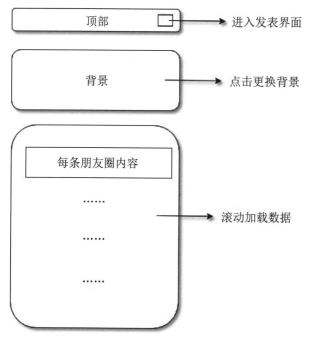

图 18-8　首页页面逻辑交互图

图 18-9　首页的 UI 效果图

由于首页较为复杂，因此我们将涉及的组件拆分为几个模块单独开发，分别为导航栏、顶部模块、列表组件、单条内容组件、图片查看器组件。

18.5.1　导航栏

在pages文件夹下新建home文件夹。在home文件夹下新建headerbar组件index.vue，核心代码如下：

```
<div class="top-img" :style="topImgStyle" @click="changeBg"></div>
<div class="name-info">
 <p class="nickname">{{nickname}}</p>
 <img @click="goMyPage" class="avatar" :src="myAvatar">
</div>
```

顶部导航栏在功能上提供了发表入口，在样式上设置为透明，当页面往下滚动时则为它添白色加背景，整个布局为fixed，利用mitt来实现滚动到指定位置时的通信，代码如下：

```
onMounted(() => {
 // 使用mitt 监听外界传来的动画事件
 mitt.on('showHeader', () => {
  headerClass.value = 'show'
 })

 mitt.on('hideHeader', () => {
  headerClass.value = ''
 })
})
```

18.5.2   顶部模块

在home文件下新建index.vue文件，作为首页的父组件。顶部模块主要包括昵称、头像展示，以及切换当前背景图片，其核心代码如下：

```
<div class="top-img" :style="topImgStyle" @click="changeBg"></div>
<div class="name-info">
 <p class="nickname">{{nickname}}</p>
 <img @click="goMyPage" class="avatar" :src="myAvatar">
</div>
```

其中，背景图片采用div+background-image的方式展示，将图片URL设置成background-image即可。同时注意URL为个人信息里面的数据，因此需要从Vuex的store中获取，代码如下：

```
let topImgStyle = computed(() => {
    // 背景图片首先从store里面获取，若获取不到则采用默认的背景图片
    let url =
        store.state.currentUser.bgurl ||
        new URL(`../../assets/topbg.jpg`, import.meta.url).href;
    let obj = {
        backgroundImage: "url(" + url + ")",
    };
    return obj;
});
```

在点击div时，可以对背景图片进行修改，通过调用WeUI组件和后端接口实现修改，在修改完成后，需要实时更新Vuex的store里的用户信息，代码如下：

```
const submitBg = async (obj) => {
 let resp = await service.post("users/update", {
   userId: store.state.currentUser. id,
   bgurl: obj.data.url,
 });

 if (resp.code === 0) {
   store.dispatch("setUser", {
       ...store.state.currentUser,
       bgurl: obj.data.url,
   });
   weui.toast("修改成功", 3000);
 }
};
```

18.5.3   列表组件

列表的主要功能是实现滚动加载（在页面滚动到底部时，触发获取数据的操作），从而实现移动端独有的翻页操作。移动端滚动加载逻辑原理如图18-10所示。

如图18-10所示，window为视区的大小，body为滚动区域的大小，当(scrollTop + clientHeight) >= scrollHeight时，就表示滚动到底部了。

在了解原理之后，我们将滚动组件scrollView单独抽离成一个组件，在components下新建一个scrollView文件夹，在这个文件夹下新建index.vue，其核心代码如下：

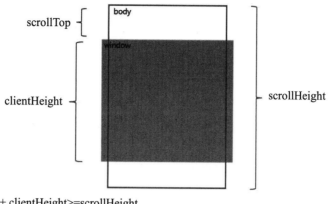

scrollTop + clientHeight>=scrollHeight

图 18-10 滚动加载原理图

```
<div class="scrollview">
  <slot></slot>
  <div class="weui-loadmore" v-show="!isend">
    <i class="weui-loading"></i>
    <span class="weui-loadmore__tips">正在加载</span>
  </div>
  <div class="weui-loadmore weui-loadmore_line weui-loadmore_dot" v-show="isend">
    <span class="weui-loadmore__tips"></span>
  </div>
</div>
```

在生命周期中监听页面的滚动事件，代码如下:

```
onMounted(() => {
  window.addEventListener('scroll', onLoadPage)
})
onUnmounted(() => {
  window.removeEventListener('scroll', onLoadPage)
})
```

在onLoadPage方法中就可以进行距离的判断，实现滚动加载逻辑。另外，scrollView组件利用了插槽slot，在使用这个组件时，里面的<slot></slot>将会被替换成scrollView包裹的子元素的内容，代码如下:

```
<scrollView @loadCallback="loadCallback" :isend="isend" :readyToLoad="readyToLoad"
@scroll="scroll">
    ...
</scrollView>
```

在home文件夹下新建list文件夹，在list文件夹下新建index.vue，用来实现列表数据的承载和获取，核心代码如下:

```
const fetchData = async () => {
  // 是否可以发起下一次滚动加载请求的标志位
  readyToLoad.value = false
  // 拉取后端数据
  let resp = await service.get('post/getcirclepost', {
      pageStart: pageStart.value
  })
  ...
  // 赋值
  store.dispatch('setWecircleDataList',resp)
```

```
}

const loadCallback = () => {
  // 页数加一
  store.dispatch('setWecirclePage',pageStart.value + 1)

  fetchData()
}
```

由上面的代码可以看到，我们的朋友圈列表数据存入store里面了，交给Vuex来管理，并没有单独存放在组件的data里面。这样做的原因是：列表的内容比较复杂，例如列表里的每条朋友圈post都可以进行点赞和评论操作，而点赞和评论相关的内容后面都会单独抽离出各自的组件，这就涉及组件通信。例如对一个朋友圈post点赞后，在不进行整个列表刷新的情况下，需要从store里面拿到当前的朋友圈post，并且找到这个post的like的数据，然后进行修改，这样才可以在不进行整个刷新的情况下改变一条数据里的一个字段，达到更新UI的效果。

18.5.4 单条内容组件

由于首页的好友状态是一个列表，由若干个单条状态内容组成，因此我们将它抽离成组件。这个组件的逻辑比较复杂，我们先梳理一下，如图18-11所示。

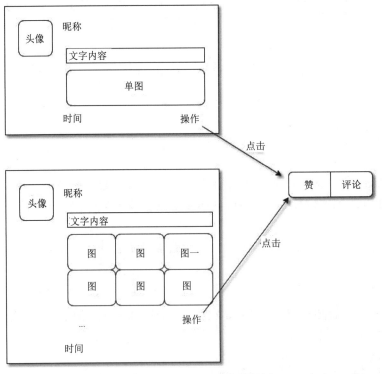

图 18-11 单条内容组件逻辑图

该组件主要是头像和文本的展示，以及评论和点赞的功能。在components下新建postItem文件夹，在该文件夹下新建index.vue，核心代码如下：

```
<template>
  <div class="item scale-1px">
    <div :class="(data.user.params && data.user.params.vip == 1) ? 'avatar-wrap vip' :
```

```
                    'avatar-wrap'">
            <img class="avatar" @click="goPersonPage(data.user. id)" :src="data.avatar">
                  <!--头像-->
        </div>
        <div class="content-info">
          <p class="nickname one-line">{{ data.nickname }}</p>
          <div class="post-content three-line">{{ data.content }}</div>
          <div class="img-content" v-if="data.piclist.length > 1"><!--多个图片-->
            <div class="img-wrap" :style="imgWrapStyle(item)" v-for="(item, index) in
                data.piclist" :key="index"
              @click="showImage(index)"></div>
          </div>
          <div class="img-content-one" v-if="data.piclist.length === 1"><!--单个图片-->
            <img :style="imgOneStyle(data.piclist[0])"
                 class="img-wrap-one" :src="getImageUrl(data.piclist[0].url)"
              @click="showImage()">
          </div>
          <div class="time">{{ data.time }}</div>
          <div class="opera-box" @click="showPanel($event)">
            <!--评论框-->
            <div class="box-panel-wrap">
              <transition name="slide">
                ...
              </transition>
            </div>
          </div>
          <div class="comment-list" v-show="data.likes.length || data.comments.length">
            <div class="like-content" v-show="data.likes.length"><!--点赞昵称列表-->
              ...
            </div>
            <div class="comment-item scale-1px-top" v-for="(item, index) in data.comments"
              v-show="data.comments.length" :key="index"><!--评论昵称列表-->
              ...
            </div>
          </div>
        </div>
      </div>
    </div>
</template>
```

其主要业务逻辑如下：

● 针对不同的图片个数使用不同的布局。

● 点赞和评论面板利用<transition>实现抽屉动画效果。

● 对头像、昵称、评论点赞昵称添加点击跳转逻辑。

根据UI图，每个单条内容组件之间需要有一个1px的边线，针对这个样式可以参考一下8.1节讲解的物理像素知识点，原理就是将1px高度的div利用transform的scaleY来进行缩放，代码如下：

```
.scale-1px::after {
  content: '';
  position: absolute;
  height: 1px;
  width: 100%;
  bottom: 0;
  left: 0;
  -webkit-transform: scaleY(0.5);
  transform: scaleY(0.5);
  -webkit-transform-origin: 0 0;
  transform-origin: 0 0;
```

```
    background-color: #e5e5e5;
}
```

由于.scale-1px是一个通用的样式，因此将这部分代码写在common.css中。

img-content-one和img-content分别对应单图和多图类型的图片展示。在多图中我们利用background-image来将一张图片居中，代码如下：

```
.img-wrap {
  width: 80px;
  height: 80px;
  margin-right: 4px;
  margin-bottom: 4px;
  background-size: cover;
  background-position: center center;
  background-repeat: no-repeat;
  background-color: #e9e9e9;
}
```

在单图中，我们指定一条边的最大宽度或者最大高度来进行展示，\<img>标签的特性就是给定一条边，另外一条会自适应大小，代码如下：

```
/*
* 单图样式
*/
imgOneStyle () {
  return item => {
    let height = null;
    let width = null;
    //如果图片是长图则给定最大的长度
    if (item.size.height > item.size.width) {
      height = Math.min(200,item.size.height);
      //根据比例设置宽度
      width = height*item.size.width/item.size.height;

    } else {//如果图片是宽图则给定固定的宽度
      width = Math.min(200,item.size.width);
      //根据比例设置高度
      height = width*item.size.height/item.size.width;

    }
    //转换成vw单位
    return {
      height:this.pxtovw(height),
      width:this.pxtovw(width)
    }
  }
}
```

在computed中通过返回一个函数的方式达到传参的目的：

```
<img :style="imgOneStyle(data.piclist[0])" ... />
```

评论点赞框在出现时，有一个类似抽屉弹出的效果，这里也是还原微信朋友圈的动画效果，利用\<transition>来实现，代码如下：

```
<div class="box-panel" v-show="showOpera">
  <div class="like-box" @click="dealWithLike">
    <div class="like-icon"></div>
    <div class="like-text" v-show="!data.isLike">赞</div>
    <div class="like-text" v-show="data.isLike">取消</div>
```

```
    </div>
    <div class="divider"></div>
    <div class="comment-box" @click="addComment($event)">
      <div class="comment-icon"></div>
      <div class="comment-text">评论</div>
    </div>
  </div>
</div>
```

transition是Vue里使用动画的内置组件，只需要给transition设置不同的class就可以配置动画不同阶段的参数，添加如下CSS样式：

```
.box-panel.slide-enter-active {
  transition: transform 300ms;
}
.box-panel.slide-enter-from {
  transform: translate3d(180px, 0, 0);
}
.box-panel.slide-enter-to {
  transform: translate3d(0, 0, 0);
}
.box-panel.slide-leave-active {
  transition: transform 300ms;
}
.box-panel.slide-leave-from {
  transform: translate3d(0, 0, 0);
}
.box-panel.slide-leave-to {
  transform: translate3d(180px, 0, 0);
}
```

当触发动画时，通过改变transform:translate3d属性来实现评论点赞框的位移动画。评论点赞框的UI交互和位移如图18-12所示。

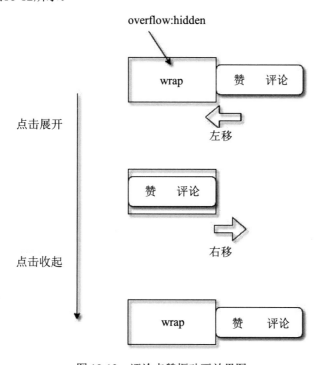

图 18-12　评论点赞框动画效果图

在点赞和评论完成后，需要实时更新UI数据，即修改之前存放在Vuex中的列表数据，代码如下：

```
/*
* 点赞
*/
async addLike () {
  // 调用API
  let resp = await service.post('likecomment/addlike', {
    postId: this.data.id
  })
  if (resp.code === 0) {
    //通知store去更新UI
    this.$store.dispatch('addLike', {
      pid: this.data.id,
      user: this.$store.state.currentUser
    })
    this.showOpera = false
  }
},
/*
* 取消点赞
*/
async removeLike () {
  // 调用API
  let resp = await service.post('likecomment/removelike', {
    postId: this.data.id
  })

  if (resp.code === 0) {
    //通知store去更新UI
    this.$store.dispatch('removeLike', {
      pid: this.data.id,
      user: this.$store.state.currentUser
    })
  }
}
```

在store.js里新增action和mutations，代码如下：

```
actions: {
  ...
  addLike (context, obj) {
    context.commit('addLike', obj)
  },
  ...
},
mutations: {
  ...
  addLike (state, obj) {
    var list = state.wecircleDataList
    //在wecircleDataList里找到当前点赞的那个post，然后修改list字段
    for (var i = 0; i < list.length; i++) {
      if (list[i].id === obj.pid) {
        list[i].isLike = true
        list[i].likes.push({
          user: obj.user
        })
      }
    }
  },
  ...
}
```

在这种场景下，借助Vuex可以很轻松地更新页面UI而无须刷新浏览器页面。

18.5.5　图片查看器组件

图片查看器组件是移动Web端常见的组件之一，一般使用的场景是点击图片缩略图时可以查看大图，并支持缩放和拖动。我们使用的WeUI组件中的图片查看器组件还不支持这些功能，因此只能自研或者找开源组件。

在本项目中，笔者针对性地开发了一款小巧且功能完备的移动端图片查看器组件——Slider.js，它基于原生JavaScript。由于它和Vue 3相关技术关系不大，因此这里就不在书里体现了，读者可以在完整源码中自行查看。

18.6　个人页面的开发

个人页面分为主态和客态：主态展示自己的基本信息，并且有修改头像和基本信息的功能入口；客态只展示基本信息。因此我们将个人页面分为两个页面，分别是"我的"页面和用户详情页面。

18.6.1　"我的"页面

"我的"页面是指用户自己的页面，可以用来更改头像和昵称等，入口可以是朋友圈首页的头像即通过点击图像进入"我的"页面，逻辑相对简单。页面的UI效果如图18-13所示。

个人页面顶部是一个导航栏，这个导航栏可以做成一个公共组件navHeader。作为公共组件，使用的页面比较多，所以我们要把代码放在公共组件目录下面，在项目的components文件夹下新建navHeader文件夹，并在navHeader文件夹下新建index.vue，核心代码如下：

```
<template>
  <div class="header-bar scale-1px">
    <p class="title">{{title}}</p>
    <div class="left-icon" @click="goBack"></div>
  </div>
</template>
```

其主要业务逻辑如下：

- 展示页面title。
- 点击左侧的返回按钮可以返回上一个路由。

点击返回按钮时，回调逻辑代码如下：

图 18-13　"我的"页面 UI 效果图

```
const goBack = () => {
  // 表示是返回的标志位
  router.backFlag = true
  router.back()
}
```

这里设置的返回标志位router.backFlag = true，是为了后面开发页面转场逻辑而使用的标识。

在项目的pages文件夹下新建mypage文件夹，并在mypage文件夹下新建index.vue，这部分UI主要是头像模块、名字模块、性别模块、个性签名模块、电话号码模块。先是头像模块的UI代码逻辑，核心代码如下：

```html
<a class="weui-cell weui-cell_access" href="javascript:;" @click="changeAvatar">
  <div class="weui-cell__bd">
    <p class="name">头像</p>
    <div style="display:none" id="uploaderMyAvatar">
      <input
        ref="uploaderInputAvatar"
        id="uploaderInputAvatar"
        class="weui-uploader__input"
        type="file"
        accept="image/*"
      >
    </div>
  </div>
  <img class="avatar" :src="myUser.avatar">
  <div class="weui-cell__ft"></div>
</a>
```

这里使用了WeUI的uploader，目的是提供更换头像的图片上传组件。头像修改完成之后，需要通知store，代码如下：

```javascript
const changeAvatarCallback = async (obj) => {
  // console.log(obj)
  let resp = await service.post('users/update', {
    userId: myUser.value._id,
    avatar: obj.data.url
  })
  if (resp.code === 0) {
    // 修改成功之后要通知Vuex来更新store中的数据
    store.dispatch('setUser', {
      ...myUser.value,
      avatar: obj.data.url
    })

    weui.toast('修改成功', 1000)
  }
}
const uploaderInputAvatar = ref(null)
const changeAvatar = () => {
  uploaderInputAvatar.value.click()
}
```

changeAvatar方法是用来启动图片上传组件，在点击事件回调中，触发一下uploader的点击。changeAvatarCallback方法是修改头像后的回调，在uploader组件上传图片成功后触发，主要是调用service.post()方法来将头像数据保存到后端。

接下来是性别模块，点击该模块进行修改时，使用WeUI的actionSheet组件，代码如下：

```javascript
const goChangeGender = () => {
  weui.actionSheet(
    [
      {
        label: '男',
        onClick: () => {
          changeGender(1)
        }
```

```
    },
    {
      label: '女',
      onClick: () => {
        changeGender(0)
      }
    }
  ],
  [
    {
      label: '取消'
    }
  ]
  )
}
```

在完成修改操作后，同样需要通知store来实时更新数据，与之前代码相同，这里不再列举。

修改名字和个性签名时，则需要跳转到新页面进行修改，在pages文件下新建changenickname和changedesc两个文件夹，同时新建对应的index.vue。新页面内容主要由一个输入框和一个提交按钮组成，需要引入之前开发的navHeader组件，核心代码如下：

```
<template>
  <div class="container">
    <navHeader title="修改昵称"/>
    <div class="weui-cell">
      <div class="weui-cell__bd">
        <input class="weui-input" type="text" placeholder="请输入文本" v-model="name"
               maxLength="15">
      </div>
    </div>
    <div class="weui-btn-area">
      <a class="weui-btn weui-btn primary" href="javascript:" id="showTooltips"
         @click="submit">确定</a>
    </div>
  </div>
</template>
```

修改完数据之后，同样要通知store更新数据，保证数据的实时性。更新完store中的数据之后，我们需要返回到上一页，这里使用setTimeout来增加一个延时，并使用$nextTick方法来确保在数据修改之后再执行返回操作。

18.6.2　用户详情页面

用户详情页面是指查看其他用户的页面，可以用来查看其他用户的名字、个性签名和电话等数据，可以通过点击朋友圈的单条内容组件的头像进入用户详情页面，逻辑相对简单。页面UI效果如图18-14所示。

在pages目录下新建personpage文件夹，并在personpage文件夹下新建index.vue，核心代码如下：

```
<template>
  <div class="container">
    <navHeader title="个人信息" />
```

图 18-14　用户详情页面的 UI 效果图

```
      <div class="weui-cells content">
        <div class="panel person-info">
          <a class="weui-cell" href="javascript:;">
            <img class="avatar" @click="showAvatar(state.currentUser.avatar)"
                 :src="state.currentUser.avatar">
            <div class="person-info-right">
              <p :class="state.currentUser.gender == '1' ? 'male nickname' :
                 'female nickname' ">
                {{state.currentUser.nickname}}</p>
              <p class="phone">Tel:{{state.currentUser.phoneNum}}</p>
          </div>
        </a>
        <a v-if="state.currentUser.desc" class="weui-cell weui-cell_access"
           href="javascript:;">
          <div class="weui-cell__bd">
            <p class="desc">个性签名</p>
          </div>
          <div class="desc-text">{{state.currentUser.desc}}</div>
        </a>
      </div>
    </div>
  </div>
</template>
```

页面主要由顶部的navHeader和底部的个人信息元素组成，参照完整源码即可。

18.7　路　由　配　置

在src下新建router.js配置路由，核心代码如下：

```
import {createRouter,createWebHistory} from 'vue-router'
//引入将要用到的页面组件
const router = createRouter({
  history: createWebHistory(),
  routes: [
    {
      path: '/',
      name: 'home',
      component: home
    },
    {
      path: '/publish',
      name: 'publish',
      component: publish

    },
    {
      path: '/mypage',
      name: 'mypage',
      component: mypage
    },
    {
      path: '/login',
      name: 'login',
      component: login
    },
    {
```

```
    path: '/personpage',
    name: 'personpage',
    component: personpage
  },
  {
    path: '/changenickname/:name',
    name: 'changenickname',
    component: () => import('../pages/changenickname')
  },
  {
    path: '/changedesc/:desc',
    name: 'changedesc',
    component: () => import('../pages/changedesc')
  }
  ]
})

export default router
```

需要注意的是，修改昵称（changenickname）和修改描述（changedesc）这两个页面的前置页面采用了name+params方式进行传参和跳转，因此需要将params中的参数添加到path的定义中，才能接收参数。

18.8　页面转场动画

经过前面几个小节的开发后，页面逻辑都已基本开发完成，接下来的任务就是对之前开发的页面做相应的优化。这里做页面转场效果的优化，将结合vue-router的监听路由和Animate.css来实现。

18.8.1　转场动画概述

页面转场也可以叫作页面跳转，意思就是从一个页面跳转到另外一个页面，传统H5项目的页面跳转分为两种场景：

- 单页面的H5项目：由于所有页面都是在一个HTML里面，因此页面的切换一般是将上一个页面的DOM内容移除，将下一个页面的DOM内容append上去，在此期间可以做一些动画效果，例如从左往右、从下往上。

- 多页面的H5项目：由于是多个HTML，因此可以采取window.open('page.html')来实现页面的跳转，此跳转在页面返回时可能不会保留上一个页面的状态（例如输入框的值、滚动的距离等）。如果H5页面是内嵌在一个HybridApp里面，那么也可以借助Native提供的接口来实现页面跳转，这样的跳转体验要好很多。使用Native的页面切换动画，同时在页面返回时保持上一个页面的状态，实际上就是一个多WebView应用，读者可以参考"微信→发现→游戏"，这里的业务采用的就是这种方案。

18.8.2　监听 router

由于项目是采用vue-router来实现页面路由的，因此页面的切换也是集成在vue-router里面。在根实例中，借助watch来监听route，找到切换前和切换后时间点的钩子，从而来添加动画相关的逻辑。

找到项目的入口文件App.vue，并修改下面代码：

```
const route = useRoute()
watch(()=>route.name,(to, from)=>{
  ...
  // 当路由变化时，会进入这里的逻辑
  // to: 变化后路由from: 变化前路由
})
```

- 使用Vue 3中的watch方法监听路由。
- 由于router是个复杂对象，因此出于性能考虑，只监听router.name而非整个router对象。

18.8.3　使用<transition>和 Animate.css 实现页面切换动画

之前我们讲解过使用Vue 3中<transition>实现动画的方法，这里直接将<transition>应用在<router-view>上就可以添加路由页面的过渡动画，代码如下：

```
<router-view v-slot="{ Component }">
    <transition :enter-active-class="transObj.transitionNameIn" :leave-active-class=
"transObj.transitionNameOut" :duration="transObj.duration">
    <component :is="Component" />
  </transition>
</router-view>
```

上面代码的逻辑如下：

- enter-active-class和leave-active-class是动画执行时使用的class类名。
- duration表示动画执行的时间，这里不采用CSS的动画时间，我们需要手动指定。
- class类名就用到了Animate.css的动画名称，例如fadeIn、slideIn等。

Animate.css是一个使用CSS 3的animation制作的动画效果的开源CSS集合，里面预设了很多种常用的动画，且使用非常简单。我们在项目中主要用它来实现一些特效动画，以及结合vue-router实现各种页面转场效果。在完整源码中找到Animate.css，将它复制到项目的assets目录下，在main.js里引入：

```
import './assets/animate.css'
```

这里说明一下为何要在JavaScript里引入而不是直接在HTML页面上引入：由于我们的项目采用了vw的适配方案，因此所有的CSS都需要经过插件postcss-px-to-viewport来处理，所以需要在main.js里采用import方式引入。

修改watch里的逻辑，增加动画功能，代码如下：

```
watch(()=>route.name,(to, from)=>{
  // 首次进入首页
  if (!from) {
    transObj.duration = 0
    return
  }
  // 持续时间
  transObj.duration = 500
  // 从下往上切换
  if (to === 'publish' || to === 'login') {
    transObj.transitionNameIn = 'animated faster slideInUp'
    transObj.transitionNameOut = ''
```

```
  } else if (from === 'publish' || from === 'login') {
    transObj.transitionNameIn = ''
    transObj.transitionNameOut = 'animated faster slideOutDown'
  } else { // 从左往右切换
    // 后退
    if (router.backFlag) {
      transObj.transitionNameOut = 'animated faster slideOutRight'
      transObj.transitionNameIn = 'animated faster slideInLeft'
    } else { // 前进
      transObj.transitionNameIn = 'animated faster slideInRight'
      transObj.transitionNameOut = 'animated faster slideOutLeft'
    }
  }
  // 重置返回的标志位
  router.backFlag = false
})
```

上面代码实现了两种动画效果，一种是从下往上，另一种是从左往右。默认情况下使用从左往右效果，发表和登录页面使用从下往上。

slideOutRight、slideInLeft、slideOutDown和slideInUp等这些class类名，分别可以在Animate.css的源码里找到，代码如下：

```
@-webkit-keyframes slideInUp {
  from {
    -webkit-transform: translate3d(0, 100%, 0);
    transform: translate3d(0, 100%, 0);
    visibility: visible;
  }

  to {
    -webkit-transform: translate3d(0, 0, 0);
    transform: translate3d(0, 0, 0);
  }
}

@keyframes slideInUp {
  from {
    -webkit-transform: translate3d(0, 100%, 0);
    transform: translate3d(0, 100%, 0);
    visibility: visible;
  }

  to {
    -webkit-transform: translate3d(0, 0, 0);
    transform: translate3d(0, 0, 0);
  }
}

.slideInUp {
  -webkit-animation-name: slideInUp;
  animation-name: slideInUp;
}
```

faster是Animate.css里内置动画执行的时间，类似的还有fast、slow、delay-xx等。我们将faster统一修改成500ms，在Animate.css的源码中找到.animated.faster，修改如下：

```
.animated.faster {
  -webkit-animation-duration: 500ms;
  animation-duration: 500ms;
}
```

由于页面切换动画大部分是基于CSS3的transform属性的，因此当页面比较长时可能会出现页面跳动的情况，尤其是在从下往上的动画中，所以可以在触发transitionNameOut时，将页面设置成绝对定位，在切换完成后再复原，来hack解决一下。在App.vue中添加的代码如下：

```
.slideOutRight,.slideOutLeft {
  position: absolute;
  left: 0;
  right: 0;
  bottom:0;
  top: 0;
}
```

在朋友圈首页，滚动到页面中间，此时点击头像会切换到个人信息页面，再返回到首页，页面会回到顶部，这里需要记录一下页面跳转前的位置，好在vue-router给我们提供了scrollBehavior来解决这个问题，在router.js中添加如下代码：

```
scrollBehavior : (to, from, savedPosition) => {
  if (savedPosition) {
    // 跳转时保持可视范围
    try {
      document.getElementsByClassName('slideOutRight')[0].style.top =
                                    savedPosition.top + 'px'
    } catch (e) {}

    return savedPosition
  } else {
    return { top: 0, left: 0 }
  }
}
```

18.9 项 目 小 结

本章主要开发了一个模仿微信朋友圈系统的实战项目，主要利用了本书所讲解的Vue基础、Vuex、Vue Router、组合式API、Vite前端工程化构建等内容，建议读者结合视频教程一起学习，这样有助于完整掌握实战项目的开发流程和重要知识点，祝各位读者学习愉快。